Praktischer Leitfaden der
Parasitologie des Menschen

Für Biologen, Ärzte, Tropenhygieniker und Studierende

Von

E. Brumpt und M. Neveu-Lemaire

Übersetzung und Bearbeitung
der dritten französischen Auflage
von

Dr. phil. habil. Albert Erhardt
Dozent für Zoologie und tierische Parasiten
an der Reichsuniversität Posen

Mit 219 Abbildungen

Springer-Verlag · Berlin · 1942

Titel der Originalausgabe:

Travaux pratiques de Parasitologie

Par

E. Brumpt
Professeur de Parasitologie
à la Faculté de Médecine de Paris
Membre de l'Académie
de Médecine

M. Neveu-Lemaire
Professeur agrégé
des Facultés de Médecine

Troisième édition revue

Masson & Cie · Paris · 1938

ISBN-13: 978-3-642-98766-3   e-ISBN-13: 978-3-642-99581-1
DOI: 10.1007/978-3-642-99581-1
Softcover reprint of the hardcover 3rd edition 1942

Vorwort zur französischen Ausgabe.

Das Büchlein, das wir heute der Öffentlichkeit übergeben, ist keine Wiederholung der bereits vorhandenen parasitologischen Lehrbücher; es bringt keine vollständige Aufzählung der Parasiten des Menschen, keine ausführliche Beschreibung derselben und der durch sie verursachten Krankheiten. Es ist einzig und allein zu dem Zweck geschrieben worden, auf den sein Titel bereits hinweist[1], den Studenten in ihren praktischen Arbeiten als Führer zu dienen.

Es erschien uns nutzbringend, zu Beginn einige Elementarbegriffe über die Parasiten im allgemeinen zu geben und über ihre pathogene Bedeutung zu sprechen. Nach dieser Einführung haben wir uns an einen Plan gehalten, wie er bei den praktischen Übungen in der Medizinischen Fakultät in Paris angewandt wird. Dieser Plan umfaßt zehn Kurse, von denen jeder einer oder mehreren Parasitengruppen, je nach ihrer größeren oder geringeren Bedeutung, gewidmet ist. Wir haben, das sei nachdrücklich betont, nur die Gruppen von Parasiten erwähnt, deren Kenntnis besonders nutzbringend ist, sowohl ihres häufigen Vorkommens wegen als auch wegen ihrer pathogenen Bedeutung.

Da es sich hier vor allem um einen Führer für die Praxis handelt, weisen wir auch auf die Methoden hin, wie man die Parasiten in der Natur erfaßt oder auf welche Weise man im menschlichen Organismus nach ihnen sucht. Wir bringen hierfür die hauptsächlichsten und wichtigsten Untersuchungsmethoden.

Absichtlich haben wir alle Angaben beiseite gelassen, die sich auf die Pathologie der durch die Parasiten hervorgerufenen Krankheiten und ihre Therapie beziehen. Es würde aus dem Rahmen des Buches fallen, zumal diese Fragen in verschiedenen parasitologischen und tropenmedizinischen Werken behandelt worden sind.

Dagegen glaubten wir, daß es wertvoll wäre, in einem Anhang die neuen Anschauungen über diejenigen Tiere zu bringen, die die Erreger entweder als Zwischenwirte oder als Reservoire (Reservewirte) beherbergen, und die dazu berufen erscheinen, in der Parasitologie eine immer wichtigere Rolle zu spielen.

So hoffen wir, daß dieser Führer in seiner Zusammenstellung den Studenten wirkliche Dienste erweisen und es ihnen ermöglichen wird, den praktischen Arbeiten der Parasitologie mit größerem Gewinn zu folgen.

Paris, 12. Juni 1928.

E. Brumpt. M. Neveu-Lemaire.

---

[1] Travaux pratiques de parasitologie.

Vorwort zur deutschen Ausgabe.

Als ich zu Beginn des Jahres 1939, einer freundlichen Aufforderung des Herrn Professor BRUMPT folgend, in dem Institut de Parasitologie der Universität Paris arbeitete, machte mir Herr Professor BRUMPT in liebenswürdiger Weise den Vorschlag, das von ihm und NEVEU-LEMAIRE verfaßte Buch „*Travaux pratiques de parasitologie*" in deutscher Sprache herauszugeben.

Ich stimmte diesem Vorschlag freudig zu, da einerseits das französische Buch sich in der Heimat der Verfasser größter Beliebtheit erfreut und sich praktisch bewährt hat, wie schon daraus hervorgeht, daß es bereits in 3. Auflage erscheinen konnte, andererseits — wie in Fachkreisen allgemein bekannt ist — ein auf die wichtigsten tierischen und pflanzlichen Parasiten beschränktes, für die Praxis zugeschnittenes, parasitologisches Kompendium in deutscher Sprache bis jetzt fehlt.

Denn das klassische, von hoher Warte geschriebene Lehrbuch: „Die tierischen Parasiten des Menschen" von M. BRAUN und O. SEIFERT wird der steigenden Bedeutung der erst in den letzten beiden Jahrzehnten erforschten Parasiten nicht mehr gerecht; und sonst besitzen wir in Deutschland nur für Spezialfragen ausgezeichnete Zusammenfassungen. Ich nenne nur das kürzlich in 2. Auflage erschienene „Lehrbuch der medizinischen Entomologie" von E. MARTINI und den „Leitfaden der einheimischen Wurmkrankheiten des Menschen" von L. SZIDAT und R. WIGAND. Diesen Büchern habe ich selbst reiche Anregung zu verdanken. Indessen fehlte in Deutschland eine universelle, das gesamte Gebiet der Parasiten — und zwar einschließlich der Pilze, Spirochäten, Bartonellen, Rickettsien und tierischen Virusreservoire — umfassende kurze Darstellung, in der die Spezialgebiete, auch wenn sie noch so wichtig sind, in dem ihnen zukommenden Rahmen erscheinen. Ganz besonders aber fehlte ein Buch, in dem mit gleicher Liebe der methodische und theoretische Teil der Einzelfragen behandelt wird, wie es unsere Autoren getan haben. Daß dabei aus der verwirrenden Menge der Parasiten eine Auswahl der wichtigsten getroffen wurde, diese dafür aber desto ausführlicher dargestellt wurden, scheint mir für den praktischen Gebrauch des Buches ein besonderer Vorzug zu sein. Über die Absichten der Verfasser bei der Herausgabe ihres Leitfadens gibt das Vorwort zur französischen Ausgabe weitere Auskunft.

Die deutsche Ausgabe, deren Erscheinen durch den Ausbruch des Krieges verzögert wurde, stellt nicht lediglich eine Übersetzung des französischen Buches dar, sondern Herr Professor Brumpt ermächtigte mich, den Text zu erweitern. Die Anordnung der einzelnen Abschnitte ist bei der französischen und deutschen Ausgabe nicht die gleiche, da es mir übersichtlicher schien, den Stoff in einen Allgemeinen und einen Speziellen Teil zu gliedern. Im Speziellen Teil ist in der deutschen Ausgabe der Abschnitt über die Bandwürmer vor den über die Saugwürmer gestellt worden. Ferner sind die Abbildungen stets einzeln dort in den Text eingefügt worden, wo von ihnen die Rede ist, im Gegensatz zur französischen Ausgabe, in der die Abbildungen auf 100 Tafeln wiedergegeben wurden.

Von der mir gewährten Freiheit machte ich außerdem vor allem in dem 1. Kapitel des 2. Abschnittes des Allgemeinen Teiles Gebrauch, worin die Untersuchungen des Stuhles auf die Wurmeier behandelt werden. Das von mir verfaßte 2. Kapitel des betreffenden Abschnittes „Die pharmakologischen Modellversuche zur Prüfung der Wirksamkeit von Wurmmitteln" wurde aus dem Grunde eingefügt, weil eine derartige Übersicht bisher nicht vorhanden ist. Ferner bin ich bei der Besprechung verschiedener Parasiten u. a. etwas näher auf ihre Verbreitung innerhalb des Deutschen Reiches eingegangen und habe auf eine Reihe zusammenfassender Arbeiten deutscher Autoren hingewiesen. Ich hoffe, durch diese Einfügungen dem Praktiker einen Dienst erwiesen zu haben.

Dem großzügigen Entgegenkommen des Springer-Verlages ist es zu verdanken, daß 7 neue Abbildungen (1, 2, 5, 82, 95, 134, 139) in die deutsche Ausgabe aufgenommen werden konnten. Ferner wurde die Abbildung 154 der „*Travaux*" ersetzt durch die Figur 89 der 5. Auflage des „*Précis de Parasitologie*" von E. Brumpt und die Abbildungen 19 und 20 durch entsprechende aus dem Lehrbuch von Martini. Es handelt sich hierbei um die Abbildungen 35, 36 und 179 des vorliegenden Buches. Darüber hinaus ließ der Verlag sämtliche im französischen Original enthaltenen Abbildungen nach einheitlichen Gesichtspunkten umzeichnen. Diese Umzeichnungen wurden von Fräulein Hanemann — wie mir scheint, in hervorragender Weise — in der Biologischen Reichsanstalt unter ständiger Aufsicht und Beratung von Herrn Professor A. Hase, Berlin-Dahlem, durchgeführt. Letzterer unterzog ferner das Manuskript und die Korrekturen in selbstloser Weise einer kritischen Durchsicht. Ich bin Herrn Professor Hase für das rege Interesse, das er der Herausgabe dieses Buches entgegenbrachte, zu größtem Dank verpflichtet.

Meine langjährigen Lehrer, Herr Professor F. Eichholtz, Heidelberg, und Herr Professor P. Schulze, Rostock, sowie mein Freund Dr. P. Szendrö, Ludwigshafen am Rhein, sahen ebenfalls kritisch das ganze Manuskript durch, letzterer außerdem auch die Korrekturen und das Sachverzeichnis. Mein verehrter Lehrer, Herr Professor K. FRIEDERICHS, Posen, las die beiden Abschnitte über die Arthropoden und Herr Professor R. BAUCH, Rostock, den Pilzabschnitt sichtend durch. Allen diesen Herren sei auch hier mein besonderer Dank ausgesprochen.

Begonnen wurde die Übersetzung und Bearbeitung des Buches im Pharmakologischen Institut der Universität Heidelberg. Nach Kriegsausbruch wurde das Institut jedoch wegen Einberufung seines Direktors, des Herrn Professor EICHHOLTZ, zum Militärdienst vorübergehend geschlossen. Während dieser Zeit, in der der größte Teil der Übersetzungsarbeit durchgeführt wurde, gewährte mir Herr Professor KOLLATH dankenswerterweise Gastfreundschaft im Rostocker Hygienischen Institut. Der Abschluß der Arbeit erfolgte in Posen.

Zum Schluß möchte ich den beiden französischen Autoren, Herrn Professor E. BRUMPT und Herrn Professor M. NEVEU-LEMAIRE, meinen aufrichtigsten Dank für das mir durch die Betrauung mit der Herausgabe bezeugte Vertrauen aussprechen und dem Springer-Verlag, Berlin, dafür, daß es ihm gelang, trotz aller Erschwerungen durch den Krieg das Buch herauszugeben und so schön auszustatten.

Möge im Rahmen der europäischen Neuordnung sich das bewährte französische Buch auch in Deutschland Freunde erwerben!

Posen, den 18. Februar 1942.
Institut für Landwirtschaftliche Zoologie   A. ERHARDT.
            und Schädlingskunde.

Inhaltsverzeichnis.

Allgemeiner Teil.

Spezieller Teil.

Allgemeiner Teil.

Einführung in das Studium der Parasitologie.

Die *Parasitologie* hat das morphologische und biologische Studium der parasitären Tiere und Pflanzen zum Ziel.

Ein *Parasit* oder *Schmarotzer* ist ein Lebewesen, das sein Leben ganz oder teilweise auf Kosten anderer lebender Organismen fristet.

I. Die Bedeutung der Parasitologie für die Medizin.

Um die Bedeutung der Parasitologie für die Medizin zu zeigen, genügt es, auf die Verheerungen hinzuweisen, die durch die verschiedenen Spirochätosen bewirkt werden, wie Syphilis, Frambösie und Rückfallfieber, ferner auf die Amöbenruhr, die Malaria, die Schlafkrankheit und auf die verschiedenen Wurmkrankheiten, besonders die Hakenwurmkrankheit, die in den tropischen Regionen der ganzen Erde so weitverbreitet ist.

Wir müssen gleichfalls die Krankheiten erwähnen, die durch blutsaugende Arthropoden übertragen werden, wie Flecktyphus, Gelbes Fieber, Dengue-Fieber und Pest. Dieser Aufzählung fügen wir die durch Pilze hervorgerufenen Erkrankungen, wie Blastomykosen, Dermatomykosen und Mycetome hinzu.

Endlich dürfen wir, um die Gefahr der Unvollständigkeit zu vermeiden, die vielen von Bakterien erzeugten Krankheiten nicht unerwähnt lassen, denn die Bakterien sind nichts anderes als pflanzliche Parasiten, und die Bakteriologie ist tatsächlich nichts weiter als ein Zweig der Parasitologie[1].

II. Die verschiedenen Arten des Parasitismus.

Die Grenzen des Parasitismus sind nicht scharf umrissen, und es ist oft sehr schwierig, eine klare Unterscheidung zwischen sogenanntem

---

[1] Für die *Veterinärmedizin* veranschlagt R. WETZEL die durchschnittliche Schadwirkung der *Haustierparasiten* im Gebiet des Altreiches jährlich auf 400 Millionen RM. [Dtsch. Tierärztlbl. **4**, 233—235 (1937).]

echten Parasitismus und unechten Parasitismus, wie Mutualismus bzw. Symbiose und Kommensalismus, zu machen. Gleicherweise ist es schwierig, die frei lebenden Raubtiere von den blutsaugenden Ektoparasiten zu unterscheiden. Ein und dasselbe Insekt ist ein Raubtier, wenn es ein Tier tötet, um sich daran zu sättigen; es ist aber ein Parasit, wenn es ihm nur ein wenig Blut entzieht.

Die Arten des echten Parasitismus bewegen sich in weitgezogenen Grenzen. Wir geben einen kurzen Überblick:

Akzidenteller Parasitismus. Gewisse frei lebende Tiere, wie die Tausendfüßler (Myriapoden), die Gordiiden, einige Larven der Dipteren, können nach Ansicht einiger Forscher eine gewisse Zeit im menschlichen Organismus leben. Man betrachtet sie als akzidentelle Parasiten.

Fakultativer Parasitismus. Es gibt eine große Anzahl von Lebewesen, Tieren oder Pflanzen, die gewohnheitsmäßig in verwesenden organischen Stoffen leben und die man aus diesem Grunde zu den *Saprozoen* oder *Saprophyten* zählt. Man kann sie aber in gewissen Fällen auch in einem lebenden Organismus antreffen, z. B. in Wunden (vgl. S. 71). Solche Lebewesen sind z. B. einige Fliegenlarven oder verschiedene Pilze. Man nennt sie fakultative Parasiten.

Obligatorischer Parasitismus. Dagegen können gewisse Organismen nur auf Kosten anderer leben. Das sind die obligatorischen Parasiten, deren Lebensäußerungen im übrigen sehr verschieden sind.

Temporärer Parasitismus. Die meisten blutsaugenden Tiere, wie Mücken, Bremsen, Wanzen, Blutegel, gehören zu dieser Kategorie. Sie ernähren sich notwendigerweise von Blut, aber sie verlassen ihren Wirt, sobald sie gesättigt sind.

Stationärer Parasitismus. Diejenigen Parasiten, die eine längere oder kürzere Zeitspanne in ihrem Wirt bleiben, z. B. die Bandwürmer, die Oxyuren und Peitschenwürmer, gehören in diese Kategorie. Sie zerfällt wieder in folgende Gruppen:

Periodischer Parasitismus. Diese Bezeichnung wird für Organismen angewendet, die einen Teil ihres Lebens Parasiten sind, sei es in geschlechtsreifem Zustande, wie die Hakenwürmer, sei es als Larven, wie die Biesfliegen (*Hypoderma*) oder die Dasselfliegen (*Dermatobia*).

Permanenter Parasitismus. Diesen Namen gibt man denjenigen Parasiten, die ihre ganze Lebensdauer hindurch bei einem Wirt bleiben, wie die Filarien oder die Trichine, oder wie diejenigen, von denen man in der freien Natur nur die Eier antrifft, wie es z. B. bei den Band-, Spul- oder Madenwürmern der Fall ist.

Es kann vorkommen, daß ein Parasit, der sich normalerweise in einem Tier entwickelt, zufällig im Menschen gefunden wird; man nennt ihn dann einen *verirrten Parasiten*.

Es kann auch vorkommen, daß ein Parasit zufälligerweise ein Organ verläßt, in dem er sich sonst normal entwickelt, um sich in einem anderen anzusiedeln; man bezeichnet ihn dann als *irrenden Parasiten*.

Hyperparasitismus. Die *Hyperparasiten* sind Parasiten anderer Parasiten. Sie können aber auch selber parasitiert sein von anderen Parasiten, die dann Hyperparasiten 2. Grades sind. Auf diese Weise können die parasitären Arthropoden, Würmer und sogar die Protozoen Hyperparasiten beherbergen, die verschiedenen tierischen oder pflanzlichen Gruppen angehören. In gewissen Fällen können diese Lebewesen sogar zur Vernichtung von Parasiten benutzt werden. Man nennt sie dann *Hilfsparasiten*. Hierher gehören z. B. *Ixodiphagus caucurtei*, eine Hymenoptere, die an Zecken parasitiert und eine große Zahl dieser Milben vernichtet, und verschiedene andere Hymenopteren, die an den Puppen der Glossinen parasitieren.

Pseudoparasitismus. Häufig werden den Laboratorien für Parasitologie zwecks näherer Bestimmung gewisse Lebewesen oder verschiedene Überreste eingesandt, die von Kranken herrühren oder von ihnen dem behandelnden Arzt übergeben wurden. Diese Stoffe stammen aus dem Urin, Auswurf, Kot oder aus den Ausscheidungen der Körperhöhlungen. In dieser künstlichen Gruppe, deren Angehörige man als Pseudoparasiten bezeichnet, kann man antreffen:

1. Oocysten von Coccidien, Eier von Leberegeln, Eier von Nematoden oder verschiedene Parasiten, die den Pflanzen oder eßbaren Tieren eigen sind und mit denselben verzehrt wurden. Es genügt, den Kranken zu befragen und seine Exkremente mehrere Tage hindurch zu untersuchen, um festzustellen, daß diese Elemente nicht als Parasiten im Menschen leben, sondern nur zufällig hineingekommen sind.

2. Pflanzliche Überreste, wie die Äderung der Salatblätter, aus dem Inneren der Apfelsine herrührende längliche Fasern, in der Luft umherfliegende Pollenkörnchen, die in Speisen, Exkremente oder Urin fallen, die analysiert werden sollen, Stückchen der entzündeten Darmschleimhaut, zylindrische Fasern der Harnwege usw. In Wirklichkeit handelt es sich dabei um einen Irrtum in der Bestimmung.

3. Larven von Fliegen oder Käfern, geschlechtsreife Milben und zahlreiche Tiere, wie Schlangen, Blindschleichen, Eidechsen, die von hysterischen oder „witzigen" Kranken gebracht werden.

4. Larven von Fliegen, gewöhnlich in den Exkrementen oder im Urin gefunden und von den Kranken guten Glaubens gebracht. Es handelt sich dabei am häufigsten um Larven, die durch den Geruch gewisser Stoffe angezogen oder ohne Wissen des Kranken von Fliegen abgesetzt worden sind. Eine ernsthafte Untersuchung erweist, wie die zufällige Infektion zustande gekommen ist.

III. Die Beziehungen der Parasiten zu ihren Wirten.

Die Parasiten können einerseits auf mehr oder weniger spezifische Weise ihren bestimmten Wirt finden oder sich in ihm entwickeln, wenn sie passiv in ihn gelangten, andererseits sich in dieser Hinsicht weitgehend unspezifisch verhalten und in den verschiedensten Wirtsarten vorkommen.

Nach dem örtlichen Vorkommen bei ihren Wirten teilt man die Parasiten in *Ektoparasiten* und *Endoparasiten* ein.

Ektoparasiten sind diejenigen Parasiten, die auf der Oberfläche oder in den natürlichen, leicht erreichbaren Höhlungen des Körpers leben, wie in der Nase, den Ohren oder dem Munde. Je nachdem, ob sie dem Tier- oder Pflanzenreich angehören, nennt man sie *Ektozoen* oder *Ektophyten*. Die pflanzlichen Organismen, die sich auf der Haut entwickeln, tragen den Namen *Dermatophyten*.

Endoparasiten nennt man die Parasiten, die in den tiefgelegenen Höhlungen des Organismus leben, in den Geweben oder im Blut. Sie heißen *Endozoen*, wenn es Tiere, und *Endophyten*, wenn es Pflanzen sind. Im Spezialfall nennt man die tierischen Organismen, die im Blute leben, *Hämatozoen*.

Alle Organe des Körpers können von Parasiten befallen werden; aber im allgemeinen entwickeln sich die Schmarotzer in einem besonderen Gewebe und sterben, wenn sie dieses Gewebe nicht erreichen können. Gleicherweise setzen sie sich in einem bestimmten Teil des Verdauungskanals fest und können in einem anderen Teil nicht leben. Wenn jedoch der von Parasiten befallene Teil besonders günstige Bedingungen bietet und die Infektion stark ist, können sich die Parasiten ausnahmsweise auch an Stellen entwickeln, wo man sie gewöhnlich nicht antrifft.

IV. Die Entwicklungsweisen der Parasiten.

Die Entwicklungsweisen der Parasiten sind sehr verschieden. Nichtsdestoweniger kann man sie, je nachdem, ob die Entwicklung ohne oder mit Zwischenwirt erfolgt, in zwei Typen zusammenfassen, der eine Typus mit direkter, der andere mit indirekter Entwicklung.

Direkte Entwicklung oder Entwicklung ohne Zwischenwirt. Die ganze Entwicklung des Parasiten findet ohne Einschaltung eines Zwischenwirtes statt. Sie vollzieht sich entweder auf ein und demselben Individuum oder zum Teil in der äußeren Umgebung. Ersteres ist bei den Läusen und Krätzmilben, letzteres bei dem Spul- und Peitschenwurm der Fall. Da bei diesem Typus nur ein einziger Wirt in Betracht kommt (der allerdings verschiedenen Arten angehören kann), sagt man von einem hierhin gehörenden Parasiten, er sei *einwirtig* oder *monoxen*.

Innerhalb des Wirtes können sich die Eingeweidewürmer wiederum *direkt* oder *indirekt* weiterentwickeln. Denn entweder entwickelt sich die im Darmkanal des Menschen geschlüpfte Larve gleich im Darm *direkt* zum geschlechtsreifen Wurm oder führt erst eine komplizierte *Wanderung* in verschiedenen Organen des Wirtes aus, siedelt sich danach endgültig im Darm an und wächst nunmehr zum geschlechtsreifen Wurm heran. Ersteres Verhalten zeigt der Peitschenwurm, letzteres der Spulwurm.

Bei den *frei lebenden* rhabditiformen Larven des Zwergfadenwurms (*Strongyloides*) schließlich spricht man ebenfalls von direkter und indirekter Entwicklung, je nachdem, ob eine frei lebende Geschlechtsgeneration fehlt oder auftritt.

Bei allen angeführten Beispielen handelt es sich jedoch immer um monoxene Parasiten, die *definitionsgemäß zum Typus der direkten Entwicklung* oder der Entwicklung ohne Zwischenwirte gehören, unabhängig vom abweichenden Sprachgebrauch im einzelnen.

Indirekte Entwicklung oder Entwicklung mit Zwischenwirten. Die in Frage kommenden Parasiten leben im geschlechtsreifen Zustande in einem Lebewesen, das man als den *definitiven Wirt* oder *Endwirt* bezeichnet, und als Larve bei einem oder mehreren Wirten, die *Zwischenwirte, Überträger, Hilfs-* oder *Transportwirte*[1] genannt werden. (Näheres siehe im 9. Abschnitt.) Diese Parasiten sind also *heteroxen*, da sie verschiedene Wirte haben. Die Parasiten, die nur *einen* Zwischenwirt aufweisen, wie die Spirochäten der Rückfallfieber, die Trypanosomen, die Taenien und gewisse Trematoden, werden *diheteroxen* genannt, da sich ihr vollständiger Entwicklungscyclus bei zwei Wirten vollzieht. Vollzieht sich der Entwicklungscyclus des Parasiten dagegen wenigstens bei zwei Zwischenwirten, so heißt er *polyheteroxen*. In diesem Fall spielen sich im ersten Zwischenwirt die hauptsächlichsten Entwicklungsvorgänge (Wachstum, Vermehrung) ab, während der zweite Zwischenwirt vor allem zum Aufenthalt und Transport von bestimmten Entwicklungsstadien (z. B. Metacercarien, Plerocercoiden) dient. Daher wird der zweite Zwischenwirt auch als Hilfswirt oder Transportwirt bezeichnet.

Bestimmte Saug- und Bandwürmer sind polyheteroxen. So entwickelt sich der Chinesische Leberegel erst in einer Schnecke und dann in einem Fisch, mit dessen Genuß sich der Mensch infiziert. Der Breite Bandwurm, im geschlechtsreifen Zustande ein Parasit des Darmes des Menschen, macht den gleichen Cyclus erst in einem kleinen Krebs (Copepoden) und dann in einem Fisch durch.

---

[1] Der Endwirt wird auch als *Hauptwirt* und der Zwischenwirt als *Nebenwirt* bezeichnet. Wir halten es aber für zweckmäßiger, als Hauptwirt die Wirtart zu bezeichnen, die in erster Linie für den betreffenden Parasiten als Endwirt oder als Zwischenwirt in Betracht kommt, und als Nebenwirte die Arten, die seltener von dem Parasiten als End- oder Zwischenwirte befallen werden. So ist z. B. der Hund der Haupt-Endwirt und die Katze einer von mehreren Neben-Endwirten für den Hundewurm, und umgekehrt ist die Katze der Haupt-Endwirt und der Hund einer von mehreren Neben-Endwirten für den Katzenleberegel.

V. Die pathogene Bedeutung der Parasiten.

Die durch die Parasiten hervorgerufenen pathogenen Erscheinungen können sehr verschieden sein je nach der in Betracht kommenden Art, und außerdem bei ein und derselben Art je nach ihrer Virulenz, der Stärke des Befalles und nach der Aufnahmebereitschaft oder Widerstandsfähigkeit des befallenen Organismus.

Finden die Parasiten für ihre Entwicklung und Vermehrung günstige Bedingungen, so können sie wohl charakterisierte akute oder chronische Krankheiten hervorrufen. Wenn es dagegen nur wenige Parasiten sind oder solche, die gut ertragen werden, so entsteht ein latenter, verborgener oder unauffälliger Parasitismus, und die Individuen, die die Parasiten beherbergen, bilden die sog. „*gesunden Parasitenträger*". Das trifft z. B. zu bei der Infektion des Menschen mit dem Rinderbandwurm. Bei der Infektion mit Hakenwürmern gelten noch 100—500 Würmer in vielen Fällen als harmlos.

Die Parasiten können in ihrem Wirt verschiedene Erscheinungen hervorrufen, die manchmal getrennt, meistens vereint auftreten, und die die Pathologie der parasitären Krankheiten oft verwickelt gestalten.

Schädigungen durch Nahrungsentzug. Alle Parasiten vermehren sich mehr oder weniger unmittelbar auf Kosten des Organismus, dem sie einen Teil der aufbauenden Substanzen rauben, die für ihn bestimmt waren. In gewissen Fällen ist diese Tätigkeit ohne Bedeutung, in anderen dagegen sehr wichtig. Wir nennen als Beispiel die Anämie, die durch die Hakenwürmer oder durch die Malariaerreger hervorgerufen wird.

Toxische Wirkungen. Die Stoffwechselprodukte gewisser Parasiten sowie verschiedene Sekrete, die von anderen ausgeschieden werden, üben einen toxischen Einfluß aus. So ist die Reaktion des Organismus auf Insektenstiche oder auf das Eindringen von Wurmlarven durch die Haut einer solchen Einführung von giftigen, für diese Tiere spezifischen Stoffen zuzuschreiben.

Traumatische und infektiöse Wirkungen. Viele Parasiten verletzen die Gewebe mehr oder weniger; so durchbohren die Larven gewisser Würmer die Haut oder die Schleimhäute und führen verwickelte Wanderungen im Organismus aus. Ebenso gelangen die Eier der verschiedenen Bilharzien, die in den Blutgefäßen abgelegt werden, erst an die Oberfläche, nachdem sie die Capillaren oder die Darmschleimhäute oder die Harnblase durchbohrt haben.

Diese Verletzungen werden im allgemeinen gut vertragen, aber in gewissen Fällen führen die Parasiten mehr oder weniger virulente Krankheitskeime mit sich und werden so die Ursache verschiedener Infektionen.

Mechanische Wirkungen. Es ist leichtverständlich, daß gewisse Parasiten, die in geringer Zahl verhältnismäßig wirkungslos sind, mechanische Störungen hervorrufen, wenn sie den Organismus stark befallen oder in verschiedene Organe eindringen. Das ist der Fall bei den Spulwürmern, die den Ductus Wirsungii, den Gallengang und den Wurmfortsatz des Blinddarms durchbohren oder auch durch ihre Anhäufung den Darm verstopfen können. Indem der Haarwurm (*Wucheria bancrofti*) Lymphstauung bewirkt, ruft er die zahlreichen Erscheinungen der Filariose, wie z. B. die Elephantiasis, hervor. Man schreibt den Embolien, die von Malariaerregern in den Capillargebieten verursacht werden, die Entstehung der perniziösen Anfälle zu. Gewisse Parasiten erzeugen Druckerscheinungen; so z. B. die Echinokokkenblasen und die Finnen im Auge und Gehirn.

Reizende und entzündliche Wirkungen. Gewisse Parasiten verursachen durch ihr Vorhandensein eine mehr oder weniger intensive Reizung. So rufen die Trichinen eine Darmreizung hervor, die in den ersten Tagen der Infektion den Tod nach sich ziehen kann. Andere Parasiten verursachen Geschwüre oder Gewebsneubildungen, wie z. B. der Katzenleberegel.

Reaktionen des Wirtes. Der Organismus des Wirtes kämpft gegen die beginnende Einwirkung der Parasiten auf verschiedene Art; er benutzt zu diesem Zweck sowohl seine beweglichen und festen cellulären Elemente als auch seine humoralen Eigenschaften.

Celluläre Reaktionen. Die Zellen widersetzen sich oft der Infektion durch Parasiten durch die *Phagocytose*. Wenn dies nicht genügt, kommt es zu verschiedenartigen Reaktionen: zu entzündlichen, metaplastischen, hyperplastischen und neoplastischen.

Die *entzündlichen Reaktionen* werden durch Neubildungen der an verschiedenen Leukocyten mehr oder weniger reichen Blutgefäße gekennzeichnet, in deren Mittelpunkt der Parasit zuweilen eingeschlossen ist; dieser Vorgang zeigt sich z. B. bei den Hydatidencysten oder Finnen oder bei der Trichinose. Eosinophile Zellen und Riesenzellen sind manchmal reichlich vorhanden. Die *Eosinophilie* wird übrigens bei vielen durch Parasiten hervorgerufenen Erkrankungen beobachtet.

Die *metaplastischen Reaktionen* sind diejenigen, in denen z. B. ein normales zylindrisches Epithelium in ein geschichtetes Pflasterepithel umgebildet wird; diesen Vorgang beobachtet man in den Bronchien, die von dem Lungenegel befallen sind.

Die *hyperplastischen Reaktionen* äußern sich in der Hypertrophie der Zellen, die z. B. von Protozoen befallen sind, oder in einer starken Hyperplasie eines oder mehrerer Gewebe; es entstehen dann Adenome, die man ohne Schwierigkeit in der Leber eines Menschen beobachten kann, der an einer Distomatose leidet, und auch in der Blase und im Darm von Menschen, die an einer Bilharziose erkrankt sind.

Die *neoplastischen Reaktionen* folgen manchmal auf die oben angeführten gutartigen Reaktionen, und es entstehen Krebsgeschwüre, die Metastasen hervorrufen und reihenweise gebildet werden können.

Um das Gebiet der menschlichen Parasitologie für kurze Zeit zu verlassen, erwähnen wir den kleinen Nematoden *Spiroptera (Gongylonema) neoplastica*, der im Magen der Ratte nach FIBIGER papillomatöse und carcinomatöse Geschwulstbildungen mit Metastasen hervorruft. Als Zwischenwirte kommen Schaben und Mehlkäfer in Frage.

Wir führen weiter die Lebercarcinome an, die bei Patienten mit Leberegeln beobachtet werden, unter anderem bei solchen, die den Chinesischen Leberegel und den Katzenleberegel beherbergen. Wir erwähnen auch die Blasenpapillome, die vom Pärchenegel (*Schistosoma haematobium*) bei Krebserkrankungen der Blase verursacht werden. Endlich erinnern wir daran, daß über die ätiologische Rolle der Trichinen bei Krebserkrankungen von mehreren Autoren berichtet worden ist.

Humorale Reaktionen. Die Parasiten und ihre Toxine wirken als Antigene im Organismus des Wirtes und rufen die Bildung verschiedener Antikörper hervor. Diese letzteren können streng spezifisch oder im Gegenteil polyvalent sein. Bisweilen genügt die fortschreitende Anhäufung dieser Antikörper, um die Parasiten zu vernichten und den Wirt entweder zeitweilig oder für immer steril zu erhalten; bisweilen dagegen sensibilisieren diese Stoffe den Körper, und es kann dann *Anaphylaxie* auftreten. Es kann aber auch die Bildung von Antikörpern völlig ausbleiben, und es gibt daher Infektionen, die fast niemals von selber ausheilen, z. B. die Schlafkrankheit.

Immunität. Wenn der Organismus des Wirtes von einer Infektion geheilt ist, die von einem bestimmten Parasiten herrührt, kann er die Abwehrkräfte in sich bewahren, die sich einer neuen Einwirkung desselben Krankheitserregers erfolgreich widersetzen; man sagt dann, daß der Wirt eine *erworbene aktive Immunität* besitzt. Diese Immunität, die man häufig bei bakteriellen Infektionen findet, bildet eine Ausnahme bei den parasitären Erkrankungen. Bei letzteren beobachtet man vielmehr eine *unvollkommene Immunität*, eine *labile* oder *stumme Infektion* oder eine *Prämunition*. Man versteht hierunter einen latenten Zustand der Krankheit bei gleichzeitigem Vorhandensein von Parasiten in den inneren Organen bei Wirten, die an unauffälligen, chronischen Infektionen leiden, z. B. an latenter Malaria.

VI. Die Prophylaxe gegen parasitäre Krankheiten.

Der Mensch wird, mit Ausnahme der kongenitalen Infektionen, frei von allen Parasiten geboren und empfängt sie erst in der äußeren Umgebung, sei es durch die Luft, das Wasser oder verunreinigte Lebensmittel, sei es durch die Berührung mit infizierten Lebewesen oder durch Übertragung von Krankheitserregern durch Zwischenwirte. Es ist also theoretisch leicht, parasitäre Krankheiten zu vermeiden. Dazu ist es notwendig:

1. Gegen die Krankheitserreger im Organismus des Kranken und in seiner Umgebung zu kämpfen und ihre Überträger oder Zwischenwirte, wenn sie solche besitzen, zu vernichten. Alle zu ergreifenden Maßregeln bilden zusammengenommen die *allgemeine Prophylaxe*.

2. Durch geeignete Mittel die Ansteckung des gesunden Individuums zu verhindern: mechanischen Schutz, Abkochen der Nahrung, vorbeugende Mittel, Impfung. Dieses alles bildet die *individuelle Prophylaxe*.

Allgemeine Prophylaxe. Die angewandten Verfahren im Kampf gegen die Parasiten sind sehr verschieden. Man kann vor allen Dingen versuchen, die Parasiten und ihre Zwischenwirte unmittelbar zu vernichten, indem man geeignete Substanzen anwendet, um sie auszurotten, die Verbreitung ihrer natürlichen Feinde begünstigt und sie mittels künstlicher Fallen fängt oder mit Tieren, die als Fallen dienen. Wenn diese direkten Verfahren nicht anwendbar sind, kann man indirekt vorgehen, indem man z. B. die Mücken dadurch vernichtet, daß man die Larvenentwicklung verhindert. Wenn die Krankheitserreger sich im menschlichen Körper befinden, wirken verschiedene spezifische Medikamente wie Arsenpräparate, Chinin und viele andere mit gutem Erfolg. Das Problem wird schwieriger beim Vorhandensein von Tieren, die als Reservoire oder Reservewirte der Erreger dienen; man muß dann das Blut der Haustiere parasitenfrei machen oder die wild lebenden Tiere vernichten.

Endlich, wenn die Krankheitserreger nicht durch eine geeignete medizinische Behandlung vernichtet werden können, muß man die Kranken isolieren oder sie aus der Nähe von menschlichen Wohnsitzen entfernen.

Individuelle Prophylaxe. Derjenige Mensch, der in guten hygienischen Verhältnissen lebt und den Kontakt mit Kranken vermeidet, hat die besten Möglichkeiten, parasitären Krankheiten zu entgehen. Trotzdem ist es oft von Nutzen, Maßregeln zu ergreifen, um die Widerstandskraft des Organismus zu erhöhen. So befähigt die *vorbeugende medizinische Behandlung* den Organismus, das Eindringen pathogener Erreger erfolgreich zu bekämpfen; z. B. ergibt das Chinin als Vorbeugungsmittel in sumpfigen Gegenden sehr befriedigende Resultate.

Mit Hilfe von *Vaccinen* dagegen wird eine Immunisierung gegen parasitäre Krankheiten i. e. S. nur selten erzielt, wohl aber gegen bakterielle Infektionen.

VII. Einteilung und Nomenklatur der parasitären Krankheiten.

Die parasitären Krankheiten tierischer Herkunft werden als *Zoosen* bezeichnet, und zwar heißen diejenigen, die von Protozoen hervorgerufen werden, *Protozoosen*, und diejenigen, die von den Eingeweidewürmern verursacht werden, *Helminthosen*.

Unter den Protozoosen erwähnen wir die *Spirochätosen*, die *Trypanosomosen* oder *Trypanosen* usw., unter den Helminthosen die *Bilharziosen*, die *Trichinose* usw. Von den Krankheiten, die durch Arthropoden entstehen, nennen wir die *Myiasen*, die durch parasitierende Dipterenlarven hervorgerufen werden.

Die parasitären Krankheiten pflanzlicher Herkunft sind die *Phytosen*, die — je nachdem sie durch Pilze oder durch Bakterien verursacht werden — die Namen *Mykosen* oder *Bakteriosen* tragen. Unter den Mykosen kann man je nach ihrem örtlichen Vorkommen, ohne auf die systematische Stellung Rücksicht zu nehmen, folgende Gruppen unterscheiden: die *Dermatomykosen*, die *Otomykosen*, die *Onychomykosen*, die *Ophthalmomykosen* usw. Wenn man die Spezies des Parasiten festgestellt hat, kann man zur genaueren Bestimmung angeben, daß man es mit einer *Mucormykose*, einer *Saccharomykose*, einer *Blastomykose* usw. zu tun hat. Zuweilen unterdrückt man den Ausdruck Mykose und hält sich an die in der Parasitologie gebräuchlichen Benennungen; man sagt z. B. *Aspergillose*, *Sporotrichose* usw. Man kann auch gleichzeitig den pathogenen Erreger und sein örtliches Vorkommen bezeichnen; das geschieht, wenn man von der *Lungenaspergillose* oder der *Hautactinomykose* spricht.

Ob nun die parasitären Krankheiten tierischer oder pflanzlicher Herkunft sein mögen, so bleibt es doch am ratsamsten, die Namen für die Krankheit anzuwenden, die sie vor der Entdeckung ihrer pathogenen Erreger trugen, gleichzeitig aber die Krankheiten in die systematische Stellung einzuordnen, wohin ihre Erreger gehören. So können z. B. die Syphilis, die Framboesie, die Rückfallfieber, trotzdem sie ihre Namen beibehalten, unter die *Spirochätosen* eingruppiert werden.

VIII. Einteilung der Parasiten.

Die Parasiten des Menschen gehören entweder dem Tierreich an, dann nennt man sie *Zooparasiten*, oder dem Pflanzenreich, dann heißen sie *Phytoparasiten*. Die einen wie die anderen sind nicht auf bestimmte zoologische oder botanische Gruppen verteilt; man trifft sie in den verschiedensten Gruppen an, und häufig sind in derselben Gruppe parasitierende und frei lebende Spezies vorhanden. Es ist also nicht möglich, eine besondere Einteilung der Parasiten zu geben. Im Gegenteil, um sie zu klassifizieren, ist es notwendig, das allgemeine System der Lebewesen zu Hilfe zu nehmen.

1. Tierische Parasiten.

Die tierischen Parasiten des Menschen gehören alle zu den drei *Stämmen* der *Arthropoden, Würmer* und *Protozoen.*

Arthropoden oder **Gliederfüßler.** Die Arthropoden sind zweiseitig symmetrisch gebaute Tiere, deren Körper von Chitin umgeben ist und aus Segmenten verschiedener Struktur besteht, und deren Gliedmaßen Gelenke besitzen; die Geschlechter sind getrennt. Sie umfassen mehrere *Klassen*, unter denen die *Insekten* und *Spinnentiere* die einzigen sind, die Parasiten des Menschen enthalten.

Insekten oder Kerbtiere. Der Körper der Insekten besteht aus drei deutlich unterschiedenen Segmenten: Kopf, Thorax und Abdomen. Der Thorax trägt *drei Paar Beine*, daher der manchmal gebrauchte Name *Hexapoden*, und sehr häufig zwei Flügelpaare; jedoch sind letztere bisweilen auf ein Paar reduziert, oder sie fehlen ganz. Im Laufe ihrer Entwicklung machen die Insekten eine mehr oder minder vollkommene *Metamorphose* oder Verwandlung durch.

Man bezeichnet die Metamorphose als *vollkommen*, wenn aus dem Ei eine wurmförmige Larve kriecht, die von dem erwachsenen Tier völlig verschieden ist und die sich in eine bewegliche Nymphe oder in eine unbewegliche Puppe verwandelt, aus welchen endlich das fertige Insekt hervorgeht.

Die Metamorphose heißt *unvollkommen*, wenn aus dem Ei ein junges Insekt schlüpft, das seinen Eltern ähnlich ist, jedoch weder Flügel — auch wenn die Eltern geflügelt sind — noch Fortpflanzungsorgane besitzt. Nach mehreren aufeinanderfolgenden Häutungen erlangt es diese Organe und ist dann erwachsen.

Die beim Menschen parasitierenden Insekten gehören den vier folgenden *Ordnungen* an: den *Dipteren* oder *Zweiflüglern*, den *Aphanipteren* oder *Flöhen*, den *Hemipteren* oder *Schnabelkerfen* und den *Anopluren* oder *Läusen*. Ihre Kennzeichen sind folgende:

Vollkommene Metamorphose	ein Flügelpaar	*Dipteren*
	keine Flügel.	*Aphanipteren*
Unvollkommene Metamorphose	zwei Flügelpaare.	*Hemipteren*
	keine Flügel.	*Anopluren*

Spinnentiere. Der Körper der Spinnentiere ist im allgemeinen aus zwei Abschnitten zusammengesetzt, dem Cephalothorax (Kopfbruststück) und dem Abdomen. Der Teil, der aus Kopf und Thorax besteht, trägt *vier Beinpaare*; daher die an sich ungebräuchliche Bezeichnung *Octopoden*. Zwei *Ordnungen* enthalten Parasiten des Menschen, die

Acarinen oder *Milben* und die *Linguatulinen* oder *Zungenwürmer* (*Wurm-spinnen*). Für die Medizin sind nur die ersteren von wirklichem Interesse.

Helminthen oder **Würmer.** Der Stamm der Würmer umschließt Tiere von großer Verschiedenartigkeit. Wenn man von den Blutegeln oder Hirudinen absieht, die nur temporäre Parasiten sind und zu der Klasse der Anneliden oder Ringelwürmer zählen, gehören die im Menschen parasitierenden Würmer zu den zwei Klassen der *Nemathelminthen* oder *Rund-* oder *Fadenwürmer* und der *Plathelminthen* oder *Plattwürmer*.

Nemathelminthen oder Rundwürmer. Die Nemathelminthen haben einen zylindrischen wurmförmigen Körper; sie besitzen keine mit Borsten versehenen Mundwerkzeuge, und ihr Nervensystem bildet kein Bauchmark. Die Geschlechter sind getrennt. Diese Tiere tragen eine Albuminoidhülle. Die Nemathelminthen werden in drei *Ordnungen* eingeteilt: *Nematoden* oder *Fadenwürmer, Gordiiden* oder *Saitenwürmer* und *Acanthocephalen* oder *Kratzer*. Nur die erste Ordnung verdient unsere Aufmerksamkeit.

Plathelminthen oder Plattwürmer. Die Plathelminthen sind durch die parasitische Lebensweise zurückgebildete Würmer. Ihr Körper ist meistens plattgedrückt, segmentiert oder unsegmentiert, und die Leibeshöhle ist durch ein dichtes Gewebe ausgefüllt. Die parasitären Arten sind mit Saugnäpfen versehen. Diese Tiere sind meistens Hermaphroditen.

Zwei *Ordnungen* interessieren den Mediziner: die *Trematoden* oder *Saugwürmer* und die *Cestoden* oder *Bandwürmer*. Ihre Kennzeichen sind folgende:

Unsegmentierter Körper mit Verdauungskanal . . . . *Trematoden*
Segmentierter Körper ohne Verdauungskanal . . . . *Cestoden*

Protozoen oder **Urtiere.** Die Protozoen sind einzellige Tiere, die während einer mehr oder weniger langen Zeitspanne ihres Daseins die Fähigkeit besitzen, sich fortzubewegen. Sie bewegen sich mit Pseudopodien oder Scheinfüßchen, mit Flagellen oder Geißeln, mit beweglichen Cilien oder Wimpern. Diese Organismen sind im allgemeinen frei lebend, jedoch sind einige Parasiten geworden.

Der Stamm der Protozoen wird in vier *Klassen* eingeteilt: in *Wimpertierchen* oder *Infusorien*, in *Geißeltierchen* oder *Flagellaten*, in *Sporentierchen* oder *Sporozoen* und in *Wurzelfüßer* oder *Rhizopoden*. Diese Klassen unterscheidet man folgendermaßen:

Der Körper ist mit zahlreichen beweglichen *Wimpern* bedeckt . . *Infusorien*
Der Körper trägt ein oder mehrere *Geißeln* . . . . *Flagellaten*
Der Körper von bestimmter Form trägt weder Wimpern noch Geißeln;
    die Tiere sind *stets Parasiten* . . . . *Sporozoen*
Wechselnde Körpergestalt mit ausstülpbaren *Scheinfüßchen* . . . . *Rhizopoden*

2. Einzellige Organismen, deren sytematische Stellung nicht sicher ist.

In diese Gruppe stellen wir diejenigen einzelligen Organismen, deren systematische Stellung noch zweifelhaft ist, wie die *Spirochäten*, die *Bartonellen* und die *Rickettsien*. Sie unterscheiden sich folgendermaßen:

Spiraliger Körper, zerstreutes Chromatin, beweglich	*Spirochäten*
Viel- gestaltig { kugelig gestaltete Organismen, innerhalb von roten Blutkörperchen, bisweilen mit chromatischen und stäbchenförmigen Granula	*Bartonellen*
Organismen ohne deutliche Hülle, gewöhnlich rund, oft stäbchen- oder fadenförmig, bisweilen hantelförmig, nicht beweglich	*Rickettsien*

3. Pflanzliche Parasiten.

Die pflanzlichen Parasiten des Menschen gehören alle zu den *Kryptogamen*, d. h. ihnen fehlt die Blüte; sie gehören außerdem dem *Stamm der Thallophyten* an, sehr einfachen Organismen ohne Wurzeln, Stengel und Blätter und nur aus einem Thallus gebildet.

Die Thallophyten enthalten unendlich verschiedenartige Pflanzen von ungleichem Aussehen. Sie werden in mehrere *Klassen* eingeteilt, von denen allein die *Pilze* und *Bakterien* für die menschliche Pathologie von Interesse sind.

Obgleich die Bakterien auch Parasiten sind, so lassen wir sie hier beiseite, da sie Gegenstand eines Spezialstudiums sind, und beschäftigen uns ausschließlich mit den Pilzen.

Zweiter Abschnitt.

Untersuchungsmethoden des Stuhles.

Wir werden hier nicht eine vollständige Aufstellung koprologischer Untersuchungsmethoden geben, sondern wir werden uns damit begnügen, die einfachsten Arten der Verfahren aufzuweisen, die es erlauben, mit einem Minimum von Material die Parasiten im Kot nachzuweisen: *Helmintheneier* einerseits, *Darmprotozoen* andererseits. Im Anschluß an die Nachweismethoden für Helmintheneier besprechen wir in einem besonderen Kapitel die pharmakologischen *Modellversuche zur Prüfung von Wurmmitteln*.

I. Nachweismethoden für die Helmintheneier.

Sammeln des Kotes. Der Kot, der koprologisch untersucht werden soll, muß ohne Beimischung von Urin in einem reinen und trockenen Gefäß gesammelt werden. Man wird auf diese Weise vermeiden, anorganische oder organische Fremdkörper für Darmparasiten zu halten, wie z. B. saprozoische Flagellaten oder Infusorien oder gegebenenfalls sogar Insektenlarven. Andererseits verändert der Urin, wenn er den zu untersuchenden Stoffen beigemischt ist, nicht nur ihre Zusammensetzung und ihr Aussehen, sondern beschädigt und zerstört sogar empfindliche Parasiten wie die Protozoen.

Entnahme einer Kotprobe. Man entnimmt dem in beschriebener Weise gesammelten Kot eine Probe von der Größe einer Walnuß oder einer Haselnuß und kann sie in einer vollständig trockenen Flasche in das Laboratorium schicken, das sie untersuchen soll. Um selber die Analyse zu machen, nimmt man mit einem sehr reinen Glasstäbchen oder Platindraht ein Stückchen des zu untersuchenden Kotes und bringt es auf einen Objektträger.

Direkte Untersuchung. Wenn der Stuhl fest ist, verdünnt man die entnommene Probe mit steriler physiologischer Kochsalzlösung, breitet sie so gleichmäßig wie möglich zwischen Objektträger und Deckgläschen aus, drückt aber nicht zu stark, um die festeren Teilchen, die darin sein könnten, nicht zu zerquetschen. Wenn das Präparat *(Nativ-Praeparat)* fertiggestellt ist, muß es so dünn sein, daß man darunterliegende gedruckte Buchstaben lesen kann. Ist der Kot flüssig, so ist es unnötig, ihn zu verdünnen.

Man beginnt dann die mikroskopische Untersuchung mit einem schwachen Objektiv, das ungefähr 60fach vergrößert, hierauf mit einem stärkeren, das etwa 200mal vergrößert. Diese Vergrößerung genügt, um die Eier der Helminthen zu finden.

Finden sich an der Oberfläche der Kotprobe schleimige Bestandteile, so ist es ratsam, sie auf einen Objektträger zu bringen und besonders zu untersuchen; man kann in ihnen dann oft Eier gewisser Parasiten finden, besonders solche von *Schistosoma mansoni.*

Die direkte Untersuchung ohne Reagenzien genügt für die Eier der Helminthen und ist immer zu empfehlen.

Quantitative Zählung von Helmintheneiern. Es ist nicht unwichtig, die Anzahl der Parasiten zu kennen, die von einem Individuum beherbergt werden, in dessen Kot Eier gefunden wurden. Zu diesem Zweck zählt man die Eier und leitet davon annähernd die Zahl der Parasiten ab, die den Darm bevölkern. Dieses Verfahren wird besonders bei Trägern von Hakenwürmern angewandt in Gegenden, wo die Ancylostomiasis endemisch ist.

Man hat festgestellt, daß die Anwesenheit von 1000 Hakenwürmern der Gattung *Necator,* etwa 500 Männchen und 500 Weibchen, im Darm einer Anzahl von ungefähr 15000 bis 18000 Eiern in 1 g halbflüssigen Kotes (s. u.) entspricht. Indem man sich dieser Rechnung bedient und die Anzahl der Eier auf je 1 g Kot berechnet, kann man mit ziemlicher

Genauigkeit die Zahl der Würmer schätzen, die ein Individuum beherbergt. In der laufenden Praxis erlauben diese Berechnungen folgenden Schluß zu ziehen: Untersucht man zwischen Objektträger und Deckgläschen einen Tropfen Kot, d. h. etwa $^1/_{30}$ g, so sind im Kranken so viel Weibchen vorhanden, wie man Eier im Präparat zählt, und man muß nun die erhaltene Zahl mit 2 multiplizieren, um die Gesamtzahl der männlichen und weiblichen Würmer festzustellen, die der Kranke beherbergt. Die *Ancylostoma*-Weibchen legen über doppelt so viele Eier als die *Necator*-Weibchen, so daß auf 500 Ancylostomen, etwa 250 Männchen und 250 Weibchen, im obigen Beispiel rund 18000 Eier

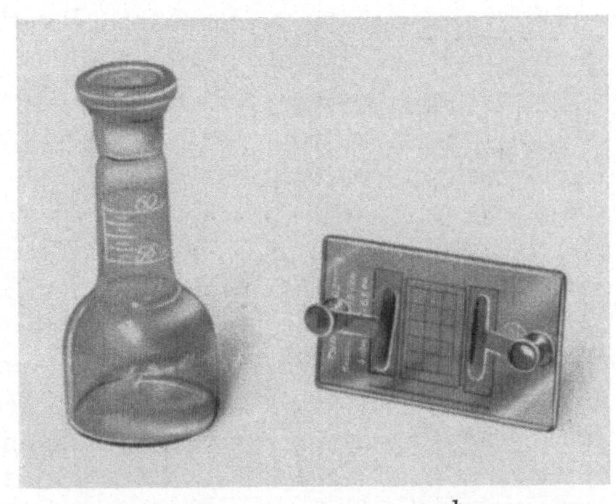

Abb. 1. *Hauptteile des Bestecks von* ZCHUCKE *für quantitative Zählung von Helmintheneiern und -Larven:* a graduierter Kolben, b Zählkammer. Verkleinert. Original.

kommen würden. Die in dem Tropfenpräparat gezählten Eier würden also ungefähr der Gesamtzahl der männlichen und weiblichen Ancylostomen entsprechen.

In der Praxis hat sich für Massenuntersuchungen die *quantitative Eierzählmethode von* STOLL ausgezeichnet bewährt, für die ZSCHUCKE eine besondere *Helmintheneier-Zählkammer* hergestellt hat [Arch. Schiffs- u. Tropenhyg. **35**, 357—363 (1931)]. Diese Kammer mit dem dazugehörigen Besteck liefert die Firma Ernst Leitz, Wetzlar (Abb. 1).

Die Firma legt dem Besteck folgende **Gebrauchsanweisung zur quantitativen Stuhluntersuchung auf Helmintheneier** bei (etwas geändert):

1. Herstellung der Stuhlemulsion.

a) In den graduierten Kolben werden 10 Stück Glasperlen gegeben und mit $^1/_{10}$ n-Natriumcarbonatlösung (Na_2CO_3) bis zur Marke 56 aufgefüllt.

b) Es wird je nach der Konsistenz der zu untersuchenden Stuhlproben mit Hilfe von Holzstäbchen (Zahnstochern) oder Glaslöffeln so viel Stuhl zugegeben, daß der untere Rand des Flüssigkeitsmeniscus mit der Marke 60 abschneidet. Die Konsistenz des Stuhles muß mit fest, halbfest, weich, halbflüssig oder flüssig notiert werden.

c) Nachdem der Glasstopfen aufgesetzt ist, wird der Inhalt des Kolbens so lange kräftig geschüttelt, bis der Stuhl gleichmäßig suspendiert ist. Die Prozedur dauert durchschnittlich 1—2 Minuten.

2. Beschickung der Kammer.

a) Das saubere, fettfreie und trockene Deckglas wird auf die in gleicher Weise gereinigte Zählkammer aufgelegt und mit den beigegebenen Metallklammern befestigt.

b) Aus der frisch hergestellten bzw. noch einmal kräftig geschüttelten Emulsion wird mit der beigegebenen Pipette eine beliebige Menge entnommen und die Kammer durch Capillarwirkung gefüllt. Luftblasen pflegen sich nur dann zu bilden, wenn die Kammer oder das Deckglas nicht fettfrei waren, oder wenn man bei der Füllung der Pipette nicht darauf geachtet hat, daß keine Luftblasen in dieselbe eindrangen.

3. Zählung.

a) Bei Stühlen, die nicht übermäßig reich an Eiern sind, zählt man den Gesamtinhalt (0,075 ccm) der über dem Zählnetz befindlichen Flüssigkeitsschicht und findet die Zahl der Eier pro 1 g Stuhl dadurch, daß man den erhaltenen Wert mit 200 multipliziert.

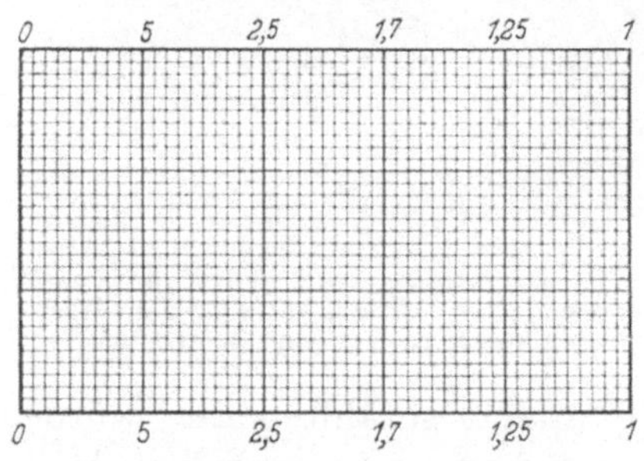

Abb. 2. *Zählnetz der Zählkammer von* Zschucke. 2fache Vergrößerung. Wegen der Zahlen vgl. den Text S. 16. Die Zählkammer faßt 0,075 ccm („Kleiner Tropfen"). Die Seitenlänge eines kleinen Quadrates beträgt 0,5 mm, die eines großen Quadrates 5,0 mm. Nach Zschucke.

b) Bei Stühlen, die außerordentlich reich an Eiern sind, kann man sich damit begnügen, mehrere große Quadrate oder Vertikalkolumnen durchzuzählen. Jedes große Quadrat entspricht dem fünfzehnten Teil der Kammer. Hat man Vertikalkolumnen gezählt, so kann man den Faktor, mit dem man den gefundenen Wert außer mit 200 multiplizieren muß, an dem Zählnetz ablesen. Er beträgt, wenn man die Zählung von links begonnen hat, für die erste Kolumne 5, für die zweite 2,5, für die dritte 1,7 und für die vierte 1,25 (Abb. 2).

4. Berechnung.

Will man aus der Zahl der in 1 g Stuhl vorhandenen Eier Rückschlüsse auf die Zahl der beherbergten Würmer ziehen, so muß man sich zunächst darüber klar sein, daß der Einzeluntersuchung eine Reihe von Fehlerquellen anhaften, die sich nicht ausscheiden oder nur schematisch berücksichtigen lassen (Schwankungen der Tagesmenge und des Wassergehaltes des Stuhles, Einfluß der Nahrung auf die Fertilität der Würmer usw.). Bei Reihenuntersuchungen gleicht sich dieser Fehler bis zu einem gewissen Grade aus. Aber auch hier gibt es eine Anzahl von Faktoren (wie die durchschnittliche Fertilität einer bestimmten Wurmart, das quantitative Verhältnis der Weibchen zu den Männchen) die regionär verschieden zu sein scheinen und die dort, wo es auf wissenschaftliche Genauigkeit ankommt, in kombinierten Versuchen mit Wurm- und Eierzählung vorher errechnet werden müssen. Soweit eine derartige Genauigkeit nicht erforderlich ist, kann man sich folgender Mittelwerte bedienen:

Man findet bei *weicher* Konsistenz des Stuhles in 1 g Kot:

Eier von	Ancylostoma duodenale	Necator americanus	Ascaris lumbricoides	Trichuris trichiura
1. pro 1 Weibchen . .	125 Eier	50 Eier	1000 Eier	75 Eier
2. pro 1 Wurm	62 ,,	25 ,,	600 ,,	47 ,,

(Das Verhältnis von Männchen zu Weibchen ist nämlich bei *Ancylostoma* und *Necator* durchschnittlich 1:1, bei *Ascaris* 1:1,5 und bei *Trichuris* 1:1,7.)

Hat der Stuhl eine andere Konsistenz, so müssen die gefundenen Werte auf breiigen (weichen) Stuhl umgerechnet werden, und zwar durch Multiplikation mit folgenden Faktoren:

$$\begin{aligned}
\text{fest} & \ldots \ldots \ldots \ldots \ldots \ldots 0,5 \\
\text{halbfest} & \ldots \ldots \ldots \ldots \ldots 0,66 \\
\text{halbflüssig} & \ldots \ldots \ldots \ldots 1,5 \\
\text{flüssig} & \ldots \ldots \ldots \ldots \ldots 2,0
\end{aligned}$$

Beispiele.

1. Es werden 2000 *Necator*- bzw. *Ancylostoma*-Eier pro 1 g Stuhl gezählt. Diese Menge entspräche bei weicher Konsistenz des Stuhles 40 *Necator*-Weibchen oder 80 erwachsenen Würmern bzw. 16 *Ancylostoma*-Weibchen oder 32 erwachsenen Würmern beiderlei Geschlechts. Wäre die Konsistenz des Stuhles jedoch halbflüssig, so würde die gleiche Eierzahl $\dfrac{2000 \times 1,5}{50} = 60$ *Necator*-Weibchen bzw. 120 erwachsenen Tieren oder 24 *Ancylostoma*-Weibchen bzw. 48 erwachsenen Tieren beiderlei Geschlechts entsprechen.

2. 1500 *Trichuris*-Eier pro 1 g Faeces würden bei weichem Stuhl auf die Anwesenheit von 20 Weibchen bzw. 32 Würmern beiderlei Geschlechts schließen lassen, in festem Stuhl jedoch nur auf 10 Weibchen bzw. 16 Würmern beiderlei Geschlechts. —

Eine sehr genaue quantitative Eierzählmethode ist die *Traganthmethode von* Szidat-Erhardt, die auf S. 25 ff. näher geschildert wird. Eine andere einfache quantitative Eierzählmethode geht von der Telemann-Anreicherung aus und wird auf S. 19 besprochen.

Die Zählung der Helmintheneier ist insofern ein wertvolles Verfahren, als sie dem Kranken eine überflüssige schmerzhafte Behandlung ersparen kann. Denn eine Therapie ist nur notwendig, wenn die Zahl der Parasiten so groß ist, daß dieselben krankhafte Störungen hervorrufen oder später hervorrufen können.

Anreicherungsverfahren. Die Anreicherungsmethoden, über die wir jetzt sprechen wollen, gestatten zwar eine sehr schnelle Diagnose, sind aber in ihren Ergebnissen meist ungenügend. Diese Methoden haben den Zweck, die mikroskopische Untersuchung zu kürzen und die Diagnose zu erleichtern; sie sind zahlreich, und alle weisen Unvollkommenheiten auf. Wir werden, ohne sie besonders zu empfehlen, zunächst diejenige anführen, die uns am einfachsten erscheint. Es ist die *Kochsalzmethode von* WILLIS. Sie gründet sich auf eine zweifache Eigenschaft der Helmintheneier, nämlich auf einer konzentrierten Salzlösung zu *schwimmen* und am Glas zu *haften*.

Man verfährt folgendermaßen: Man nimmt mit einem Glasstäbchen oder einem Metallspatel eine Kotprobe, deren Volumen proportional zu dem Gefäß ist, das man gewählt hat. Dieses Gefäß — meist ein Blechschächtelchen — muß zylindrisch sein, und man muß als Minimum 1 g Kot nehmen. Dann gießt man langsam eine gesättigte Kochsalzlösung, die zuvor bereitet wurde, hinein und verdünnt sorgfältig.

Ist der Kot verdünnt und bildet er einen klaren Brei, so füllt man das Gefäß bis zum Rande mit der Kochsalzlösung. Sobald das Gefäß bis zum Überlaufen gefüllt ist, setzt man auf die Oberfläche der Flüssigkeit einen sorgfältig gereinigten Objektträger und achtet darauf, daß sich keine Luftblasen bilden. Soweit als möglich bedient man sich eines Glases, dessen Öffnung nicht mehr als 2,5 cm beträgt, damit ein gewöhnlicher Objektträger es vollständig bedeckt. Man wartet etwa 5 Minuten, damit die Eier an die Oberfläche steigen und sich an den Objektträger heften können; hierauf hebt man letzteren vorsichtig ab und dreht ihn um, ohne die daran klebende Flüssigkeit, die die Eier enthält, zu verschütten.

Nun bedeckt man ihn mit einem Deckgläschen und schreitet zur mikroskopischen Untersuchung. Diese überaus einfache Methode erzielt besonders befriedigende Resultate mit den Hakenwurmeiern. Man kann sie auch auf die Eier der anderen Nematoden anwenden, aber nicht auf die Trematodeneier.

Dasselbe gilt auch für die „*Hamburger Deckglasauszählung*", die von HUNG ausgearbeitet und von FÜLLEBORN weiter vervollständigt wurde [Arch. Schiffs- u. Tropenhyg. 30, 399—421 (1926) u. 31, 232—236 (1927)]. Dieses Verfahren besteht im Prinzip darin, daß die Methode von WILLIS mit einem bestimmten Kotquantum (1 g) ausgeführt wird und auf die konzentrierte Kochsalzlösung 3 Deckgläschen in der Größe von 18 × 18 mm aufgelegt werden, an denen die aufsteigenden Hakenwurmeier festkleben.

Bei dieser Methode werden besonders angefertigte Blechschächtelchen verwendet, die das Hamburger Tropeninstitut zum Selbstkostenpreis von 10 Rpf. pro Stück abgibt. Diese Schächtelchen sind aus Messingblech hergestellt und besitzen am Boden eine Aushöhlung, die gerade 1 g Kot faßt. Der dazugehörige aus festerem Weißblech bestehende Deckel kann als Untersatz für die Schächtelchen dienen. Die Schächtelchen können auch zum Einsammeln der Kotproben bei Massenuntersuchungen verwendet werden. Die Dimensionen des Blechschächtelchens sind so gewählt, daß seine Oberfläche 7 mal größer ist als die eines der 3 aufgelegten 18 × 18 mm großen Deckgläschen.

Der zu untersuchende Kot wird in die Aushöhlung des Bodens des Schächtelchens getan. Nach gründlichem Verrühren des Kotes mit zuerst nur tropfenweise zugesetzter konzentrierter Kochsalzlösung wird das Schächtelchen mit ungefähr 40 ccm der letzteren gefüllt, d. h. bis etwa $^1/_2$ cm unterhalb des Randes, wobei es auf mehr oder weniger Kochsalzlösung nicht ankommt. Dann werden sofort die 3 Deckgläschen auf die Kochsalzoberfläche aufgelegt, auf der sie schwimmen bleiben. Nach etwa 10 Minuten werden die 3 Deckgläschen mit der Pinzette abgehoben, mit der die Eier tragende Unterseite auf einen Objektträger gelegt und ausgezählt.

Nach FÜLLEBORN [Arch. Schiffs- u. Tropenhyg. 32, 441—481 (1928)] versagt jedoch diese Methode für quantitative Bestimmungen, sie genügt aber praktisch zum qualitativen Eiernachweis.

Im Gegensatz zu den soeben besprochenen Methoden ist die *Anreicherungsmethode von* TELEMANN für *alle* Helmintheneier brauchbar. Das Prinzip dieser Methode ist folgendes:

Etwa 1 g von mehr oder weniger verdünntem Kot wird in ein mit Gummistopfen verschließbares Zentrifugenglas getan und hier mit verdünnter Salzsäure und Äther stark durchgeschüttelt, so daß makroskopisch keine größeren Kotpartikelchen mehr erkennbar sind. Hierauf wird die Probe etwa 3 Minuten zentrifugiert, das Salzsäure-Äther-Gemisch vorsichtig abgegossen, bis nur der *eierhaltige Bodensatz* übrigbleibt. Dieser Bodensatz wird nunmehr innerhalb des Zentrifugengläschens mit Wasser ausgewaschen, nochmals zentrifugiert und das Wasser vorsichtig abgegossen, so daß wieder nur der eierhaltige Bodensatz übrigbleibt. Dieser wird jetzt entweder in die Zählkammer von ZSCHUCKE (S. 15) gebracht oder vorsichtig auf einen Objektträger gegossen, mit einem Deckgläschen bedeckt und mikroskopisch untersucht.

Sogar verhältnismäßig gute *quantitative* Ergebnisse kann man mit der TELEMANN-Anreicherung auf einfache Weise erzielen, wenn man dabei folgendermaßen verfährt (*quantitativer Telemann nach* ERHARDT [Deut. Tropenm. Zschr. 45, 449—456 (1941)]):

Die innerhalb von 24 Stunden abgelegten Kotmengen werden durch Hinzufügen von mehr oder weniger Wasser (nach Augenmaß) möglichst auf dieselbe flüssige Konsistenz gebracht, gründlichst verrührt und abgemessen. Von diesem flüssigen Kot werden von verschiedenen Stellen mit einem kleinen Löffel 1,5 ccm in ein graduiertes bzw. mit einer entsprechenden Marke versehenes Zentrifugenglas getan und in der oben beschriebenen Weise behandelt. Nach dem zweiten Zentrifugieren wird nur so viel Wasser abgegossen, daß im Zentrifugenglas 1,5 ccm eierhaltige Flüssigkeit zurückbleibt, diese wird mit einem kleinen Glasstab verrührt und in die Zählkammer von Zschucke (vgl. S. 15) gebracht, die 0,075 ccm faßt. Die in der Kammer gefundene Anzahl der Eier muß mit 20 multipliziert werden, um die Zahl der Eier in der verwendeten Kotprobe (1,5 ccm) zu finden. Aus dem so erhaltenen Wert und der Gesamtmenge des flüssigen Kotes läßt sich leicht errechnen, wieviel Eier innerhalb von 24 Stunden abgelegt wurden.

Beispiel: Die mit Wasser verrührte flüssige Kotmenge beträgt 150 ccm, in der Zählkammer werden 10 Eier gefunden. Demzufolge befinden sich in der Gesamtmenge $10 \times 20 \times 100 = 20000$ Eier.

Wir schließen diese Ausführungen mit einem Hinweis auf die Arbeit von Collier: „Methoden zur Untersuchung parasitischer Würmer" in Abderhaldens „Handbuch der biologischen Arbeitsmethoden", Abt. IX, Teil 1, 2. Hälfte, Heft 4, Lieferung 242 (1927). Ferner verweisen wir auf den „Leitfaden zur Untersuchung der tierischen Parasiten des Menschen und der Haustiere" von Reichenow-Wülker. Leipzig 1929.

Kurze Übersicht über die wichtigsten Helmintheneier. Wir werden nacheinander die Eier der Nematoden, Trematoden und Cestoden, die man im Kot finden kann, betrachten und auf ihre wichtigsten Merkmale hinweisen.

Fadenwürmer (Nematoden). Die *Eier des Spulwurms (Ascaris)* (Abb. 3) sind mehr oder weniger eirund und haben eine eiweißhaltige, unregelmäßig mit kleinen Buckeln besetzte Schale, die sie leicht kenntlich macht, obgleich sie bisweilen nicht vorhanden ist. Bei der Eiablage sind sie ungefurcht und enthalten nur eine Zelle.

Man muß sich davor hüten, diese Eier mit *Pilzsporen* zu verwechseln, deren Oberfläche ebenfalls Unebenheiten aufweist. Die Pilzsporen sind aber viel kleiner, und ihr Durchmesser übersteigt nicht 30 μ, während die Eier des Spulwurms 50—75 μ lang und 40—60 μ breit sind. Diese Eier werden in allen Ländern der Welt häufig im Kot angetroffen.

Die *Eier des Peitschenwurms (Trichuris)* (Abb. 3) haben die Gestalt einer kleinen länglichen Citrone, ihre Schale ist glatt, dick und bräunlich, und sie tragen an den beiden Enden einen hellen schleimigen Pfropfen. Sie sind ungefurcht und enthalten nur eine Zelle. Durch ihr eigenartiges Aussehen können sie mit nichts anderem verwechselt werden. Sie sind 50—55 μ lang und 22—25 μ breit. Diese Eier findet man am häufigsten, und zwar in allen Gegenden der Erde.

Die Eier des Madenwurms (Enterobius) (Abb. 3) *werden nur ausnahmsweise im Kot angetroffen,* da sie von den Weibchen in der Nähe des Afters abgelegt werden, meistens sogar außerhalb des Darmes. Sie sind länglich, mit glatter, dicker, asymmetrischer Hülle und enthalten bei der Eiablage eine Larve; sie sind 50—60 μ lang und 30—32 μ breit.

Die *Eier des Hakenwurms* (*Ancylostoma*) (Abb. 3) sind ellipsoid mit sehr dünner, glatter und durchsichtiger Schale. Sie enthalten bei der Ablage 2—4, manchmal 8 Zellen und sind durchschnittlich 60 μ lang und 40 μ breit. In allen tropischen Gegenden werden diese Eier sehr häufig angetroffen, bisweilen auch in der gemäßigten Zone bei Bergleuten, so z. B. früher im rheinischwestfälischen Kohlenrevier.

Die *Eier von Necator* (Abb. 3) sind merklich länglicher als die vorhergehenden; wie bei den letzteren ist ihre Schale sehr dünn, glatt und durchsichtig und enthält bei der Eiablage 2—8 Zellen; sie sind 70 μ lang und

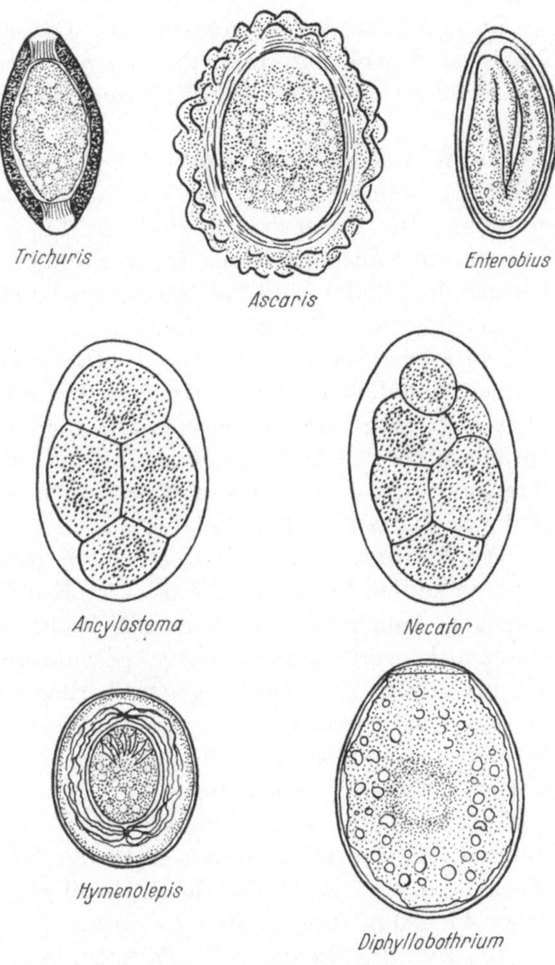

Abb. 3. *Eier der wichtigsten im Menschen parasitierenden Fadenwürmer und Bandwürmer* in 550facher Vergrößerung.

40 μ breit. Man findet diese Eier in großer Menge in den Tropen.

Die *Eier des Zwergfadenwurms* (*Strongyloides*) sind ellipsoid mit dünner, glatter und durchsichtiger Schale wie die des Hakenwurms, aber sie enthalten bei der Eiablage bereits eine Larve. Sie unterscheiden sich von den Eiern des Madenwurms durch ihre symmetrische Form und die dünnere Schale. Sie besitzen eine Länge von 50—58 μ und eine Breite von 30—34 μ. *Diese Eier entwickeln sich normalerweise schon innerhalb des Darmes*; die Larven sind rhabditiform, 200—300 μ lang und etwa 15 μ im Durchmesser und gelangen mit dem Kot ins Freie. Sie kommen hauptsächlich in den wärmeren Ländern und in Bergwerken vor.

Saugwürmer (Trematoden). Die *Eier des Darmegels* (*Fasciolopsis*) sind groß, eiförmig, dunkel, *mit einem Deckel versehen* und bei der Eiablage gefurcht. Im Durchschnitt sind sie 125 μ lang und 75 μ breit.

Die *Eier des Großen Leberegels* (*Fasciola*) (Abb. 4) sind sehr groß, eiförmig, bräunlich, *mit einem Deckel versehen* und bei der Eiablage gefurcht. Im Durchschnitt sind sie 140 μ lang und 80 μ breit. Sie kommen nur ausnahmsweise im menschlichen Kot vor, und diejenigen, die man dort findet, sind fast immer mit Hammelleber eingeführt worden, in der sich die Leberegel befanden.

Die *Eier des Kleinen Leberegels* (*Dicrocoelium*) (Abb. 4) sind sehr viel kleiner, mit dicker Schale, ebenfalls bräunlich, eiförmig und *mit einem Deckel versehen*; auf der einen Seite sind sie leicht flachgedrückt und enthalten bei der Eiablage einen Embryo; ihre Länge beträgt 38—45 μ, ihre Breite 22—30 μ. Diese Eier sind ebenso selten im menschlichen Kot wie die des Großen Leberegels.

Die *Eier des Chinesischen Leberegels* (*Opisthorchis sinensis*) (Abb. 4) gehören zu den kleinsten, die man im Kot findet; sie haben die Gestalt winziger, bauchiger Flaschen mit leicht verengtem Halse, sind mit rundem, hervortretendem *Deckel* geschlossen und tragen einen kleinen Höcker an dem dem Deckel gegenüberliegenden Ende; sie sind gefurcht, 26—30 μ lang und 15—17 μ breit. Diese Eier findet man in unseren Breiten nur bei Menschen, die aus dem Fernen Osten kommen, aber dort werden sie häufig beobachtet.

Die *Eier des Katzenleberegels* (*Opisthorchis tenuicollis*) ähneln den vorigen; sie sind eiförmig *mit einem Deckel versehen* und einem kleinen Höcker an dem Ende, das dem Deckel gegenüberliegt. Ihre Länge beträgt 26—30 μ, ihre Breite 11—15 μ.

Die *Eier des Lungenegels* (*Paragonimus*) (Abb. 4) sind eiförmig, rötlichbraun, *mit einem Deckel versehen* und gefurcht, wenn sie abgelegt werden. Sie besitzen eine Länge von 85—100 μ und eine Breite von 50—67 μ. Wenn diese Eier in die Mundhöhle gelangen, werden sie häufig verschluckt und dann im Kot angetroffen; sie werden aber auch mit dem Auswurf der Kranken abgestoßen und bei der Untersuchung des Auswurfs gefunden.

Die *Eier von Schistosoma haematobium* (Abb. 4) sind eiförmig, mit dünner, durchsichtiger Schale und einem spitzen Stachel an dem einen Ende des Eies. Sie enthalten ein Mirazidium, wenn sie ins Freie gelangen, und haben eine Länge von 150 μ und eine Breite von 60 μ. Diese Eier findet man nur ausnahmsweise im Kot. Gewöhnlich gehen

sie mit dem Urin ab, und man muß in dem Bodensatz, den man nach
dem Zentrifugieren oder Dekantieren des Urins erhält, nach ihnen suchen.

Die *Eier von Schistosoma mansoni*. (Abb. 4) haben das gleiche Aussehen und annähernd die gleichen Dimensionen wie die vorhergehenden,

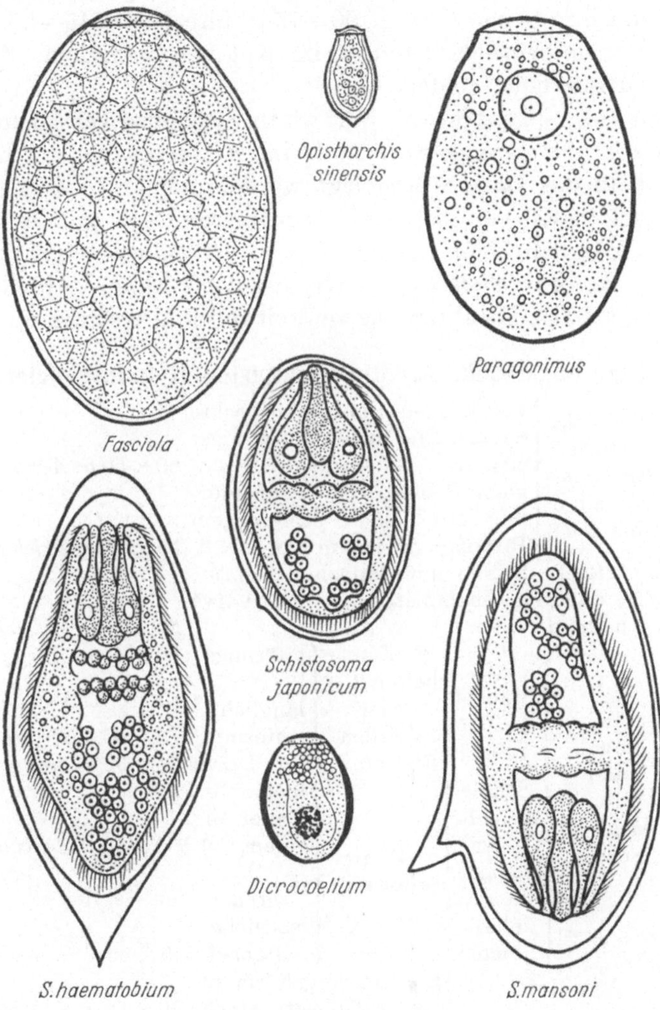

Abb. 4. *Eier der wichtigsten im Menschen parasitierenden Saugwürmer* in 550facher Vergrößerung.

aber an Stelle des Endstachels besitzen sie einen deutlichen seitlichen
Stachel, der eine Länge von 20 μ erreichen kann. Die Länge dieser Eier,
die ebenfalls ein Mirazidium enthalten, beträgt 112—162 μ, die Breite
60—70 μ. In Ländern, in denen die Darm-Bilharziose herrscht, beobachtet man sie häufig im Kot.

Die *Eier von Schistosoma japonicum* (Abb. 4) sind wesentlich kleiner als diejenigen der anderen Bilharzien und fast kugelförmig. Sie weisen einen sehr kleinen seitlichen Stachel auf, der nur sichtbar wird, wenn man das Ei genau im Profil betrachtet. Praktisch kann man diese Eier als stachellos ansehen. Sie enthalten ein vollständig ausgebildetes Mirazidium, und ihre Länge beträgt 60—75 μ, ihre Breite 45—55 μ. Diese Eier trifft man im Fernen Osten an im Kot von Menschen, die an der „Katayama-Krankheit" leiden.

Bandwürmer (Cestoden). Wie wir im Speziellen Teil sehen werden, *werden die Eier der Bandwürmer nicht im Kot gefunden*, da diese Eier nicht innerhalb des Darmes abgelegt werden, sondern der Mensch sie mit den Proglottiden von sich gibt. Von dieser Regel gibt es nur zwei Ausnahmen, nämlich bei *Hymenolepis* und *Diphyllobothrium*.

Die *Eier des Zwergbandwurms* (*Hymenolepis nana*) (Abb. 3) haben eine ganz eigenartige Struktur; sie sind eirund und besitzen eine äußere

Bestimmungstabelle für die wichtigsten Helmintheneier.

Schale ohne Deckel	sehr dicke Schale, Eier enthalten nur eine Zelle	mit kleinen Buckeln bedeckte Schale, Eier mehr oder weniger eirund			60 × 50 μ *Ascaris*
		glatte Schale. Eier citronenförmig mit hellem, schleimigem Pfropfen an jedem Pol . . .			55 × 25 μ *Trichuris*
	mitteldicke Schale mit doppelter Kontur, Eier eiförmig, asymmetrisch, eine Larve enthaltend				50 × 30 μ *Enterobius*
	dünne und durchsichtige Schale	kein Stachel an der Schale	Eier enthalten 2, 4 oder 8 Zellen	eiförmig .	60 × 40 μ *Ancylostoma*
				länglich, eiförmig	70 × 40 μ *Necator*
			Eier eiförm. m. Larve		54 × 32 μ *Strongyloides*
		Schale m. mehr oder weniger entwikkeltem Stachel	Eier eiförmig	kleiner Stachel an einem Pol	150 × 60 μ *Schistosoma haematobium*
				großer seitlicher Stachel	150 × 60 μ *S. mansoni*
		Eier fast kugelförm. m. sehr klein. seitl. Stach.			70 × 50 μ *S. japonicum*
	Zwei Eischalen. Oncosphaera				50 × 45 μ *Hymenolepis*
Schale mit Deckel	Eier eiförmig. Wenig hervortretender Deckel (besonders kenntlich durch ihre Größe)	Eier gefurcht			125 × 75 μ *Fasciolopsis*
					140 × 80 μ *Fasciola*
					95 × 55 μ *Paragonimus*
					70 × 45 μ *Diphyllobothrium*
		Eier m. Embr.			40 × 25 μ *Dicrocoelium*
	Stark hervortretender Deckel mit Höcker am Gegenpol	. . . . .			28 × 16 μ *Opisthorchis sinensis*
		. . . . .			28 × 13 μ *O. tenuicollis*

glatte und dünne Hülle und eine innere Hülle, die an jedem Pol eine kleine Verdickung aufweist, die den Ausgangspunkt für 4—5 gewundene Fäden bildet. Diese Fäden breiten sich in dem Hohlraum zwischen den beiden Hüllen aus. In der inneren Hülle befindet sich eine *Sechshakenlarve* oder *Oncosphaera* mit ihren 6 charakteristischen Haken. Diese Eier, die 50 μ lang und 45 μ breit sind, kann man im Kot finden, da sie im Darmlumen abgelegt werden. Man hat sie besonders bei Kindern in den verschiedensten Teilen der Welt beobachtet.

Die *Eier des Fischbandwurms* (*Diphyllobothrium*) (Abb. 3) sind denen der Leberegel sehr ähnlich; sie sind eiförmig, braun, *mit einem Deckel versehen* und ohne Embryo, wenn sie gelegt werden, 70 μ lang und 45 μ breit. Da diese Eier in das Darmlumen gelegt werden, finden sie sich in großer Anzahl bei Personen, die den Fischbandwurm beherbergen. Man weiß, daß dieser Parasit besonders in der Nähe großer Seen verbreitet ist, in denen die Fische leben, die ihm als Zwischenwirte dienen. Er kommt z. B. sehr häufig am Kurischen Haff vor.

II. Die pharmakologischen Modellversuche zur Prüfung der Wirksamkeit von Wurmmitteln.

Während man in früheren Zeiten und zum Teil sogar heute noch die Wirksamkeit von Wurmmitteln *im Reagensglas* an Planarien, Regenwürmern, Enchytraeen, Erdnematoden usw. prüfte, hat sich neuerdings immer mehr die Erkenntnis durchgesetzt, daß nur die Untersuchung an einem *mit den entsprechenden Würmern* infizierten Versuchstier *zur Testierung von Wurmpräparaten* in Frage kommt. Die ersten einwandfreien Untersuchungen in dieser Hinsicht wurden offenbar an Bandwurm- und Spulwurminfektionen der Katze von G. CARLBLOM schon in den Jahren 1865/66 gemacht. („Über den wirksamen Bestandtheil des aetherischen Farrenkrautextraktes". Dissertation Dorpat 1866.) Bahnbrechend in dieser Hinsicht waren aber erst die von dem amerikanischen Zoologen HALL durchgeführten Untersuchungen an der *Ancylostomiasis des Hundes*, die im Jahre 1921 zur Auffindung des Tetrachlorkohlenstoffes als Specificum gegen die Hakenwurmkrankheit des Menschen führten. Bei der weiteren Ausarbeitung dieser Methoden, um die sich besonders FAUST große Verdienste erwarb, stellte es sich heraus, daß in einigen wichtigen Fällen ein wertvoller Test für die Wirksamkeit eines Präparates die *Mehrausschwemmung von Wurmeiern* (Abb. 5) in den Tagen nach Applikation des Mittels darstellt. Vgl. ferner F. EICHHOLTZ: „Therapie der Wurmerkrankungen" [Arch. exper. Path. u. Pharm. 157, 140—141 (1930)].

Zum quantitativen Nachweis der Wurmeier im Kot des Versuchstieres hat sich für pharmakologische Untersuchungen im Tierversuch u. a. als *quantitative Eierzählmethode* die **Traganthmethode von SZIDAT-**

ERHARDT bewährt. Das Wesentliche dieser Methode ist folgendes: 1 g Kot wird nach dem oben (S. 19) beschriebenen Verfahren von TELEMANN angereichert. Der eierhaltige Bodensatz des Zentrifugenröhrchens wird mit Wasser ausgespült und in ein kleines Standgefäß („Pillenglas") gekippt, das 5 ccm einer 2proz. vergorenen Traganthlösung mit dem spezifischen Gewicht von 1,01 und einer Viscosität von 5 (im Vergleich mit Aqua destillata gleich 1) enthält. Das Ausspülen des Zentrifugengläschens erfolgt mit so viel Wasser, bis im Standgefäß die obere Marke von 7,5 erreicht wird. Das Standgefäß wird nun verschlossen und stark durchgeschüttelt, bis alle Eier gleichmäßig suspendiert sind. Es haben sich also die Eier aus 1 g Kot auf 7,5 ccm Flüssigkeit (ursprünglich 5 ccm 2proz. Traganthlösung und 2,5 ccm kothaltiges Wasser) im Standgefäß verteilt. Die mikroskopische Auszählung der Wurmeier erfolgt in der **Helmintheneier-Zählkammer von ZSCHUCKE,** die 0,075 ccm, einen sog. „kleinen Tropfen", faßt. Die Zählkammer mit Zubehör liefert die Firma Leitz, Wetzlar (vgl. S. 15—17). Der sich aus mehreren Zählungen ergebende Durchschnittswert wird mit 100 multipliziert, um die Anzahl der Eier zu erhalten, die sich in 1 g Kot befinden. Hieraus und aus dem Gewicht des gesamten abgelegten Kotes läßt sich ohne weiteres die innerhalb von 24 Stunden ausgeschwemmte Anzahl der Eier berechnen.

Während der Dauer der Untersuchung müssen die Versuchstiere eine *Standarddiät* erhalten, um regelmäßig Kot in konstanter Menge abzusetzen.

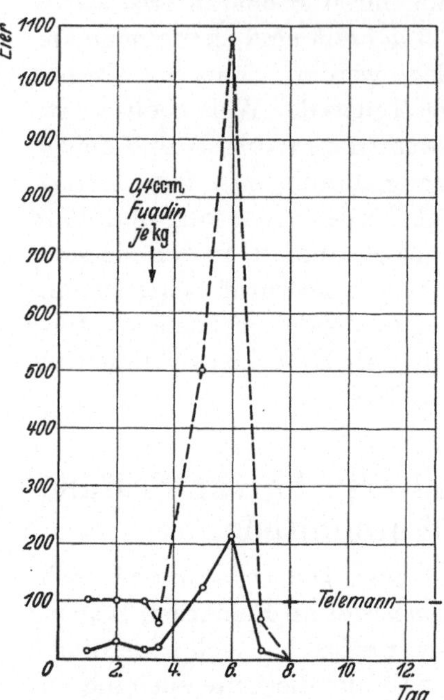

Abb. 5. *Wirkung des dreiwertigen Antimonpräparates Fuadin in therapeutischer Dosis* (0,4 ccm subcutan pro Kilogramm Lebendgewicht der Katze) *auf die Eiablage des Katzenleberegels (Opisthorchis tenuicollis).* Die ausgezogene Kurve gibt die täglich in 1/186,7 g flüssigen Katzenkotes ausgezählte, die gestrichelte Kurve die in 1/186,7 g Trockenkot berechnete Anzahl der Wurmeier an. Vor Gabe des Präparates verläuft die gestrichelte Kurve fast geradlinig, d. h. es wird täglich dieselbe Eiermenge ausgeschieden, und zwar von jedem Wurm rund 1000 Eier. Nach Injektion des Specificums Fuadin am 3. Versuchstage erfolgt eine starke Mehrausschwemmung von Wurmeiern, die einen mehr als 10fachen Anstieg der Kurve am 6. Tage bedingt. Darauf fällt die Kurve steil ab. Am 8. Tage sind nur noch mit der TELEMANN-Anreicherung Wurmeier zu finden, am 13. Tage gar keine mehr. Die Sektion ergibt eine 100proz. Abtötung der Katzenleberegel. Nach ERHARDT.

Für die TELEMANN-Anreicherung wird täglich die gesamte innerhalb von 24 Stunden abgelegte und gewogene Kotmenge in einen Mörser getan und mit so viel Wasser gründlichst verrührt, daß der Kot einen Gesamtwassergehalt von etwa 80—90% besitzt. Nur ein solcher *wässeriger Kot* bietet eine sichere Gewähr dafür, daß durch gründliches, etwa 5 Minuten dauerndes Umrühren die Eier gleichmäßig verteilt werden. Da natürlich ein genaues Abschätzen des Wassergehaltes unmöglich ist, muß der Wassergehalt des durch Zusatz von Wasser auf eine bestimmte Konsistenz gebrachten Kotes exakt bestimmt werden, indem 10 g des Kotbreies im Trockenschrank bei 110°C getrocknet werden. Aus dem Gewicht der Trockensubstanz läßt sich dann ohne weiteres die Zahl berechnen, mit welcher der Durchschnittswert der gezählten Eier multipliziert werden muß, um die Anzahl der Eier *in 1 g Trockenkot* zu erhalten. Nur auf diese Art und Weise erhält man wirklich vergleichbare Werte. [Weitere methodische Einzelheiten siehe bei ERHARDT: Arch. Schiffs- u. Tropenhyg. **37**, 131—135 (1933) u. **42**, 108 bis 117 (1938); Ann. de Parasitol. **17**, 199—205 u. 206—208 (1939).]

Für einen brauchbaren **Modellversuch zur Prüfung der Wirksamkeit von Wurmmitteln,** die später beim Menschen angewandt werden sollen, sind zunächst folgende Hauptpunkte zu berücksichtigen [vgl. A. ERHARDT: Z. Parasitenkde **8**, 221—224 (1935)]:

1. Das *infizierte Versuchstier* muß möglichst ein *Säugetier* sein. So ist z. B. das 3wertige Antimonpräparat „Fuadin" ein Specificum gegen die Schistosomiasis des Menschen und die Opisthorchiasis der Katze, es ist aber völlig unwirksam gegen die Bilharziellainfektion der Ente. Dabei gehören die Gattungen *Schistosoma* und *Bilharziella* zu ein und derselben Familie (Schistosomidae), während die Gattung *Opisthorchis* zu einer ganz anderen Familie (Opisthorchidae) gehört, die im System sehr entfernt steht.

2. Der *Krankheitserreger* muß bei Mensch und Versuchstier möglichst derselben oder einer nahe verwandten Spezies angehören und ähnliche pathologisch-anatomische und klinische Erscheinungen hervorrufen. Es muß also im Idealfall für *jede* Wurmkrankheit des Menschen ein spezifischer Modellversuch zur Verfügung stehen. Dabei ist es ferner unbedingt nötig, daß die Infektion „fest" ist, d. h. daß die Würmer nicht zu locker sitzen und zu leicht abgetrieben werden können.

3. Der *pharmakologische Effekt* muß im Modellversuch genau quantitativ verfolgbar sein, sei es durch Kontrolle der Ablage der Wurmeier, sei es durch Nachweis der abgetriebenen Würmer usw. Am Ende einer Untersuchung ist die Sektion des Versuchstieres in den meisten Fällen unerläßlich, um das Ergebnis der Wurmkur sicherzustellen.

Wenn wir unter diesem Gesichtswinkel fragen, welche Wurminfektionen des Menschen im adäquaten Tierversuch kopiert wurden, so daß dieser zur Auffindung von Wurmmitteln dienen kann, so finden wir, daß die gestellten Forderungen nur selten erfüllt sind.

Bei dem Modellversuch muß weiter berücksichtigt werden, ob die Würmer im Menschen als Larven (z. B. als Finnen) oder als Geschlechtstiere vorkommen. Im letzteren Fall erhebt sich wieder die Frage, ob die Würmer lebend gebärend sind (*Trichinella*) oder ob die abgelegten Wurmeier regelmäßig (z. B. von *Opisthorchis, Strongyloides, Ancylostoma*) bzw. verhältnismäßig regelmäßig (z. B. von *Taenia, Hymenolepis, Diphyllobothrium, Dipylidium, Ascaris, Trichuris, Schistosoma*) im Kot nachweisbar sind oder ob dies nicht der Fall ist (z. B. bei *Oxyuris*). In welchen Organen die Würmer ihren Sitz haben, spielt dabei keine Rolle, wohl aber, ob die abgetriebenen Tiere im Kot nachweisbar sind (z. B. meistens die Band- und Spulwürmer) oder ob dies nicht der Fall ist (bei den meisten übrigen Arten). Bei den Larven hingegen kommt es darauf an, ob sie in der peripheren Blutbahn anzutreffen sind (*Filarien, Trichinella*) oder ob sie sich in den Organen des Körpers befinden (*Finnen*).

Bei der folgenden Übersicht sollen nur die wichtigsten Modellversuche näher besprochen werden, die mit Vertretern der *deutschen Helminthenfauna* auszuführen sind. Es ist bei diesen Untersuchungen meist gleichgültig, ob mit natürlich oder künstlich infizierten Versuchstieren gearbeitet wird.

Wir betrachten zunächst die Modellversuche, bei denen mit *geschlechtsreifen eierlegenden Würmern* gearbeitet wird, und hier zunächst die Wurmarten, die *regelmäßig innerhalb von 24 Stunden ihre Eier ablegen*.

Den idealsten und einfachsten Modellversuch stellt die *Opisthorchiasis der Katze* (Abb. 5, S. 26) dar, was um so wertvoller ist, als an dieser Infektion sich auch die dreiwertigen Antimonpräparate testieren lassen, die bei der *Schistosomiasis des Menschen* wirksam sind. In Mensch und Katze kommt außerdem derselbe Erreger vor: *Opisthorchis tenuicollis* (= *felineus*). Die *Katzenleberegel* legen ferner ihre Eier innerhalb von 24 Stunden in stets gleichbleibender Zahl ab (pro Tier rund 1000), so daß man von einer bestimmten Anzahl von Eiern auf eine bestimmte Mindestzahl von Würmern schließen kann. Nur bei frisch infizierten Katzen liegen die Verhältnisse etwas anders, da junge Opisthorchis mehr Eier pro Tag legen als alte.

Ähnliche Verhältnisse finden wir bei einer weiteren Infektion, nämlich bei der *Strongyloidose der Ratte*, deren Erreger *Strongyloides ratti* ist. In den ersten 30 Tagen nach der Infektion stirbt ein großer Teil der inzwischen geschlechtsreif gewordenen Würmer ab. Die restlichen Würmer hingegen leben offenbar erheblich länger und legen sehr regelmäßig ihre Eier ab. Vom 30. Infektionstag ab ist daher die tägliche Eiablage so konstant, daß man aus der Zahl der abgelegten Eier Rückschlüsse auf die Zahl der vorhandenen Würmer ziehen kann.

Bei diesen beiden Modellversuchen ist demnach die Testierung von Wurmmitteln sehr einfach. Man kann aus der vor Gabe des Medikamentes *berechneten Mindestanzahl der Würmer* und aus den bei der Sektion tatsächlich gefundenen Parasiten einwandfrei feststellen, ob das gegebene Medikament eine vermicide bzw. vermifuge Wirkung gehabt hat oder nicht. Ein weiterer Test dafür, ob das Medikament überhaupt irgendeinen Einfluß auf die Würmer besitzt oder nicht, besteht darin, ob nach Applikation desselben eine *Mehrausschwemmung von Eiern* nachweisbar ist oder nicht (Abb. 5).

Nicht ganz so einfach liegen die Verhältnisse bei einem anderen Modellversuch, nämlich bei der *Ancylostomiasis der Katze*, deren Erreger *Ancylostoma caninum* ist[1]. Die Ablage der Eier unterliegt nämlich bei dieser Infektion meist derartigen Schwankungen, daß es nicht möglich ist, aus der Zahl der Eier genaue Rückschlüsse auf die Zahl der Parasiten zu machen. Man muß daher für quantitative Arbeiten die Katzen möglichst gleichmäßig mit 100—150 Ancylostomalarven experimentell infizieren, von denen etwa 10—35% angehen. Denn aus der Zahl der abgetriebenen, im Kot nachgewiesenen Würmer einerseits und der im Darm noch vorhandenen lebenden Würmer andererseits läßt sich nicht immer einwandfrei feststellen, wie hoch der Prozentsatz der durch ein Medikament abgetöteten *Ancylostoma* ist, da abgetötete Würmer im Darm der Katze verdaut werden können, wie dies auch regelmäßig bei *Opisthorchis* und *Strongyloides* der Fall ist und auch hin und wieder bei Band-, Peitschen- und Spulwürmern der Fall sein kann.

Wir kommen nunmehr zu der Gruppe von Würmern, die ebenfalls *geschlechtsreif* im Menschen und Versuchstier parasitieren, *deren Eiablage aber nicht so regelmäßig* erfolgt wie bei den eben besprochenen Helminthen, denn es können zwischen zwei Eiablagen mehrere Tage vergehen. In diese Gruppe gehören vor allem die *Bandwürmer* (*Taenia, Dipylidium, Diphyllobothrium, Hymenolepis*), ferner *Ascaris, Trichuris* und die verschiedenen *Schistosomaspezies*. Auf die Modellversuche für die Schistosomaarten will ich hier nicht näher eingehen, da es sich ja bekanntlich um exotische Formen handelt, die aus dem Rahmen unserer Übersicht fallen, und sich außerdem, wie erwähnt, die *Opisthorchiasis* der Katze zur Testierung der bei der *Schistosomiasis* wirksamen Antimonpräparate eignet. Bei den heimischen Arten dieser Gruppe (*Taenia taeniaeformis, Dipylidium caninum, Diphyllobothrium latum, Toxocara cati* der Katze, *Cittotaenia ctenoides, Trichuris leporis* des Kaninchens, *Hymenolepis fraterna* der Ratte und der Maus) kann man oft tagelang keine Eier im Kot des Versuchstieres nachweisen, und aus der Zahl der plötzlich gefundenen Eier kann man keine genauen Schlüsse auf die Infektionsstärke ziehen. Dieser Nachteil wird aber — im Gegensatz zur Opisthorchiasis, Strongyloidose und Ancylostomiasis — dadurch aufgehoben, daß *diese Würmer zum größten Teil* nach Applikation eines wirksamen Präparates in den meisten Fällen *nicht im Darm*

---

[1] Offenbar haften die Hakenwürmer in der Katze wesentlich fester als im Hund, weswegen dem Modellversuch an der Katze größerer Wert beizumessen ist.

zersetzt, sondern gleich abgetrieben werden. Gegebenenfalls ist mit dem Wurmmittel ein Abführmittel zu geben. Aus der Zahl der abgetriebenen und bei der Sektion gefundenen Parasiten ergibt sich also fast immer einwandfrei, ein wie hoher Prozentsatz der Würmer abgetrieben ist.

Wir wenden uns jetzt dem der menschlichen *Oxyuriasis* adäquaten Modellversuch zu, nämlich der *Oxyuriasis des Kaninchens*, deren Erreger *Passalurus ambiguus* ist. Bei dieser Testierungsmethode muß man von der Tatsache ausgehen, daß aus der Zahl der im Kaninchenkot mittels der TELEMANN-Anreicherung gefundenen Passaluruseier keinerlei Rückschlüsse auf die Infektion des Kaninchens mit Oxyuren gezogen werden können. Ferner muß die verhältnismäßig kurze Lebensdauer der *Passalurus* berücksichtigt werden und der Umstand, daß die abgetöteten kleineren Würmer im Darm verdaut werden können und demzufolge nicht im Kot gefunden zu werden brauchen, während die über 6 mm großen Weibchen wohl zum größten Teil im abgelegten Kot nachweisbar sind, wenigstens wenn die Kotablage regelmäßig erfolgt. Tritt jedoch nach Gabe eines stark vermiciden Präparates Verstopfung ein, die sich über mehrere Tage hin erstreckt, so können in diesem Fall auch alle großen Weibchen verdaut werden. Alle durch diese Eigentümlichkeiten bedingten Fehlerquellen werden bei folgender *Methode* ausgeschaltet:

Durch einen chirurgischen Eingriff in das Coecum wird vor Beginn des eigentlichen Versuches festgestellt, ob die Tiere gut mit Oxyuren infiziert sind oder nicht. Für die Testierung kommen nur Kaninchen in Frage, die wenigstens mit 100 Würmern natürlich infiziert sind und ein Mindestgewicht von etwa 2000 g haben. Derartige Kaninchen erhalten etwa 2—24 Stunden nach der Operation das zu untersuchende Wurmmittel. Daraufhin wird von dem Versuchstier täglich der Kot genauestens auf abgegangene Oxyuren, und zwar in erster Linie auf die großen Weibchen, untersucht. Am 4. Tage nach Applikation des Präparates wird das Kaninchen getötet und seziert. Aus der Zahl der im abgelegten Kot und der im Darmtrakt gefundenen toten Oxyuren einerseits und den im Darm evtl. noch lebend angetroffenen Würmern andererseits läßt sich ohne weiteres berechnen, wieviel Oxyuren durch das untersuchte Präparat mindestens abgetötet bzw. abgetrieben sind. [Vgl. ERHARDT u. GIESER: Deut. Tropenmed. Zeitschr. 45, 531—541 (1941).]

Ebenfalls auf chirurgischer Basis beruht der Modellversuch zur Testierung von Präparaten, die gegen die *Finnen der Bandwürmer* wirksam sein sollen. Diese Untersuchungen werden an der *Cysticercose des Kaninchens* durchgeführt, das Finnen der *Taenia pisiformis* beherbergt. Zunächst stellt man durch Öffnung der Bauchhöhle fest, ob das Kaninchen in größerer Anzahl (mindestens etwa 50) lebende Finnen besitzt. Der *Test für das Leben einer Finne* ist das Sichumstülpen des Scolex. Man muß zu diesem Zweck einige Finnen mit ihren Bälgen operativ aus dem Kaninchen entfernen, dann aus den Finnenbälgen die Finnen herauspräparieren und in eine auf 37—40° erwärmte physiologische Kochsalzlösung bringen, worauf sich der Skolex mit folgenden Proglottiden alsbald ausstülpt und stundenlang lebhafte Bewegungen zeigt. Ist dies später bei den anderen Finnen desselben Kaninchens nach Gabe des Medikamentes nicht der Fall, liegt ein vermicider Effekt des Wurmmittels vor.

Als letzter Modellversuch soll die *Trichinose der Ratte*, deren Erreger *Trichinella spiralis* ist, besprochen werden. Die Trichineninfektion der Ratte eignet sich zur Prüfung von Wurmmitteln sowohl gegen Darmtrichinen als auch gegen Muskeltrichinen. Die Schwierigkeit dieses Modellversuches besteht vor allem darin, die Versuchsratten und die Kontrolltiere einerseits gleichmäßig quantitativ mit Trichinen zu infizieren, andererseits das zur Infektion dienende trichinenhaltige Rattenfleisch so zu bemessen, daß die Versuchstiere nicht an Darmtrichinose eingehen, aber dennoch genügend viele Muskeltrichinen bekommen. Etwa 10 Tage nach der Infektion finden sich sowohl die geschlechtsreifen Darmtrichinen als auch die Muskeltrichinen — letztere besonders im Zwerchfell und Kaumuskel — in der infizierten Ratte. Zur Feststellung, ob ein Präparat gewirkt hat oder nicht, müssen die Versuchs- (und Kontroll-) Ratten getötet und seziert werden. Die Darmtrichinen findet man, indem man den Darm aufschneidet und denselben in einem Glaskolben mit Wasser schüttelt. Den so erhaltenen Darminhalt behandelt man nach dem S. 19 geschilderten „*quantitativen Telemann nach* ERHARDT" und zählt die Darmtrichinen in der Zählkammer von ZSCHUCKE aus. Die Muskeltrichinen werden in dem bekannten Kompressorium untersucht. [Vgl. BAUDET: Arch. Schiffs- u. Tropenhyg. 35, 449—461 (1931).]

In der umstehenden Übersicht sind die soeben besprochenen Modellversuche in ihren wesentlichen Punkten noch einmal zusammengestellt.

Was nun die *Übertragung* der Ergebnisse mit den im Tierversuch geprüften Wurmmitteln *auf die entsprechenden Wurminfektionen des Menschen* anbetrifft, so zeigt sich, daß die Modellversuche an der Ancylostomiasis und Ascaridose der Katze und an der Oxyuriasis des Kaninchens für derartige Rückschlüsse besonders wertvoll sind. (Vgl. F. EICHHOLTZ u. A. ERHARDT: „Der Nachweis der Spezifität der gebräuchlichsten Wurmmittel im chemotherapeutischen Versuch unter besonderer Berücksichtigung von 430 Kl". Dtsch. med. Wschr. 1942 im Erscheinen.) In jedem Fall ist aber eine genaue *klinische Prüfung* notwendig, bevor ein neues Wurmmittel in die Praxis eingeführt wird.

Übersicht über die wichtigsten mit Vertretern der deutschen Parasitenfauna durchführbaren Modellversuche zur Prüfung der Wirksamkeit von Wurmmitteln.

Modellversuch	Wesentlichste Punkte des Versuches
Opisthorchiasis der Katze	Eierzählung, Mehrausschwemmung von Eiern, Sektion.
Strongyloidose der Ratte	Eierzählung ab 30. Tag nach der Infektion; Mehrausschwemmung von Eiern, Sektion.
Ancylostomiasis der Katze	Quantitative Infektion, Eierzählung (Mehrausschwemmung von Eiern), Sektion.
Taeniosen und *Ascaridose* der Katze	Nachweis der abgetriebenen Würmer, Sektion.
Oxyuriasis des Kaninchens	Chirurgischer Eingriff zur Feststellung der ungefähren Infektionsstärke, Kotuntersuchungen auf abgetriebene große Oxyurenweibchen, Sektion nach 4 Tagen nach Gabe des Präparates.
Cysticercose des Kaninchens	Chirurgischer Eingriff zur Feststellung der Infektion. Test, ob die Finnen leben. Sektion.
Trichinose der Ratte	Quantitative Infektion, Darm- und Muskeltrichinen, Sektion.

III. Nachweismethoden für die Darmprotozoen.

Die Nachweismethoden für parasitierende Protozoen sind verschieden und richten sich danach, ob man nach im Darm lebenden Protozoen oder nach ihren Cysten sucht.

1. Nachweismethoden für die im Darm lebenden Protozoen.

Sammeln des Kotes. Wenn es sich um einen Kranken handelt, bei dem man Amöben oder Flagellaten vermutet, ist es unbedingt notwendig, den noch warmen Stuhl unmittelbar nach der Entleerung zu benutzen; es ist dies das einzige Mittel, die Anwesenheit freier Protozoen im Darm festzustellen.

Probeentnahme. Man bringt eine kleine Menge Schleim, am besten von den Stellen, wo er mit Blut durchzogen ist, zwischen Objektträger und Deckgläschen. In diesen Schleimpartikeln findet man tatsächlich Amöben, die Flagellaten hingegen finden sich eher in diarrhöischen oder in schleimig-galligen Exkrementen.

Untersuchung. Die direkte Untersuchung ohne irgendwelche Reagenzien ist die erste, zu der man greifen soll, aber man muß sie auf einer warmen Platte oder besser noch in einer heißen Kammer, wie z. B. in einem zum Mikroskopieren eingerichteten Thermostaten vornehmen, damit die Protozoen so lange wie möglich ihre Beweglichkeit bewahren. Für diese Untersuchung wendet man zuerst ein Objektiv mit mittlerer Vergrößerung, dann eines für Ölimmersion an, um die Einzelheiten der Organisation der vegetativen Stadien zu untersuchen.

Die wichtigsten Darmprotozoen. Man kann *Balantidium coli* im Kot antreffen; es ist das größte Darmprotozoon und erreicht eine Länge von 50—200 μ. Eine schwache Vergrößerung genügt, um es aufzufinden.

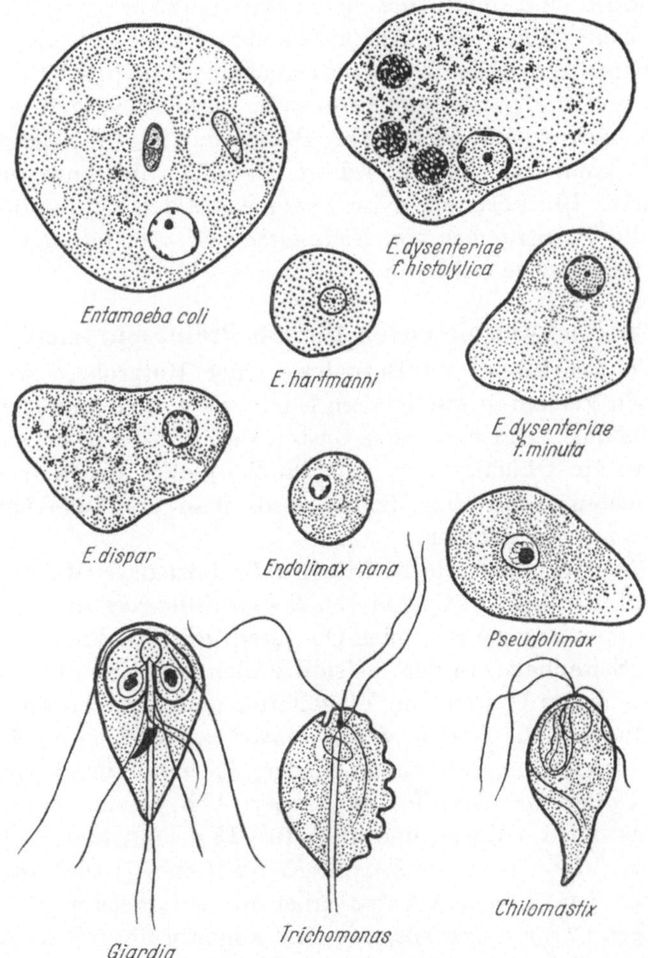

Abb. 6. *Vegetative Stadien der wichtigsten Darmprotozoen* in 2000facher Vergrößerung.

Die Darmflagellaten sind sehr zarte, im Durchschnitt 10—12 μ lange Organismen. Selbst bei schwacher Vergrößerung errät man leicht ihre Anwesenheit, weil sie durch die Bewegung ihrer Geißeln die festen Teilchen des Kotes verschieben. Die Arten, die man am häufigsten antrifft, sind *Giardia intestinalis* (Abb. 6), an ihren beiden Kernen kenntlich, *Trichomonas intestinalis* (Abb. 6) mit einer gut entwickelten undulierenden Membran und *Chilomastix mesnili* (Abb. 6), bei der diese Membran rudimentär ist.

In der Praxis hat man in der Hauptsache Amöben zu untersuchen und festzustellen, ob es sich um nichtpathogene oder um Ruhramöben handelt.

Die Amöben sind durch ihre eigenartige Fortbewegung leicht kenntlich. Die Tiere führen eine Art kriechende Bewegung aus, indem sie einen oder mehrere Scheinfüße ausstrecken. Die unschädliche *Entamoeba coli* und die pathogene *Entamoeba dysenteriae* sind in frischem Zustande schwer zu unterscheiden. Beide sind 20—30 μ lang; nur ein einziges Merkmal ist ziemlich scharf, nämlich die Anwesenheit von phagocytierten Blutkörperchen im Cytoplasma der Ruhramöbe; außerdem sind die Bewegungen von *Entamoeba coli* viel langsamer als von *Entamoeba dysenteriae* (Abb. 6).

2. Nachweismethoden für die Protozoencysten.

Sammeln des Kotes und Entnahme einer Kotprobe. Man wendet hier dieselben Verfahren wie bei dem Nachweis von Helmintheneiern an.

Untersuchung. Um nach den Cysten der Protozoen zu suchen, gebraucht man ein Objektiv mit ungefähr 200facher Vergrößerung, aber zur Untersuchung der Einzelheiten muß man ein Objektiv für Ölimmersion zu Hilfe nehmen.

Kurze Übersicht über die wichtigsten Protozoencysten. Es ist zwar möglich, daß man im Kot Cysten von *Balantidium coli*, die einen Durchmesser von 50—60 μ haben, oder Oocysten von Coccidien findet, aber das ist eine Seltenheit. In den meisten Fällen trifft man bei der Untersuchung des Kotes Cysten von Flagellaten und Amöben an.

Flagellaten. Die *Cysten von Chilomastix mesnili* (Abb. 7) sind unregelmäßig birnenförmig mit einem einzigen Kern und ungefähr $8{,}5 \times 6 \mu$ groß. Die *Cysten von Giardia intestinalis* (Abb. 7) sind eiförmig, enthalten 2, bisweilen 4 Kerne und sind 10—13 μ lang und 8—9 μ breit.

Amöben. Die *Cysten der Entamoeba coli* (Abb. 7) sind am größten. Sie enthalten gewöhnlich *8 Kerne*, aber in den meisten Fällen *keine balkenförmigen Chromidialkörper*; sie sind kugelförmig mit dicker Schale von doppelter Kontur und haben einen Durchmesser von 15—20 μ.

Die Cysten von *Entamoeba dysenteriae* (Abb. 7) sind kleiner, enthalten *4 Kerne* und splitter- und balkenförmige *Chromidialkörper* in Form von kurzen, dicken Stäbchen mit abgerundeter Spitze. Die Cysten sind ebenfalls kugelförmig, aber mit dünner Schale und nur 10—14 μ im Durchmesser. Die Cysten von *Entamoeba dispar* (Abb. 7) sind morphologisch den anderen gleich. Man trifft sie in der gemäßigten Zone, wo die Ruhr nicht endemisch ist.

Endlich kann man häufig genug im Kot kleine Cysten von Amöben antreffen, die man „*Jodamöben*" nennt. Diese Cysten enthalten nur *einen einzigen* exzentrischen *Kern* und eine große Glykogenvakuole, die durch Jod rotbraun gefärbt wird. Die Cysten sind im Durchmesser 9—12 μ groß, gehören zur Spezies *Pseudolimax bütschlii* und üben

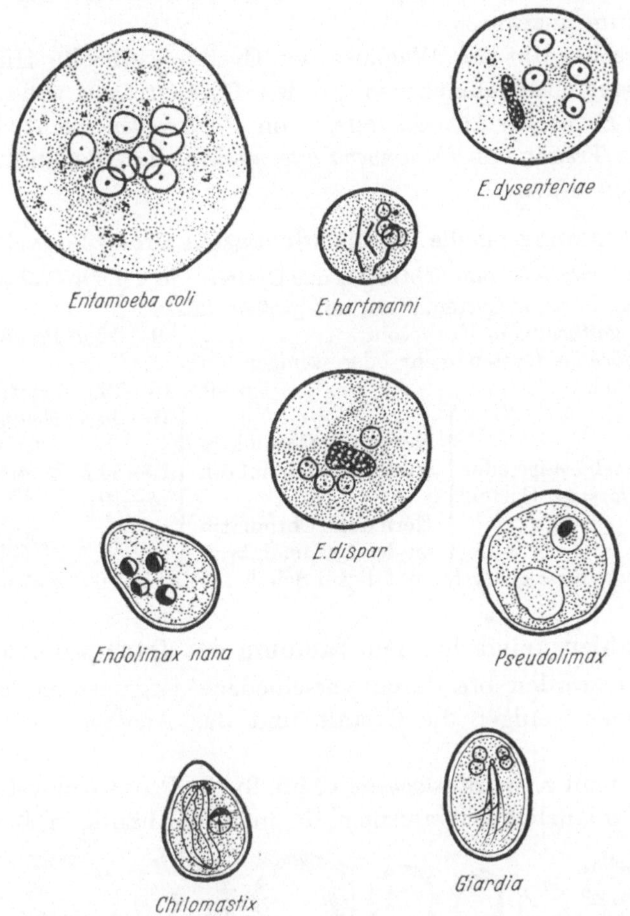

Abb. 7. *Cysten der wichtigsten Darmprotozoen* in 2000facher Vergrößerung.

keinerlei bekannte pathogene Wirkung aus. Ohne pathogene Wirkung sind auch die eiförmige *Endolimax nana* mit *2 oder 4 Kernen* und einer Größe von 7—10 μ und die kugelförmige *Entamoeba hartmanni* mit *4 Kernen* und einer Größe von 5—10 μ (Abb. 7).

Beim Nachweis von Amoebencysten muß die Untersuchung des Kotes mehrere Male wiederholt werden. Es kann tatsächlich vorkommen, daß durch noch ungeklärte Einflüsse die Encystierung zum Stillstand gebracht wird und in diesem Fall keine Cysten im Kot zu finden sind; jedoch erscheinen sie früher oder später in größerer oder geringerer Menge wieder. Wenn man während einer solchen negativen Periode eine Untersuchung vornimmt, kann man zum Irrtum verleitet werden; man muß daher wenigstens drei Untersuchungen mit je 1 Woche Zwischenraum ausführen.

Andererseits gibt die Diagnose der Cysten wertvolle Hinweise für therapeutische Maßnahmen; so werden Cystenträger von *Entamoeba hartmanni*, *E. dispar*, *E. coli* oder von *Jodamöben* nicht behandelt, während die Träger von *Entamoeba dysenteriae* einer Behandlung unterzogen werden müssen.

Bestimmungstabelle für die wichtigsten Protozoencysten.

1 Kern	*birnenförmige* und lichtbrechende Cysten		$6 \times 8,5\,\mu$ *Chilomastix*
	kugelförmige Cysten, Kern mit großem kugelförmigem Karyosom		$9{-}12\,\mu$ *Pseudolimax*
4 Kerne	*eiförmige* Cysten mehr oder weniger länglich		$8{-}9 \times 10{-}13\,\mu$ *Giardia*
	kugelförmige oder *eiförmige* Cysten	Kern mit Chromatin an der Kernmembran	$10{-}14\,\mu$ *Entamoeba dysenteriae* $10{-}14\,\mu$ *E. dispar* $5{-}10\,\mu$ *E. hartmanni*
		Kern ohne Chromatin an der Kernmembran	$7{-}10\,\mu$ *Endolimax*
8 Kerne	kugelförmige Cysten mit dicker Schale . . .		$14{-}20\,\mu$ *Entamoeba coli*

3. Fehlerquellen bei dem Studium der Darmprotozoen.

Anfänger werden oft durch verschiedene Organismen irregeführt, die mehr oder weniger die Gestalt und das Aussehen von Amöben vortäuschen.

So kann man z. B. *Blastocystis* (Abb. 8) für Protozoencysten halten; es sind aber pflanzliche Organismen, die man sehr häufig im Kot antrifft.

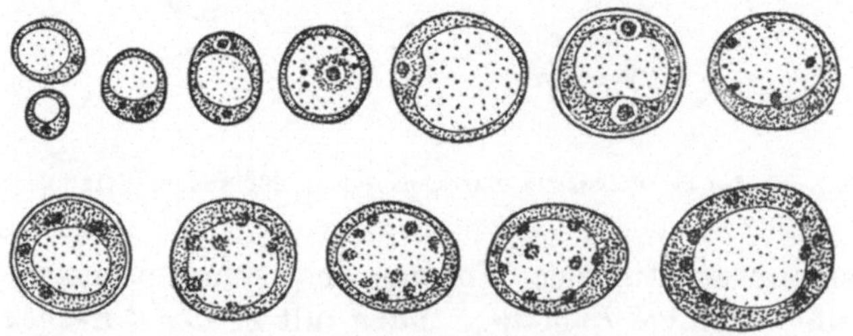

Abb. 8. *Verschiedene Stadien des Fadenpilzes Blastocystis hominis*, wie man sie im festen Kot findet. In 1800facher Vergrößerung.

Man kann auch verschiedene andere vegetabilische Organismen für Cysten halten, z. B. große Hefezellen, mehr oder weniger runde Mycelien, verschiedenartige Sporen, Pollen- (Abb. 9) oder Stärkekörnchen, besonders aber Fragmente pflanzlicher Tracheiden, d. h. spiralförmige vegetabilische Gefäße, die wegen ihrer Ähnlichkeit mit den Tracheen von Insekten so benannt sind. Diese Tracheiden zeigen sich manchmal in Form von Ringen mit dicker, doppelter Kontur, die leicht mit einer Cyste zu verwechseln sind.

Man findet in diarrhoischem oder dysenterischem Stuhl noch zylindrische Epithelzellen, kelchförmige Zellen, Endothelzellen von Capil-

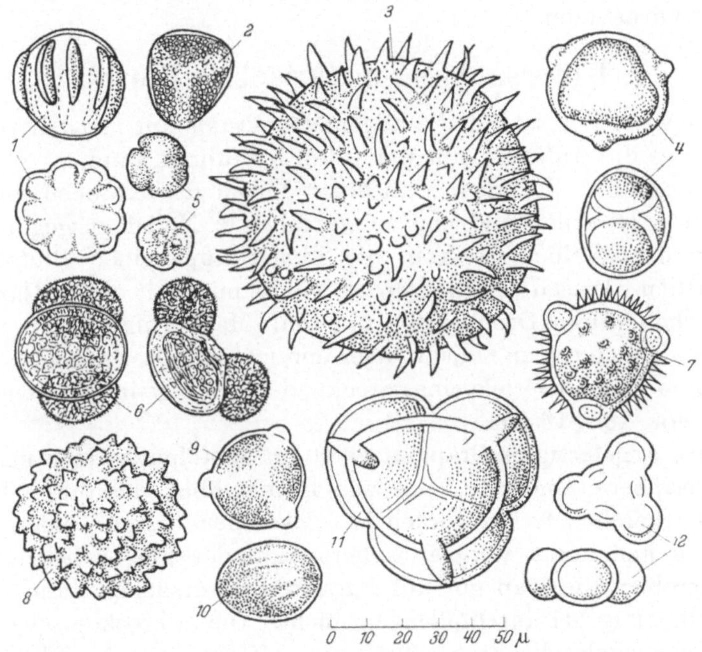

Abb. 9. *Pollenkörner*, die man im Kot findet und die häufig für Parasiteneier gehalten werden. 1. Boretsch, 2. Königskerze, 3. Malve und Eibisch, 4. Linde, 5. Mohn, 6. Kiefer und andere Coniferen, 7. Huflattich, 8. Artischocke, 9. Veilchen, 10. Kohl, 11. Alpenrose (Rhododendron), 12. Besenginster. Nach Originalzeichnungen von RONDEAU DU NOYER.

laren, die sogar Blutkörperchen enthalten können, endlich verschiedenartige Leukocyten, die Amöben vortäuschen können. Die Plattenepithelzellen am Rande des Afters mit unregelmäßigen Konturen und rundem Kern ähneln am stärksten diesen Protozoen. Aber diese Bestandteile sind flachgedrückt und nicht kugelförmig wie die Amöben, außerdem sind sie nicht beweglich wie die letzteren und strecken niemals Pseudopodien aus.

Dritter Abschnitt.

Untersuchungsmethoden des Blutes.

Wir haben keineswegs die Absicht, hier die Hämatologie umfassend
darzustellen; wir wollen vielmehr nur die einfachsten Methoden be-
schreiben, die es gestatten, mit einem Minimum von Material die Blut-
untersuchung vom parasitologischen Standpunkt aus durchzuführen.
Die Untersuchung kann man sowohl am *frischen* als auch am *gefärbten*
Präparat vornehmen.

I. Untersuchung des frischen Blutes.

Dieses Verfahren ist für die allgemeine Praxis am meisten zu empfehlen, da es die Anfänger am wenigsten irreführen kann.

Blutentnahme. Nachdem man einen Finger des Kranken sorgfältig
mit Alkohol gereinigt und eine entsprechende Nadel ausgeglüht hat,
läßt man durch einen Stich in die Fingerkuppe einen Blutstropfen
hervorquellen. Diesen ersten Tropfen wischt man mit einem Gazestück
ab und erhält durch Druck einen zweiten. Man bringt diesen zweiten
Tropfen auf einen reinen Objektträger und legt ein Deckgläschen darauf.
Ein Tropfen von der Größe eines Stecknadelkopfes genügt für ein Deckgläschen von 18 × 18 mm.

Ein gut angefertigtes Präparat zeigt im Mittelpunkt eine helle und
an der Peripherie eine rote Zone von Hämoglobin, das durch Ruptur
der Blutkörperchen frei geworden ist. Zwischen diesen beiden Zonen
findet man mehr oder weniger isolierte, auf der Fläche liegende rote
Blutkörperchen, die man gut auf Parasiten untersuchen kann.

Untersuchung bei durchfallendem Licht. Die mikroskopische Untersuchung ermöglicht die Feststellung von *Mikrofilarien* im Blutplasma.
Ihre Länge beträgt ungefähr 200 μ, sie bewegen sich zwischen den
Blutkörperchen und schieben dieselben hin und her. In gleicher Weise
findet man *Trypanosomen*, 20 μ im Durchschnitt lang, die sich vermittels
ihrer Geißel vorwärts bewegen und sich einen Weg durch die roten Blutkörperchen bahnen. Endlich kann man im Blutplasma auch dünne,
spiralförmige und bewegliche *Spirochäten* feststellen, die durchschnittlich 8—15 μ lang sind.

In den Blutkörperchen selber kann man verschiedene Formen von
Plasmodien feststellen: jugendliche Exemplare mit mehr oder weniger
lebhaften amöboiden Bewegungen und ältere Formen, die Pigmentkörnchen enthalten und deren Aussehen erkennen läßt, zu welcher
Plasmodium-Spezies sie gehören. Wenn die Untersuchung lange dauert,
kann man sehen, wie gewisse kugelförmige, pigmentierte Elemente, die
die Gametocyten darstellen, heftige Bewegungen machen und an ihrer

Peripherie Mikrogameten ausstoßen, die fälschlich als Geißeln bezeichnet werden und die man nicht mit den Spirochäten oder Trypanosomen verwechseln darf.

Fehlerquellen. Bei der Untersuchung der *Plasmodien* darf man die *Vakuolen*, die sich häufig in den Blutkörperchen bilden, wenn dieselben zwischen Objektträger und Deckgläschen zusammengedrückt werden, nicht für Parasiten halten. Die Vakuolen sind rund, lichtbrechend, mit festen und unbeweglichen Konturen, während die jungen Parasiten beweglich, nicht lichtbrechend und von unregelmäßiger Gestalt sind. Auch die *Hämatoblasten*, die sich an die roten Blutkörperchen heften können, darf man nicht für Parasiten halten. Bei scharfer Einstellung kann man erkennen, daß dieselben immer an der Außenseite des Blutkörperchens anhaften, andererseits finden sich auch viele frei im Blut.

Ein ungeübter Beobachter kann endlich die lichtbrechenden Granula der eosinophilen Leukocyten für Pigment halten und auch jene lichtbrechenden Granula, die sich in den Lymphocyten befinden, die manchmal sogar schwarz erscheinen und die man unter dem Namen „Mansonsche Granula“ kennt. Auch die bei Anfertigung des Präparates durch Verunreinigung hereingekommenen Staubkörnchen der Haut, die im Plasma frei vorkommen können oder manchmal durch die Leukocyten phagocytiert sind, führen zu Irrtümern.

Untersuchung bei Dunkelfeldbeleuchtung. Die Untersuchung bei Dunkelfeldbeleuchtung, fälschlich auch als ultramikroskopische Untersuchung bezeichnet, ermöglicht ebenfalls die Beobachtung von lebenden Mikroorganismen, besonders von *Trypanosomen* und *Spirochäten*. Es ist dies eines der besten Verfahren, um das *Treponema* der Syphilis im Leben zu untersuchen.

II. Untersuchung des fixierten und gefärbten Blutes.

Zwei Verfahren können bei dieser Untersuchung angewandt werden, deren jedes sich für besondere Fälle eignet. Wenn die Parasiten zahlreich genug sind, und es dem Beobachter daran liegt, gute Dauerpräparate anzufertigen, so stellt er *dünne Ausstrichpräparate* her. Sind dagegen die Parasiten selten, und ist es daher notwendig, eine größere Menge Blut zu untersuchen, um dieselben darin zu entdecken, so gebraucht man den sog. *dicken Tropfen.*

1. Herstellung des Blutausstriches.

Entnahme und Ausstrich des Blutes. Man entzieht, wie oben angegeben, dem Finger des Kranken Blut, aber man bringt es 1 cm vom rechten Rand auf den Objektträger (Abb. 10). Auf diesen Blutstropfen führt man, vom linken Rande ausgehend, ein Deckgläschen zu. Dabei achtet man darauf, daß der Rand des Deckgläschens sehr eben, ohne Kerben und Vorsprünge ist, und verstärkt es an der Seite, an der man es hält, mit einer aufgeklebten Etikette, um es haltbarer zu machen. Sobald der Kontakt zwischen Blut und Deckgläschen hergestellt ist, haftet das Blut durch Adhäsion am ganzen Rand des Deckgläschens; man muß nun das im Winkel von 45° angesetzte Deckgläschen ohne starken Druck nach links schieben, um das Blut in dünner und gleichmäßiger Schicht auszubreiten.

Wenn der Blutstropfen zu groß ist, nimmt man mit dem Rand des Deckgläschens nur einen Teil davon und breitet ihn ein wenig weiter aus. *Das Blut muß vollständig ausgestrichen werden*, aber der Ausstrich darf nicht bis zum anderen Ende des Objektträgers reichen; das Blutströpfchen muß also sehr klein sein, da sonst am Deckgläschen eine zu große Blutmenge haften bleibt und mit derselben auch die meisten interessanten Bestandteile, insbesondere die Parasiten. *Außerdem muß der Ausstrich dünn sein*, d. h. die Blutkörperchen müssen in einer einzigen Schicht ausgebreitet und voneinander getrennt sein; sie dürfen sich nicht berühren und auch keine Anhäufung bilden.

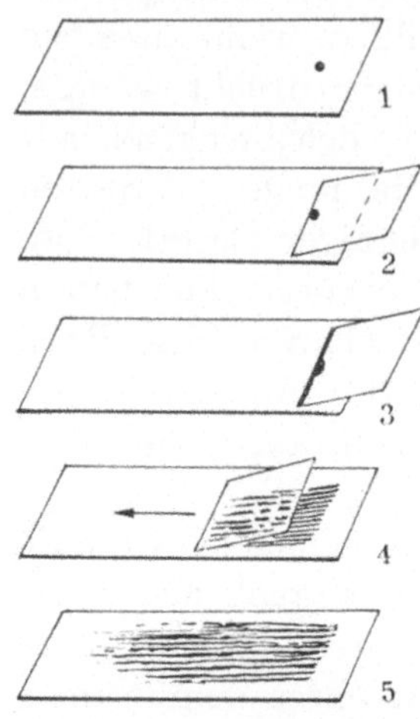

Abb. 10. *Anfertigung eines Blutausstriches mit einem Deckgläschen.* 1 Der Blutstropfen wird auf den Objektträger gebracht, 1 cm vom rechten Rand entfernt. 2 Das Deckgläschen wird von links her in einem Winkel von 45° an den Blutstropfen herangebracht. 3 Der Blutstropfen streckt sich in die Länge und haftet durch Adhäsion am ganzen Rand des Deckgläschens. 4 Das Deckgläschen wird in Richtung des Pfeiles nach links geschoben, um das Blut auszubreiten. 5 Fertiger Blutausstrich.

Man kann auch in Ermangelung eines Deckgläschens einen geschliffenen Objektträger, eine Capillarpipette oder eine Nähnadel nehmen (Abb. 11), aber man darf niemals ein Visitenkartenstückchen oder Zigarettenpapier gebrauchen, da diese dem Präparat viele für die Diagnoe wichtige Bestandteile entziehen.

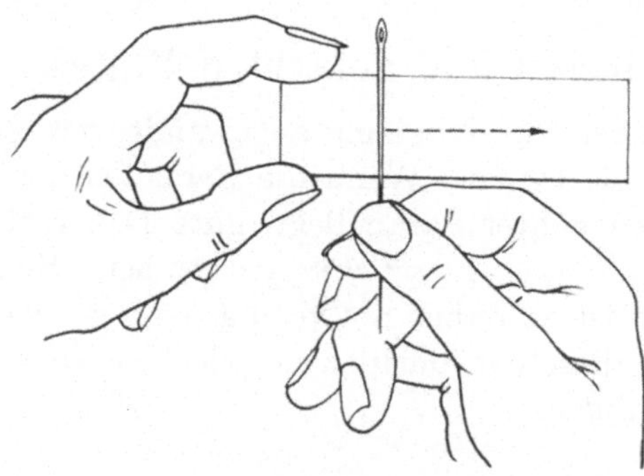

Abb. 11. *Behelfsmäßige Anfertigung eines Blutausstriches mit einer Nähnadel.*

Ist der Ausstrich fertig, so wird er *schnell getrocknet*, indem man den Objektträger in der freien Luft, niemals über einer Flamme, hin und her schwenkt. Wenn der Ausstrich einmal trocken ist, kann er sehr lange aufbewahrt und, in Filtrierpapier verpackt, selbst auf weite Entfernungen in ein Laboratorium geschickt werden.

Fixierung und Färbung. Die beste Methode ist die *panoptische Methode*, bei der nacheinander die Lösungen von MAY-GRÜNWALD und GIEMSA angewendet werden. Die erstere ist besonders eine Färbemethode für acidophile Bestandteile und neutrophile Granula der Leukocyten; die zweite Lösung ist eine Färbemethode für die Kerne und die basophilen Teile. Wie man sieht, ergänzen sich diese beiden Farblösungen.

Fixierung. Man gießt auf das getrocknete Ausstrichpräparat 10 Tropfen der MAY-GRÜNWALDschen *Lösung*, bedeckt den Objektträger mit dem Deckel einer sehr trockenen Petrischale und läßt die Lösung *3 Minuten* wirken. *Es ist unumgänglich notwendig, die Lösung nicht austrocknen zu lassen.*

Färbung. Man hebt den Deckel der Petrischale ab und gießt, *ohne die* MAY-GRÜNWALDsche *Lösung zu entfernen*, 10 Tropfen von *neutralem destillierten Wasser* auf den Objektträger, d. h. eine der MAY-GRÜNWALDschen Lösung gleiche Menge. Nun mischt man, indem man den Objektträger vorsichtig nach allen Richtungen abwechselnd hebt und senkt, und läßt die verdünnte Lösung *1 Minute* wirken. Hierdurch werden alle acidophilen Bestandteile und neutrophilen Granula lebhaft rosa gefärbt. Darauf entfernt man die Farblösung, *ohne den Ausstrich abzuspülen*, und gießt 2 ccm einer verdünnten GIEMSA-*Lösung* auf den Objektträger. Die Verdünnung stellt man her, indem man *3 Tropfen* GIEMSA-*Lösung in 2 ccm destilliertes Wasser* tropft. 2 ccm der Lösung sind für je einen Objektträger erforderlich.

Das destillierte Wasser *darf nicht sauer sein*, es ist sogar besser, daß es leicht alkalisch ist. Um seinen p_H-Gehalt zu kontrollieren, gebraucht man als Indicator eine 1proz. Lösung von *Neutralrot*. Man tröpfelt dann 1—2 Tropfen dieses Indicators auf 1 Liter destilliertes Wasser, das geprüft werden soll; gewöhnlich färbt sich das Wasser rosa, ein Anzeichen dafür, daß es sauer ist; hierauf fügt man tropfenweise *eine 1proz. Natrium- oder Kaliumcarbonatlösung* hinzu, bis eine orangegelbe Färbung auftritt. Wenn nach einigen Minuten die rosa Färbung wieder erscheint, fügt man erneut die alkalische Lösung hinzu, bis die gelbliche Tönung bleibt. Durch dieses Verfahren kann man jedes beliebige destillierte Wasser gebrauchen, ohne es von neuem destillieren zu müssen.

Je nach Art und Alter des Ausstriches und je nach der Temperatur läßt man die GIEMSA-Lösung 15 Minuten bis zu 1 Stunde wirken. Für einen frischen Ausstrich genügt eine Färbung von *20 Minuten*.

Hierauf spült man schnell in gewöhnlichem Wasser oder unter einem Wasserhahn die Lösung ab. Das Abspülen muß stark und gründlich sein, um ausgefällte Partikelchen fortzuspülen, und schnell, um die Färbung nicht zu beeinträchtigen.

Das Ausstrichpräparat wird sofort zwischen Fließpapier getrocknet, indem man in derselben Weise darauf drückt, als ob man eine beschriebene Seite mit Löschpapier trocknet. Aber man darf dabei mit dem Papier nicht über den Ausstrich hin und her wischen, denn die dünne Blutschicht würde dann aufgelockert werden. Man kann das Präparat auch durch Hin- und Herschwenken in der Luft trocknen.

Untersuchung. Handelt es sich um *Trypanosomen, Plasmodien* oder *Spirochäten,* muß man die Ölimmersion gebrauchen und *ohne Deckgläschen* mikroskopieren. Wenn man es mit *Mikrofilarien* zu tun hat, also mit viel größeren Parasiten, muß die Untersuchung mit schwachen Trockensystemen ausgeführt werden. Dann ist es aber ratsam, mit dem

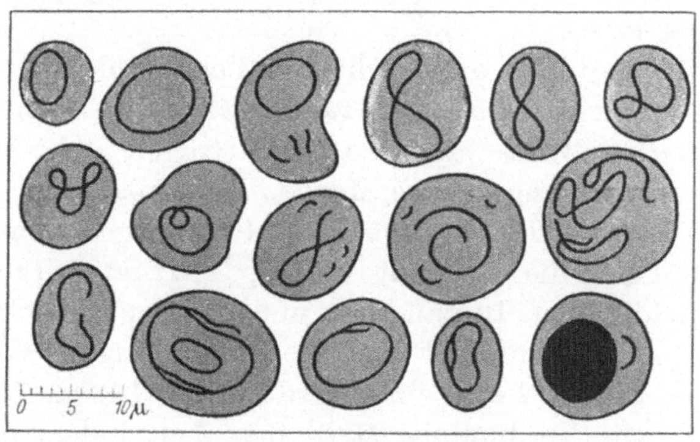

Abb. 12. „CABOTsche Ringe", die bei gewissen Anämien in polychromatophilen Blutkörperchen von Mensch und Tier beobachtet werden. Diese „CABOTschen Ringe" sind manchmal als Spirochäten beschrieben worden, die innerhalb der Blutkörperchen parasitieren sollten.

Finger eine dünne Cedernölschicht auf das Ausstrichpräparat zu bringen, damit es durchsichtig wird. In beiden Fällen kann das Cedernöl leicht entfernt werden, indem man den Objektträger in Xylol oder Toluol taucht und mit Fließpapier trocknet.

Die Ausstrichpräparate werden, vor Staub geschützt, in Präparatenkästen *trocken und ohne Deckgläschen aufbewahrt.*

Fehlerquellen. Die Anfänger müssen sich davor hüten, gewisse Verunreinigungen oder pathologische Veränderungen des Blutes für Parasiten zu halten.

So darf man nicht die *Mikrofilarien* mit violett gefärbten Gewebefasern verwechseln, denen man häufig in den Präparaten begegnet. Ferner sind folgende Irrtümer möglich: Auf den Blutkörperchen ruhende Hämatoblasten können für *Plasmodien,* Hämatoblastengruppen für die rosettenartigen Teilungsformen der Schizonten, gepunktete polychromatophile Blutkörperchen für SCHÜFFNERsche Tüpfelung der parasitierten roten Blutkörperchen und endlich halbmondförmige Blutkörperchen für die „Halbmonde" (Gametocyten) der Tropica gehalten werden.

Umgekehrt darf man nicht die großen Parasiten der Tertiana mit polynucleären (segmentkernigen) Leukocyten verwechseln.

Irrtümlicherweise hat man auch krankhaft veränderte rote Blutkörperchen oder „CABOTsche Ringe" mit *Spirochäten* verwechselt. Man hielt diese „CABOTschen Ringe" für Spirochäten, die innerhalb der Blutkörperchen parasitieren sollten (Abb. 12).

2. Herstellung des dicken Tropfens.

Dieses Verfahren, das der Anreicherungsmethode bei der Untersuchung des Stuhles zu vergleichen ist, ermöglicht ein schnelles Auffinden der Parasiten, wenn sie im Blute selten sind; es bietet außerdem

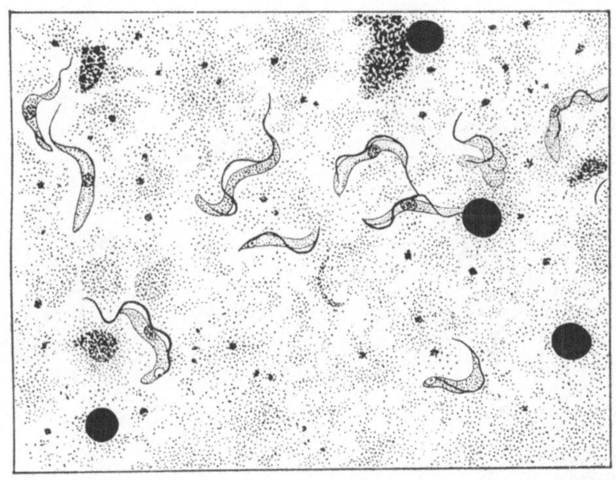

Abb. 13. *Trypanosoma rhodesiense* im dicken Tropfen.

den Vorteil, in kurzer Zeit eine große Anzahl Kranker untersuchen zu können (Abb. 13 u. 14).

Entnahme und Ausstrich des Blutes. Man entnimmt wiederum das Blut dem Finger und setzt einen großen Tropfen oder mehrere kleinere Tropfen voneinander entfernt in die Mitte des Objektträgers. Man streicht das Blut kreisförmig mit dem Instrument aus, das zur Entnahme des Blutes gedient hat, legt den Objektträger flach hin und läßt den Ausstrich, vor Staub geschützt, trocknen.

Entfernung des Hämoglobins und Färbung. Das Prinzip dieses Verfahrens besteht darin, das Hämoglobin der roten Blutkörperchen verschwinden zu lassen, so daß nach der Färbung nur die Leukocyten und Parasiten auf dem Objektträger erscheinen.

Entfernung des Hämoglobins. Man behandelt das Blut, wenn es einmal getrocknet ist, mit einer Lösung von GIEMSA im Verhältnis von

1 Tropfen Giemsa auf 2 ccm destilliertes Wasser; nach einer Einwirkung von *10 Minuten* ist das Hämoglobin verschwunden, und man beginnt mit der Färbung.

Färbung. Man entfernt die erste Lösung und läßt als Färbemittel wiederum die GIEMSA-Lösung wirken, diesmal aber weniger stark ver-

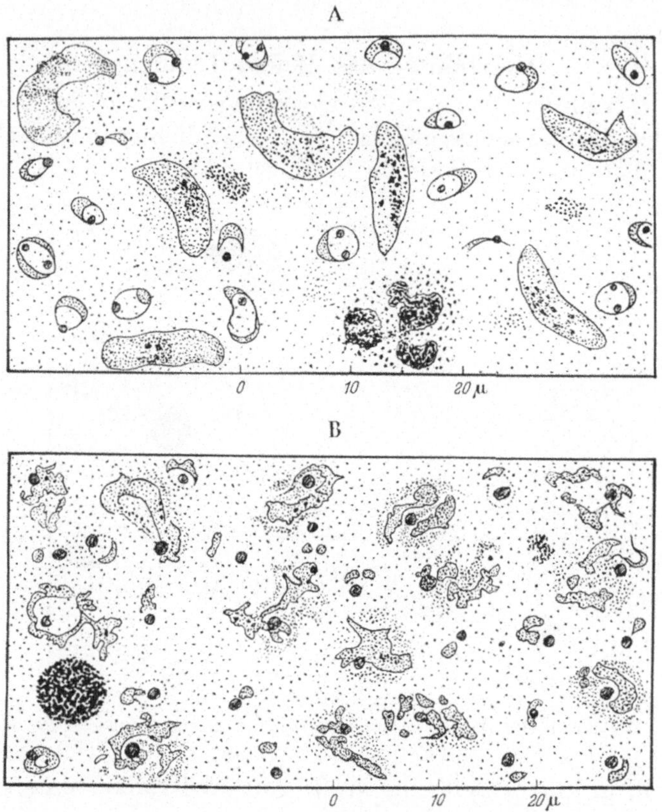

Abb. 14. *Verschiedene menschliche Malariaerreger im dicken Tropfen.* A Halbmonde und Ringe von *Plasmodium falciparum:* Beachte das gut sichtbare Pigment in den Halbmonden. B Schizonten von *Plasmodium vivax*, deren sehr feines Pigment nur sehr schwer zu erkennen und deren zerklüftetes Cytoplasma sehr charakteristisch ist.

dünnt; man benutzt sie wie bei der Färbung dünner Blutausstriche im Verhältnis von *3 Tropfen* GIEMSA-*Lösung auf 2 ccm destilliertes Wasser* und *läßt sie ungefähr eine Viertelstunde wirken.*

Untersuchung. Die mikroskopische Untersuchung auf Protozoen findet ebenso wie bei dem dünnen Blutausstrich ohne Deckgläschen mit Ölimmersion statt.

Spezieller Teil.

Erster Abschnitt.

Zweiflügler (Diptera).

Die **Zweiflügler (Diptera)** sind Insekten mit vollständiger Metamorphose. Sie besitzen nur zwei Flügel im Gegensatz zu den meisten Insekten, die deren vier haben. Nur das erste Flügelpaar ist wirklich vorhanden, das zweite wird durch besondere Organe ersetzt, die aus einem Stielchen mit Endkölbchen bestehen und die man Schwingkölbchen oder Halteren nennt.

Einteilung. Wir teilen die Dipteren in zwei große Gruppen ein: die *Nematocera* oder *Mücken* im weiteren Sinne mit fadenförmigen, mehr als dreigliedrigen Fühlern und die *Brachycera* oder *Fliegen* im weiteren Sinne mit kurzen, nur aus drei Gliedern bestehenden Antennen.

Die **Nematocera** oder **Mücken** im weiteren Sinne sind außerdem durch einen schlanken Körper, lange und schmale Flügel und lange Fühler gekennzeichnet; die Gliederzahl der letzteren schwankt zwischen 6 und 15. Die Larven leben im Wasser oder auf dem Lande.

Drei Familien interessieren den Arzt. In der folgenden Bestimmungstabelle finden wir ihre charakteristischen Merkmale:

Costal- (Rand-) Ader umzieht den ganzen Flügel	Längliche oben abgerundete Flügel, am Geäder geschuppt	*Culicidae* oder *Stechmücken*
	Ovale oder lanzettenförmige, behaarte Flügel	*Phlebotomidae* oder *Gnitzen*
Costalader schließt in der Nähe des oberen Flügelrandes ab		*Simuliidae* od. *Kribbelmücken*

Charakteristisch für die **Brachycera** oder **Fliegen** im weiteren Sinne sind: ein gedrungener Körper, große Flügel und kurze, nur dreigliedrige Antennen. Sie werden in zwei Gruppen unterteilt. Bei den *Orthorhapha* („Spaltschlüpfern") schlüpfen die fertigen Insekten durch einen T-förmigen Spalt aus der Puppenhülle. Sie besitzen keine Kopfblase. Die *Cyclorhapha* („Deckelschlüpfer") dagegen verlassen die Puppenhülle durch eine runde Öffnung, die sie durch den Druck einer Kopfblase herstellen.

Von den *Orthorhapha* interessiert nur eine Familie den Mediziner, die Familie der *Tabanidae* oder *Bremsen*.

Bei den *Cyclorhapha* spielen zwei Familien eine wichtige Rolle in der Pathologie, die *Muscidae* oder *Fliegen* im engeren Sinne und die *Oestridae* oder *Dasselfliegen*. Die zuletzt genannte Familie stellt allerdings nur eine künstliche Bildung dar. Die beiden Familien unterscheiden sich in folgender Weise:

Gut entwickelter Rüssel; Flügellappen mäßig zurückgebildet	*Muscidae* oder *Fliegen* i. e. S.
Rüssel unentwickelt oder in einem Grübchen versteckt; stark entwickelter Flügellappen	*Oestridae* oder *Dasselfliegen*

Pathogene Bedeutung. Eine Anzahl Dipteren sind Blutsauger und für die Medizin von besonderem Interesse. Denn sie entnehmen dem Blut verschiedenartige pathogene Keime und spielen die Rolle von Krankheitsüberträgern. Andere Dipteren sind als Imagines unschädlich, aber als Larven fakultative oder obligatorische Parasiten. Sie leben in verschiedenen Organen, entwickeln sich hier und verursachen Erkrankungen, die unter dem Namen *Myiasis* bekannt sind.

I. Stechmücken (Culicidae).

Für die Medizin haben die *Stechmücken, Moskitos* oder *Culiciden* eine sehr wesentliche Bedeutung gewonnen, seitdem man weiß, daß sie verschiedene Krankheiten übertragen können, insbesondere die Malaria und das Gelbe Fieber.

Fang. Diese Insekten halten sich an dunkeln Plätzen menschlicher Wohnungen oder in Ställen auf. Man fängt die Tiere, indem man vorsichtig eine Glasröhre über eine schlafende Mücke stülpt; aufgeschreckt flattert sie in die Röhre hinein. Nun verschließt man letztere mit einem Wattepfropfen.

Untersuchung. Die mit Äther oder Chloroform getöteten Mücken können, auf feine Nadeln aufgespießt, trocken untersucht werden. Man beobachtet sie dann mit Hilfe einer einfachen Lupe oder eines Binokulars. Sie können aber auch zwischen Objektträger und Deckgläschen in Canadabalsam oder Mastixharz eingebettet werden; dieses Verfahren wendet man sowohl bei Larven als auch bei geschlechtsreifen Tieren an; es ermöglicht, Einzelheiten im Mikroskop zu erkennen, die bei einer einfachen Untersuchung unter der Lupe verlorengehen würden.

Morphologie. Die Stechmücken sind kleine Nematoceren, deren Länge durchschnittlich 5—10 mm beträgt; Körper, Flügel und Gliedmaßen sind mit kleinen Schuppen bedeckt; der Kopf trägt vorn einen

Rüssel, seitlich zwei Maxillarpalpen von verschiedener Gestalt und Größe und 14- oder 15gliedrige Fühler. Die untenstehende Abbildung zeigt die wichtigsten Körperteile einer Mücke (Abb. 15).

Unterschiede zwischen Männchen und Weibchen. Männchen und Weibchen voneinander unterscheiden zu können, ist insofern von Bedeutung, als nur die Weibchen Blutsauger sind und infolge-

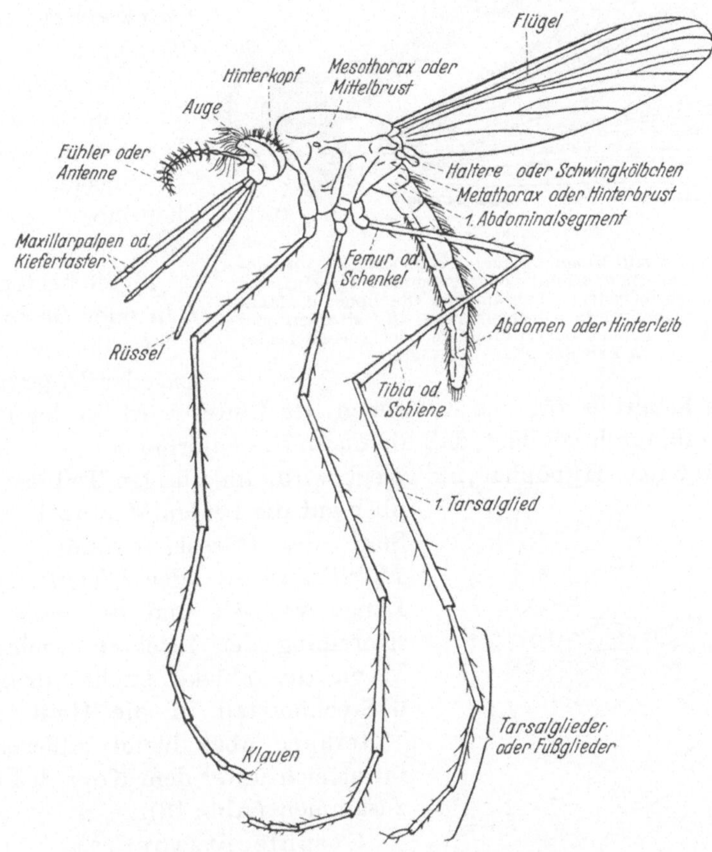

Abb. 15. *Äußerer Bau einer weiblichen Malariamücke (Anopheles)* in 6facher Vergrößerung.

dessen Menschen oder Tiere stechen; die Männchen ernähren sich, mit ganz seltenen Ausnahmen, von pflanzlichen Säften.

Die Männchen erkennt man daran, daß sie mit langen und dichten Haaren besetzte, infolgedessen gefiedert aussehende Fühler besitzen, während die Antennen der Weibchen fast unbehaart sind und nur einige kurze, um die Basis eines jeden Gliedes ringförmig geordnete Haare aufweisen (Abb. 26).

Rüssel. Die Rüsselscheide (Abb. 16 u. 17) wird gebildet von der *Unterlippe* (*Labium*), die mit zwei beweglichen Labellen (umgebildeten Lippentastern) endet; diese sind durch eine feine Membran, die sog. Duttonsche Membran, mit der Unterlippe verbunden. Die Unterlippe ist rinnenförmig ausgehöhlt und enthält 6 Stechborsten:

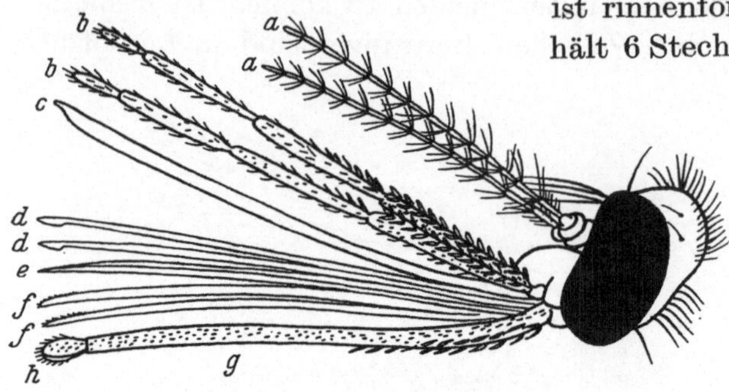

1. das *Labrum* (den *Epipharynx*) oder die *Oberlippe*,

2. den *Hypopharynx*, der von einem feinen Kanälchen, dem Ausführungsgang der Speichelröhre, durchzogen wird,

3. die beiden *Mandibeln* oder *Oberkiefer*,

4. die beiden *Maxillen* oder *Unterkiefer*.

Abb. 16. *Kopf mit Mundwerkzeugen einer weiblichen Malariamücke (Anopheles).* *a, a* Fühler oder Antennen; *b, b* Maxillarpalpen oder Kiefertaster; *c* Labrum oder Oberlippe; *d,d* Mandibeln oder Oberkiefer; *e* Hypopharynx; *f, f* Maxillen oder Unterkiefer; *g* Labium oder Unterlippe oder Rüsselscheide; *h* Labellen. Nach MANSON.

Das Saugrohr für das Aufsaugen des Blutes wird an der Basis des Rüssels dadurch gebildet, daß die unten rinnenförmig ausgehöhlte Oberlippe auf den Hypopharynx gelegt wird, im übrigen Teil des Rüssels aber auf die beiden Mandibel. Auf jeder Seite des Rüssels befinden sich die *Maxillarpalpen* oder *Kiefertaster*, deren Länge wechselt und die daher für die Einteilung der Insekten wichtig sind. Wenn die Mücke sticht, dringen die 6 Stechborsten in die Haut ein, die Unterlippe aber bleibt außerhalb und faltet sich unter dem Kopf des Insektes zusammen (Abb. 18).

Geschlechtsapparat. Der Geschlechtsapparat besteht beim *Männchen* aus einer Spange mit 2 Zangen, *Valven* genannt.

Beim *Weibchen* befindet sich am Hinterende des Abdomens bauchseits die Geschlechtsöffnung und 2 Zapfen, *Cerci* genannt, die bei einigen Arten deutlicher sichtbar sind als bei anderen.

Verdauungsorgane. Es ist von besonderem Interesse, den Darmkanal

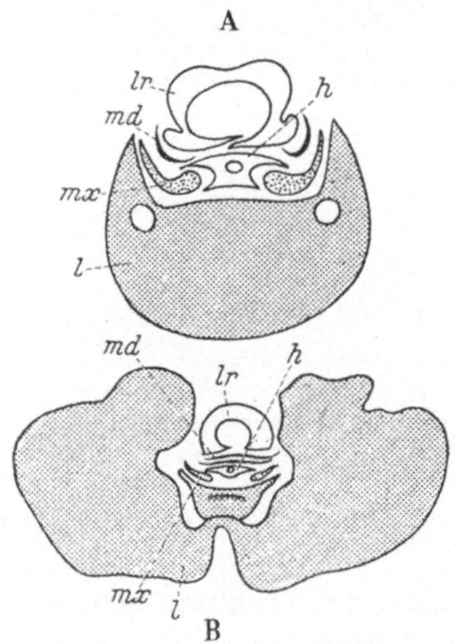

Abb. 17. *Schematischer Querschnitt durch den Rüssel einer Stechmücke* in verschiedener Höhe. A in der Nähe der Basis, B weiter vorn; *lr* Labrun oder Oberlippe; *h* Hypopharynx; *md* Mandibeln oder Oberkiefer; *mx* Maxillen oder Unterkiefer, *l* Labium oder Unterlippe oder Rüsselscheide.

und die dazu gehörenden Teile genau zu kennen, denn in dem Magen und den Speicheldrüsen entwickeln sich die Erreger der Malaria.

Der Verdauungskanal beginnt mit einem muskulösen, im Kopf der Mücke gelegenen Pharynx, der den Saugapparat bildet, dann folgt eine Speiseröhre (Oesophagus) mit einem umfang-reichen Saug- oder Vorratsmagen und zwei kleinen akzessorischen Blindsäcken. Die Speise-röhre führt in den Magen, der aus einem vorderen verengten Teil, dem sog. Magen-schlauch, und einem hinteren angeschwollenen Abschnitt, dem sog. Magensack, besteht. In der Wand des letzteren befinden sich bei den infizierten Mücken die *Cysten der Malaria-plasmodien*. Der Enddarm ist vom Magen durch die Einmündung von 5 MALPIGHISCHEN Gefäßen getrennt. Der Darm endet mit einer Rectal-ampulle, die Rectaldrüsen enthält.

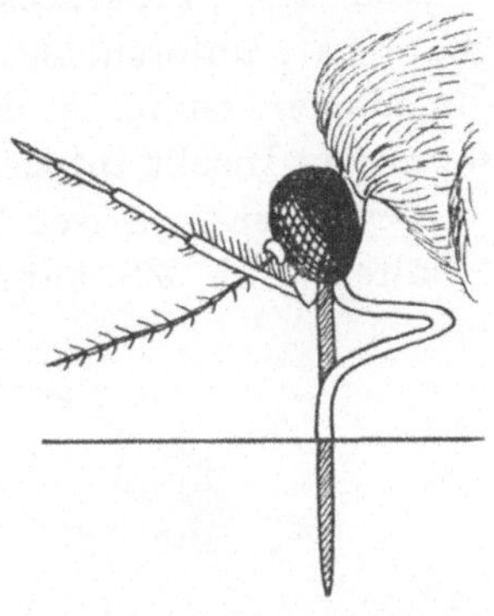

Abb. 18. *Haltung des Rüssels einer Stechmücke im Augenblick des Stiches* in 10facher Ver-größerung.

Die zwei *Speicheldrüsen* befinden sich im Vorderteil des Thorax; jede von ihnen be-steht aus drei Lappen. Der Mittellappen ist kleiner und von besonderer histologischer Struktur. Er scheint eine giftige Flüssigkeit auszuscheiden, die durch ein besonde-res Organ, die Speichel-pumpe, ausgespritzt wird.

Präparation des Magens. Die mit Äther oder Chloroform ge-tötete Mücke wird, nachdem die Flügel und Beine abgetrennt sind, in einem Tropfen Kochsalzlösung mit dem Rücken auf einen Objektträger mit dunk-ler Unterlage gelegt. Mit Hilfe einer Präpa-riernadel hält man den Thorax fest, während man mit einer anderen auf jeder Seite des

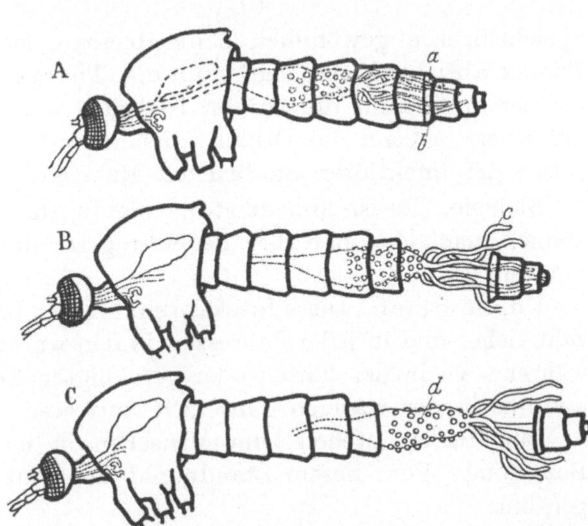

Ab. 19. *Drei aufeinanderfolgende Stadien* (A, B, C) *beim Herauspräparieren des Darmkanales einer Mücke. a—b* Ein-schnitt im 6. Ring des Hinterleibes, *c* die 5 MALPIGHISCHEN Gefäße, *d* Magensack mit Malariacysten. In 8facher Ver-größerung. Nach R. BLANCHARD.

Abdomens in Höhe des 6. oder 7. Ringes zwei Einschnitte macht. Dann lockert man vorsichtig das letzte Segment des Abdomens und zieht

gleichzeitig mit ihm automatisch die Ovarien und den Darmkanal langsam heraus (Abb. 19). Man gebraucht nur den Magen und die MAL
PIGHIschen Gefäße und bringt sie in einem frischen Tropfen Kochsalzlösung auf einen anderen Objektträger. Nach sorgfältigem Auseinanderbreiten des Präparates und nachdem man ein Deckgläschen darüber
getan hat, untersucht man im Mikroskop bei schwacher Vergrößerung
die Magenwände, in denen sich die *Cysten* der *Plasmodien* befinden,
wenn das Insekt infiziert ist.

Präparation der Speicheldrüsen. Um die Speicheldrüsen zu
erhalten (Abb. 20), kann man entweder den Kopf der Mücke, an dem die

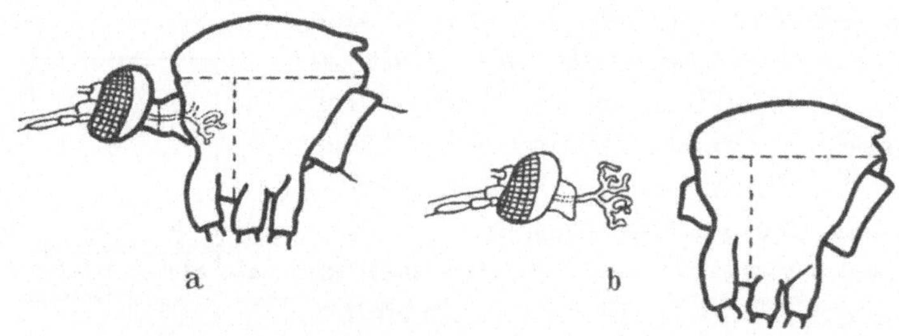

Abb. 20. *Zwei aufeinanderfolgende Stadien (a, b) beim Herauspräparieren der beiden Speicheldrüsen einer Mücke.* In 8facher Vergrößerung. Nach R. BLANCHARD.

Speicheldrüsen gewöhnlich hängenbleiben, lockern und langsam vom
Thorax abziehen, oder man kann den Thorax von Kopf und Abdomen
trennen und dann die Drüsen freilegen, indem man den Thorax aufpräpariert. Wenn die Drüsen infiziert sind, wimmeln sie von Sporozoiten der infektiösen Stadien der Malariaplasmodien.

Biologie. Es ist unbedingt notwendig, die Biologie der Mücken zu
kennen, nachdem man ihre Bedeutung für die menschliche Pathologie
erkannt hat.

Vorkommen. Diese Insekten sind Kosmopoliten. Sie werden jedoch
zahlreicher und in jeder Jahreszeit in den warmen Ländern angetroffen,
während sie in der kalten oder gemäßigten Zone weniger häufig sind
und nur in der warmen Jahreszeit auftreten.

Die Mücken stehen zum Menschen in mehr oder weniger naher
Beziehung. Von diesem Standpunkt aus teilt man sie in drei Gruppen ein:

1. die eigentlichen *Hausmücken*, die den größten Teil ihres Lebens
in menschlichen Wohnungen, Ställen usw. zubringen;

2. die Mücken, die einen *Übergang* zwischen der vorhergehenden
und der folgenden Gruppe darstellen. Diese Mücken kommen nur in
die Häuser, um Nahrung zu finden, dann aber suchen sie wieder ihre
Wohnplätze im Freien auf;

3. die *Freilandmücken*, die in Wäldern und Gehölzen leben und niemals in menschliche Wohnungen eindringen.

Die Mücken lieben Feuchtigkeit, die meisten von ihnen führen eine nächtliche Lebensweise und stechen nach Sonnenuntergang; diejenigen, die in dunkeln und feuchten Wäldern leben, stechen auch am Tage. Im allgemeinen entfernen sie sich kaum von dem Ort, wo sie zur Welt

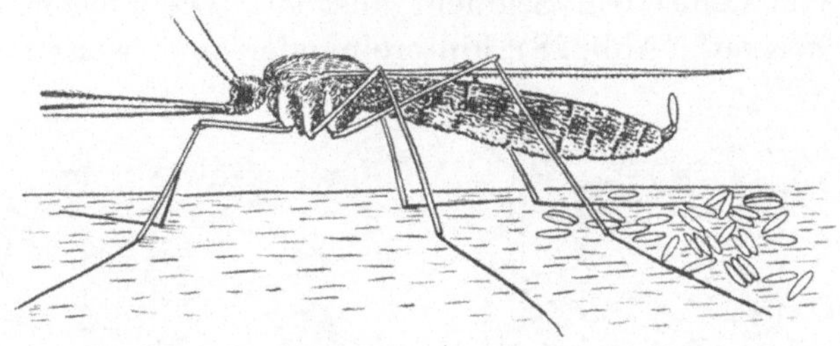

Abb. 21. *Weibliche Malariamücke (Anopheles maculipennis) bei der Eiablage.* In 4facher Vergrößerung. Nach BRUMPT.

gekommen sind, doch können sie auch 2—8 km durchfliegen, und es gibt sogar Mücken, die entweder aktiv oder von schwachen Winden getragen 26 und selbst 50 km und mehr in einer Nacht durchfliegen können.

Vermehrung. Die Begattung findet kurz nach dem Ausschlüpfen statt, und die begatteten mit Blut vollgesogenen Weibchen legen ihre Eier auf die Oberfläche eines Gewässers ab. Die Wahl des Wassers, ob tief oder flach, ob kalt oder warm, stehend oder fließend, klar oder

Abb. 22. *Gruppe von Eiern der Malariamücke.* (*Anopheles maculipennis*).　　Abb. 23. *Eischiffchen der gemeinen Stechmücke* (*Culex pipiens*).

trübe, süß oder salzig, wechselt nach den Arten. Die Eier werden im allgemeinen in der Nacht abgelegt, entweder einzeln (*Anopheles, Stegomyia*, Abb. 21 u. 22) oder zusammengeklebt in Form eines Schiffchens (*Culex*) (Abb. 23); mit seltenen Ausnahmen schwimmen die Eier auf der Oberfläche des Wassers; ihre Zahl schwankt zwischen 150 und 400 für eine einzige Eiablage.

Das Ausschlüpfen der Larve aus dem Ei geht im allgemeinen nach 2 bis 3 Tagen vor sich, wenn die Temperatur günstig ist; durch Kälte wird dieser Vorgang verzögert. Die Eier von *Stegomyia* können monatelang der Trockenheit standhalten, aber sich nur öffnen, wenn sie das notwendige Wasser für die Entwicklung der Larven finden. Die noch im Ei befindlichen Larven tragen einen kleinen Sporn („Eizahn") am Kopf, um die Schale für das Schlüpfen zu durchbohren. Beim Verlassen des Eies beträgt die Länge der wurmförmigen Larven kaum 1 mm. Sie sind sehr beweglich, nähren sich von pflanzlichen oder tierischen Stoffen und atmen, obgleich sie im Wasser leben, atmosphärische Luft ein, indem sie an die Oberfläche kommen und ihre beiden Stigmen mit der Luft in Berührung bringen. Diese Stigmen befinden sich auf der dorsalen Seite des vorletzten Segmentes oder an der Spitze eines Atemrohres, das von demselben Segment ausgeht. Die Larven der Mücke *häuten sich dreimal* (Abb. 28) hintereinander und weisen daher *vier*

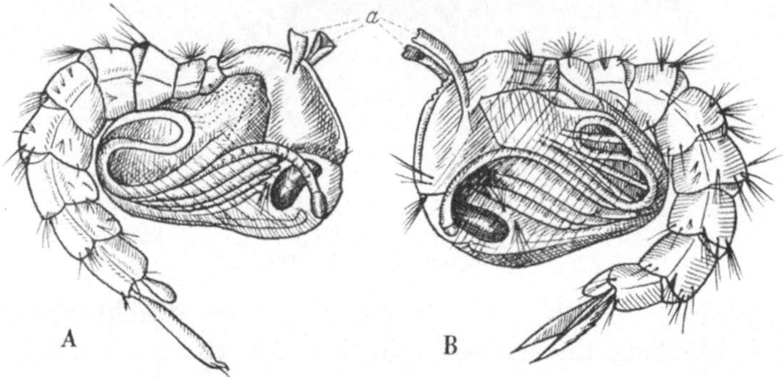

Abb. 24. *Mückenpuppen der Gattungen Culex (A) und Anopheles (B). a* Atemrohr. In 6facher
Vergrößerung.

verschiedene Larvenstadien auf. Im vierten Stadium erlangen sie eine durchschnittliche Länge von 1 cm, hören bald auf zu fressen und verpuppen sich.

Die ebenfalls im Wasser lebenden Puppen (Abb. 24) haben ungefähr die Gestalt eines Fragezeichens, einen umfangreichen Cephalothorax, an dem sich zwei ohrenartige Atemrohre befinden, und ein Abdomen, das von 9 Segmenten gebildet wird. Die Dauer des Puppenstadiums schwankt je nach Temperatur und Arten zwischen 2 und 6 Tagen.

Nach dieser Zeitspanne ruht die Puppe unbeweglich an der Wasseroberfläche, ihr Abdomen weitet sich, und es öffnet sich, wie bei den orthorhaphen Dipteren, in dem emporgestreckten Thorax ein Spalt, durch den die fertige Mücke (Imago) langsam ihre Puppenhülle verläßt, um ihren Flug zu beginnen (Abb. 25).

Im günstigsten Falle dauert die vollständige Verwandlung 2 bis 3 Wochen.

Überwinterung. Beim Eintritt der kalten Jahreszeit verschwinden die geschlechtsreifen Imagines bestimmter Mückenarten, aber ihre Eier, häufiger noch ihre Larven überwintern. In anderen Fällen verbringen die begatteten Weibchen den Winter in erstarrtem Zustand und legen ihre Eier ab, sobald die erste Wärme eintritt.

Einteilung. Die *Stechmücken* oder *Culicidae* werden in mehrere Unterfamilien eingeteilt, die zahlreiche Gattungen und sehr zahlreiche

Arten enthalten. Zwei dieser Unterfamilien interessieren den Arzt: die *Anophelinae* und die *Culicinae*. Man unterscheidet sie folgendermaßen:

Kiefertaster bei beiden Geschlechtern von gleicher Länge wie der Rüssel; den Larven fehlt das Atemrohr. *Anophelinae.*	Gattung *Anopheles* (hierhin gehört: *Malariamücke*).
Kiefertaster bei den Männchen meistens länger, bei den Weibchen stets kürzer als der Rüssel. Larven mit einem Atemrohr versehen. *Culicinae.*	Gattung *Culex* (hierhin gehört: *gemeine Stechmücke*). Gattung *Aëdes* (*Stegomyia*) (hierhin gehört: *Gelbfiebermücke*).

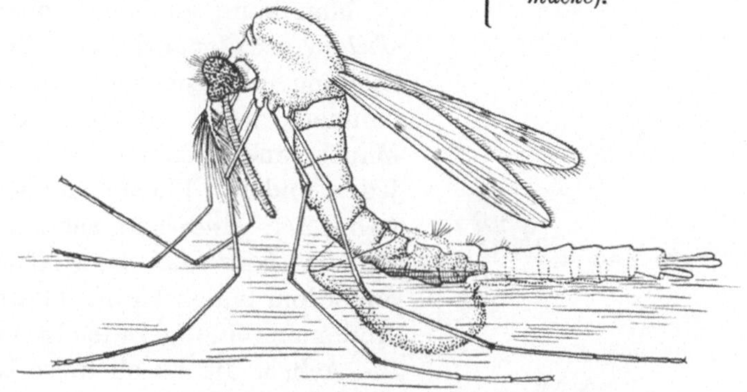

Abb. 25. *Schlüpfakt einer männlichen Malariamücke (Anopheles maculipennis) aus der Puppenhaut.* In 5facher Vergrößerung.

Diese beiden Unterfamilien sind von besonderem medizinischen Interesse, und es ist für den Arzt unerläßlich, die *Anophelinae* von den *Culicinae* unterscheiden zu können.

Unterschiede zwischen Anopheles und Culex. *1. Imagines.* Die Untersuchung des Kopfes der Geschlechtstiere ermöglicht die Unterscheidung zwischen beiden Gattungen. Wenn man die Abbildungen (Abb. 26) betrachtet, sieht man, daß der Kopf einer Mücke folgende Anhangsorgane besitzt: in der Mitte ein unpaares Gebilde, den Rüssel, zu beiden Seiten desselben die Kiefertaster, deren Länge verschieden sein kann; endlich in der Nähe der Augen die Antennen oder Fühler, von denen wir bereits gesprochen haben. Die Antennen sind zur Unterscheidung der Gruppen nicht zu verwerten, sie ermöglichen es aber, wie wir vorhin bemerkten, die Männchen und Weibchen zu bestimmen. Der Unterschied zwischen geschlechtsreifen *Anopheles* und *Culex* beruht einzig und allein auf dem Bau der Kiefertaster: Bei *Anopheles* beider Geschlechter haben diese Taster die gleiche Länge wie der Rüssel, bei den Männchen von *Culex* dagegen überragen sie ihn, während sie bei den dazugehörigen Weibchen sehr kurz sind und kaum ein Drittel der Rüssellänge erreichen. Praktisch hat man es mit *Culex* zu tun, wenn bei der Untersuchung mit bloßem Auge oder besser mit der Lupe der Kopf einer weiblichen Mücke mit einem einzigen Anhangsorgan, dem Rüssel,

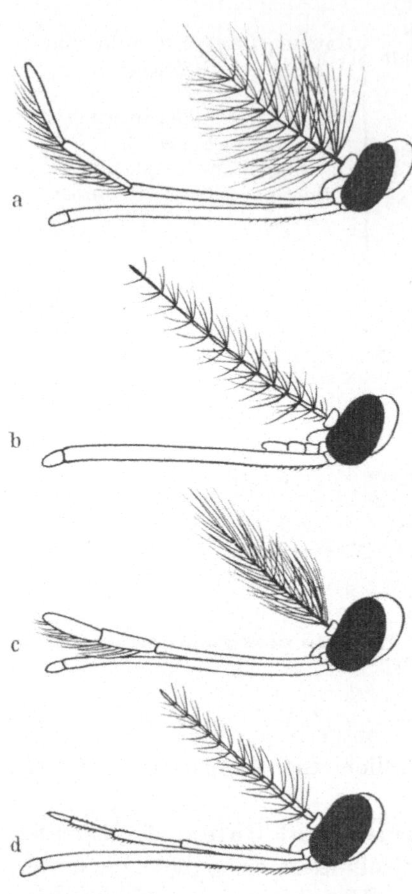

abschließt und die Kiefertaster kaum sichtbar sind. Wenn der Kopf aber drei Anhangsorgane von gleicher Länge aufweist, den Rüssel in der Mitte und zu beiden Seiten die Kiefertaster, so hat man *Anopheles* vor sich.

Man kann auch im Leben *Anopheles* von *Culex* an der verschiedenen Stellung unterscheiden, die sie einnehmen, wenn sie sich auf eine Mauer, eine Fensterscheibe oder auf jede andere Fläche niederlassen (Abb. 27). *Anopheles* setzt sich zur Ruhe *schräg auf eine Unterlage;* außerdem bilden Kopf, Thorax und Abdomen eine gerade Linie, und die Achse, die durch diese Körperteile geht, bildet mit der Unterlage einen spitzen Winkel. Im Gegensatz dazu sitzt *Culex* mehr oder weniger *parallel zur Unterlage;* außerdem bildet die Achse, die durch den Rüssel, den Kopf und den Thorax geht, zusammen mit der Achse des Abdomens einen stumpfen Winkel, so daß in der Seitenansicht *Culex* ein buckliges Aussehen hat.

2. Larven. Schon auf dem Larvenstadium, das ja im Wasser durchlaufen wird, kann man *Anopheles* von *Culex* unterscheiden (Abb. 28). Die Larven von *Anopheles* nehmen

Abb. 26. *Köpfe männlicher und weiblicher Stechmücken der Gattungen Culex und Anopheles.* a Kopf eines Männchens von *Culex* mit langen Kiefertastern; b Kopf eines Weibchens von *Culex* mit kurzen Kiefertastern; c Kopf eines Männchens von *Anopheles*; d Kopf eines Weibchens von *Anopheles*; die Kiefertaster sind bei beiden Geschlechtern von *Anopheles* etwa so lang wie der Rüssel. 12 fache Vergrößerung.

eine *horizontale und parallele Lage zur Oberfläche des Wassers* ein, wenn sie Luft holen. Denn nur diese Stellung ermöglicht es ihnen, ihre unmittelbar auf der Rückenseite des vorletzten Segmentes befindlichen Stigmen in Berührung mit der atmosphärischen Luft zu bringen.

Die Larven von *Culex* dagegen tragen an der Rückenseite des vorletzten Segmentes ein mehr oder weniger langes Rohr, das Atemrohr, an dessen Ende die Stigmen sich öffnen. Die Larven halten sich daher schwimmend an der Oberfläche *mit schräg nach unten gesenktem Kopf*, wenn sie zum Atemholen an die Oberfläche des Wassers gekommen sind. Wenn man Mückenlarven mit einem feinen Netz oder irgendeinem Gefäß aus dem Wasser fischt und sie in ihrer Ruhelage beobachtet, ist es außerordentlich leicht, die Larven von *Anopheles* von denen von *Culex* zu unterscheiden.

Die Stellungen, die die Larven der *Anopheles* und *Culex* im Wasser einnehmen, sind also genau umgekehrt wie die der erwachsenen Tiere dieser beiden Mückengattungen:

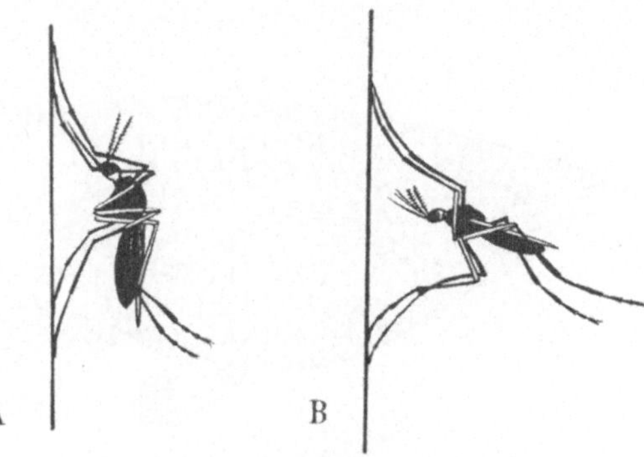

Abb. 27. *Die verschiedenen Ruhestellungen der geschlechtsreifen Mücken (Imagines) der Gattungen Culex (A) und Anopheles (B).*

Parallel	zur Unterlage	Imago von *Culex*
	zur Wasseroberfläche	Larve von *Anopheles*
Schräg	zur Unterlage	Imago von *Anopheles*
	zur Wasseroberfläche	Larve von *Culex*

Wir müssen hier einige kleine Fische erwähnen, die gewöhnlich wegen ihrer Menge *Millionenfische* genannt werden und die vor allem der Gattung *Gambusia* angehören. Sie nähren sich von Mückenlarven,

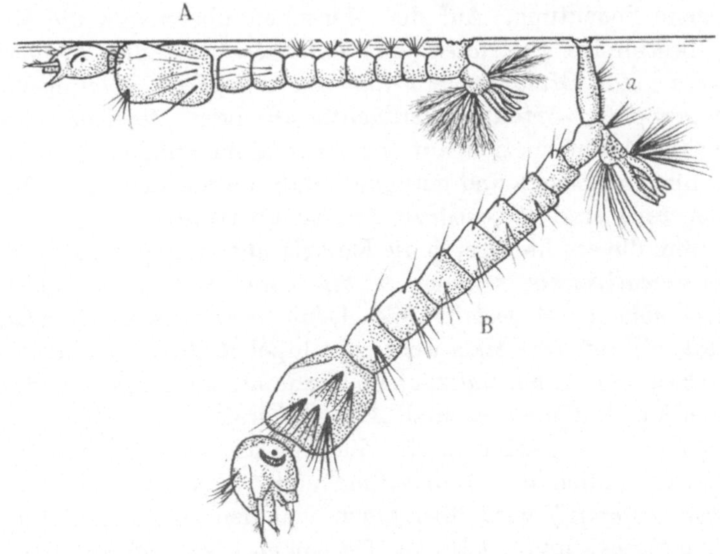

Abb. 28. *Die verschiedenen Stellungen der Mückenlarven zur Wasseroberfläche bei den Gattungen Anopheles (A) und Culex (B). a Atemrohr.* In 6 facher Vergrößerung.

vertilgen dieselben in großen Mengen und spielen daher für die Prophylaxe der Malaria eine sehr wichtige Rolle. Eine der bekanntesten
Arten ist *Gambusia holbrooki* (Abb. 29).

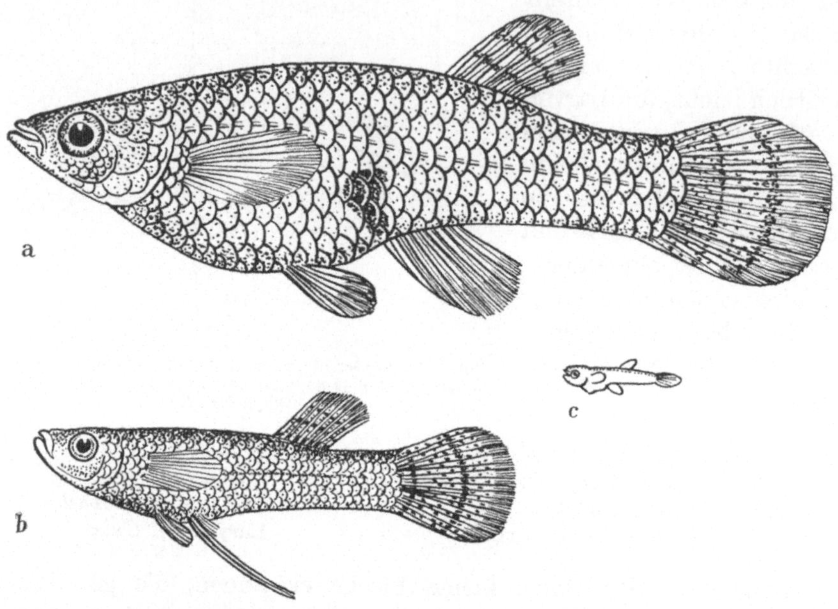

Abb. 29. *Mückenlarvenfressender (culiciphager) Millionenfisch (Gambusia holbrooki).* *a* Weibchen,
b Männchen, *c* Junges, das soeben die Mutter verlassen hat. In 2facher Vergrößerung.

Pathogene Bedeutung. Auf den Menschen übertragen die Mücken:
Malaria, bestimmte *Filariosen,* das *Gelbfieber* und das *Denguefieber.*
Malaria. *Die Malaria wird nur von Anopheles übertragen.* Man
kann alle *Anopheles*-Arten als verdächtig ansehen. Denn man hat eine
große Anzahl Arten speziell auf ihre Aufnahmefähigkeit für Malaria-
parasiten hin untersucht und gefunden, daß die meisten Arten befähigt
sind, wenigstens eine *Plasmodium*-Art zu übertragen.

Die Arten, die am häufigsten die Malaria übertragen, sind: in Europa
Anopheles maculipennis, seltener *A. bifurcatus* und *A. superpictus;* in
Afrika *A. gambiae* (= *A. costalis*) und *A. funestus;* in Asien *A. culicifacies*
und *A. ludlowi;* auf dem Malaiischen Archipel *A. aconitus* und *A. macu-
latus;* in Ozeanien *A. punctulatus;* in Nordamerika *A. quadrimaculatus;*
in Südamerika *A. albimanus* und *A. argyritarsis.*

Filariosen. Die Mücken, die die Filariosen übertragen, gehören
zu den Unterfamilien der *Anophelinae* und *Culicinae.* Der *Haarwurm*
(*Wuchereria bancrofti*) wird übertragen von den Gattungen *Anopheles,*
Culex (*C. fatigans*) und *Aëdes* (*A.* [*Stegomyia*] *scutellaris*). Die Über-
träger von der *Malayischen Mikrofilarie* (*Microfilaria malayi*) sind die
Gattungen *Anopheles* und *Taeniorhynchus* (*Mansonioides*).

Gelbfieber. Die Mücke, die diese Krankheit in der Natur überträgt, ist *Aëdes* (*Stegomyia*) *aegypti* (Abb. 30, 31), eine Hausmückenart, die in den tropischen und subtropischen Ländern der Erde sehr verbreitet ist.

Unter experimentellen Bedingungen können auch einige andere Arten der *Culicinae* die Krankheit übertragen.

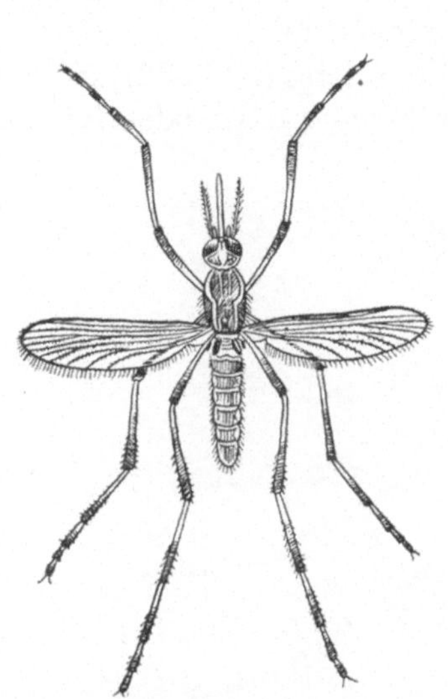

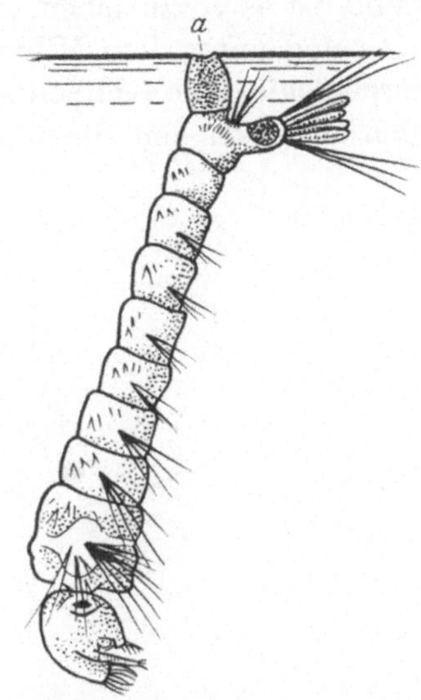

Abb. 30. *Weibliche Gelbfiebermücke* (*Aëdes* [*Stegomyia*] *aegypti*). In 4 facher Vergrößerung. Nach MANSON.

Abb. 31. *Larve der Gelbfiebermücke* (*Aëdes* [*Stegomyia*] *aegypti*). *a* Atemrohr. In 11 facher Vergrößerung.

Stegomyia zeigt die gleichen wichtigsten Merkmale wie *Culex*, unterscheidet sich aber von *Culex* durch ihre dunkle Farbe und durch die über Kopf, Thorax, Abdomen und Beine verstreuten Schuppen von schönem Silberweiß. Die Zeichnung der Beine erscheint geringelt.

Denguefieber. Das Denguefieber setzt plötzlich und heftig ein. Es treten Muskel- und Gelenkschmerzen hinzu. Das Fieber kommt in zahlreichen tropischen und gemäßigten Gegenden epidemisch vor. Es wird von bestimmten Mücken übertragen, die unter anderen zu den Gattungen *Culex* (*C. fatigans*) und *Aëdes* (*A.* [*Stegomyia*] *aegypti*, *A.* [*S.*] *scutellaris*) gehören.

II. Gnitzen[1] (Phlebotomidae).

Die *Gnitzen, Sandfliegen, Schmetterlingsmücken* oder *Phlebotomen* haben das Aussehen sehr kleiner Stechmücken. Ihre Bedeutung als

---

[1] Als *Gnitzen* werden auch die ebenfalls sehr kleinen *Ceratopogoninae* bezeichnet, die eine Unterfamilie der *Zuckmücken* (*Chironomidae*) bilden und deren Weibchen zum Teil Blutsauger sind. Bei den in diesem Buch erwähnten Gnitzen handelt es sich stets um Phlebotomen.

Überträger verschiedener Krankheiten ist jetzt gut bekannt. Bestimmte Arten leben wie die Stechmücken an dunkeln Stellen menschlicher Wohnungen. Man fängt sie in gleicher Weise wie die Mücken.

Untersuchung. Man kann die Gnitzen untersuchen, nachdem man sie auf ein Stückchen Pappe geklebt oder genadelt hat; da sie aber sehr klein sind, ist es vorzuziehen, sie in Canadabalsam oder Mastixharz einzubetten und unter dem Mikroskop zu untersuchen.

Morphologie. Die Gnitzen sind 1,5—3 mm lang (Abb. 32); sie unterscheiden sich von den Stechmücken durch die ovalen oder lanzetten-

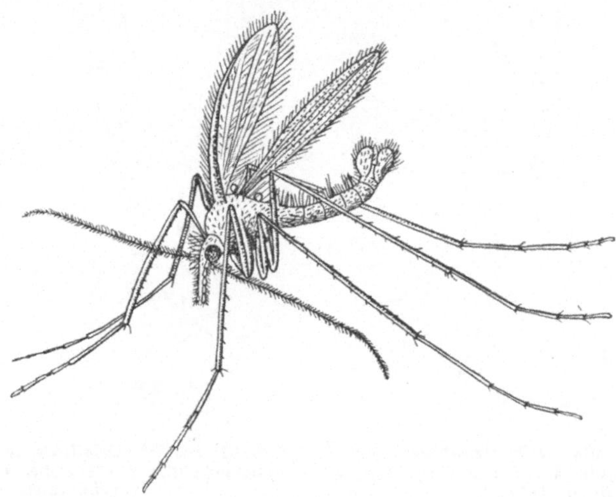

Abb. 32. *Männliche Pappatacimücke* (*Phlebotomus papatasi*). In 14facher Vergrößerung. Nach NEWSTEAD.

förmigen Flügel und den behaarten Körper; sie besitzen niemals Schuppen auf den Flügeln wie die letzteren, aber ihr Körper ist bisweilen leicht beschuppt. Die geschlechtsreifen Tiere haben das Aussehen kleiner Nachtfalter; die Larven leben auf der Erde.

Unterschiede zwischen Männchen und Weibchen. Die Unterschiede sind von gleicher Wichtigkeit wie bei den Stechmücken, denn nur die Weibchen sind Blutsauger. Jedoch dürfen wir uns hier nicht wieder vom Aussehen der Antennen leiten lassen, sondern müssen auf das hintere Ende des Abdomens achten, das bei den Männchen einen umfangreichen Geschlechtsapparat trägt (Abb. 33), bei den Weibchen aber spitz ausläuft.

Rüssel. Der Rüssel zeigt die gleiche Bildung wie bei den Mücken; die Mandibeln bilden zusammen mit der Oberlippe das Saugrohr für das Aufsaugen des Blutes (Abb. 34).

Biologie. Die neuesten Untersuchungen über diese Insekten haben ihre Lebensweise und Entwicklungsstufen geklärt.

Vorkommen. Die Gnitzen sind in der ganzen Welt verbreitet; in den Tropen treten sie in großen Mengen auf, und zwar das ganze Jahr

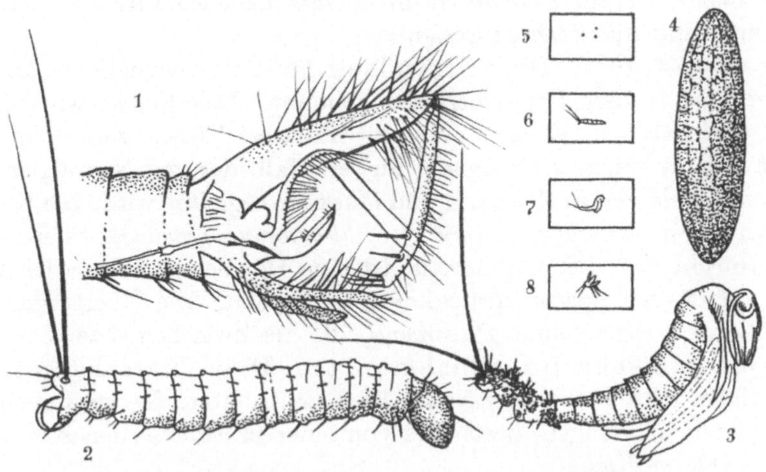

Abb. 33. *Pappatacimücke (Phlebotomus papatasi).* 1 Äußerer Genitalapparat des Männchens, 2 Larve, 3 Puppe, 4 Ei. 1—4 vergrößert. 5 Ei, 6 Larve, 7 Puppe, 8 geschlechtsreife Mücke (Imago). 5—8 in natürlicher Größe. Nach NEWSTEAD.

hindurch, während sie in der gemäßigten Zone nur in der warmen Jahreszeit erscheinen. Im allgemeinen führen diese Insekten eine nächtliche Lebensweise. Ihr Flug ist lautlos, ruckartig und nicht weittragend. Ihr Stich ist schmerzhaft.

Vermehrung. Die begatteten Weibchen legen die Eier einzeln ab; die Larven leben im Kot von Eidechsen und Kellerasseln und häuten sich viermal; das Puppenstadium dauert 6—12 Tage (Abb. 33). Die geschlechtsreifen Tiere überwintern nicht, dagegen sichern die Larven auf dem vierten Stadium die Erhaltung der Art von einem Jahr zum anderen.

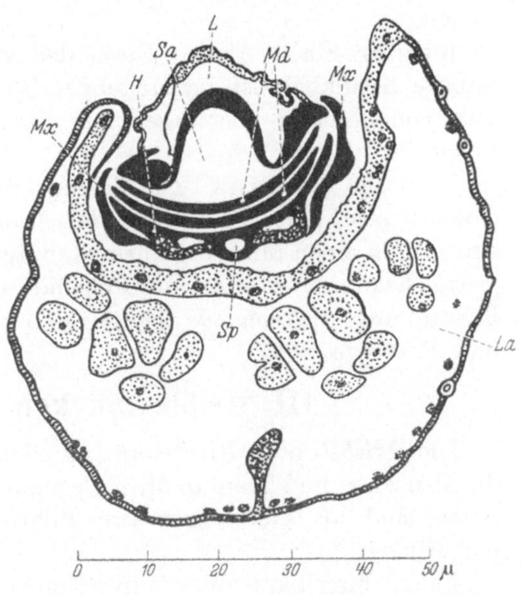

Abb. 34. *Mundwerkzeuge einer weiblichen Gnitze (Phlebotome).* Querschnitt durch den Rüssel. *L* Labrum oder Oberlippe; *Md* Die beiden Mandibeln oder Oberkiefer, der eine liegt unter dem anderen; *Mx* die beiden Maxillen oder Unterkiefer; *H* Hypopharynx, durchzogen von der Speichelröhre *Sp*; *Sa* Saugrohr; *La* Labium oder Unterlippe oder Rüsselscheide. Nach V. NITZULESCU.

Pathogene Bedeutung. Die Gnitzen übertragen folgende Krankheiten auf den Menschen: das *Dreitagefieber*, die *Orientbeule*, die *amerikanische Hautleishmaniase*, die *Kala-Azar*, die *Kinder-Leishmaniase* oder *Kinder-Kala-Azar* und die *Verruga peruana*.

Dreitagefieber. Diese Erkrankung ist dem Denguefieber ähnlich und wird in Italien *Pappatacifieber* genannt. Das Fieber wird durch einen unsichtbaren Erreger, ein filtrierbares Virus, verusacht und äußert sich in einem 2—3 tägigen Fieberanfall, der von Neuralgien und heftigen Schmerzen in Gelenken und Muskeln begleitet wird. Die Krankheit wird von der *Pappatacimücke (Phlebotomus papatasi)* übertragen.

Orientbeule. Die Orientbeule ist eine Hautleishmaniase der Alten Welt, auf die wir später zurückkommen werden. Die Überträger sind *Phlebotomus papatasi* und *P. sergenti*, die als Zwischenwirte dienen.

Amerikanische Hautleishmaniase. Diese Erkrankung ähnelt der vorigen, wird aber in der Neuen Welt beobachtet. Sie wird ebenfalls von Gnitzen übertragen, besonders von einer brasilianischen Art, *Phlebotomus intermedius*.

Kala-Azar. Diese Leishmaniase, die hauptsächlich in China und Indien verbreitet ist, wird in Indien von *Phlebotomus argentipes* und in China von *P. chinensis* und von einer Unterart von *P. sergenti* übertragen.

Kinder-Kala-Azar. Diese der vorhergehenden sehr nahe verwandte Krankheit ist im Mittelmeerbecken verbreitet und wird ebenfalls von Gnitzen übertragen, am häufigsten von *Phlebotomus perniciosus*.

Verruga peruana. Die Verruga peruana oder das *Oroyafieber* ist eine auf bestimmte Felsentäler der Anden beschränkte Krankheit. Sie wird durch einen Mikroorganismus, unter dem Namen *Bartonella bacilliformis* bekannt, verursacht. Folgende Gnitzen sind Überträger dieser Erkrankung: *Phlebotomus noguchii* und wahrscheinlich auch *P. peruensis* und *P. verrucarum*.

III. Kribbelmücken (Simuliidae).

Die *Kriebel-* oder *Kribbelmücken* oder *Simulien* sind kleine Insekten, die Menschen und Tiere in allen Gegenden der Erde überfallen. Mehrere Arten sind als Überträger von Filarien bekannt, die im Menschen parasitieren.

Fang. Man kann die oft in Scharen fliegenden Kribbelmücken mit einem Netz oder mit einem mit Wasser oder Alkohol getränkten Tuch fangen. In großen Mengen fängt man gewisse Arten auch in den Ohren der Haustiere. Endlich kann man sie auch selber aus den Puppen züchten, die auf Steinen und Wasserpflanzen in fließenden Gewässern zahlreich vorkommen.

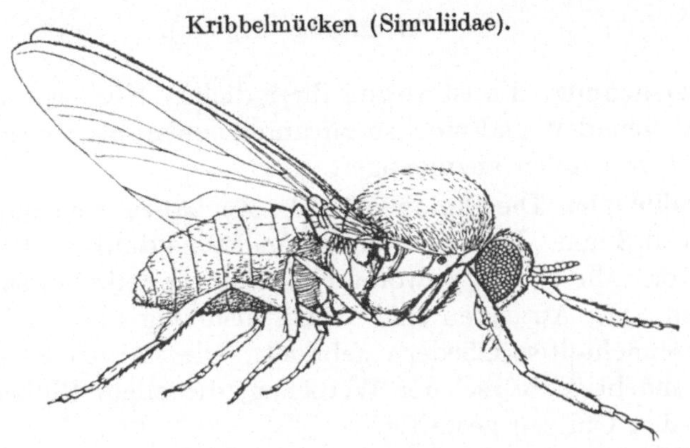

Abb. 35. *Weibchen einer Kribbelmücke (Simulium)*, nüchtern, von der Seite. 15fache Vergrößerung. Original von FRIEDERICHS aus MARTINI.

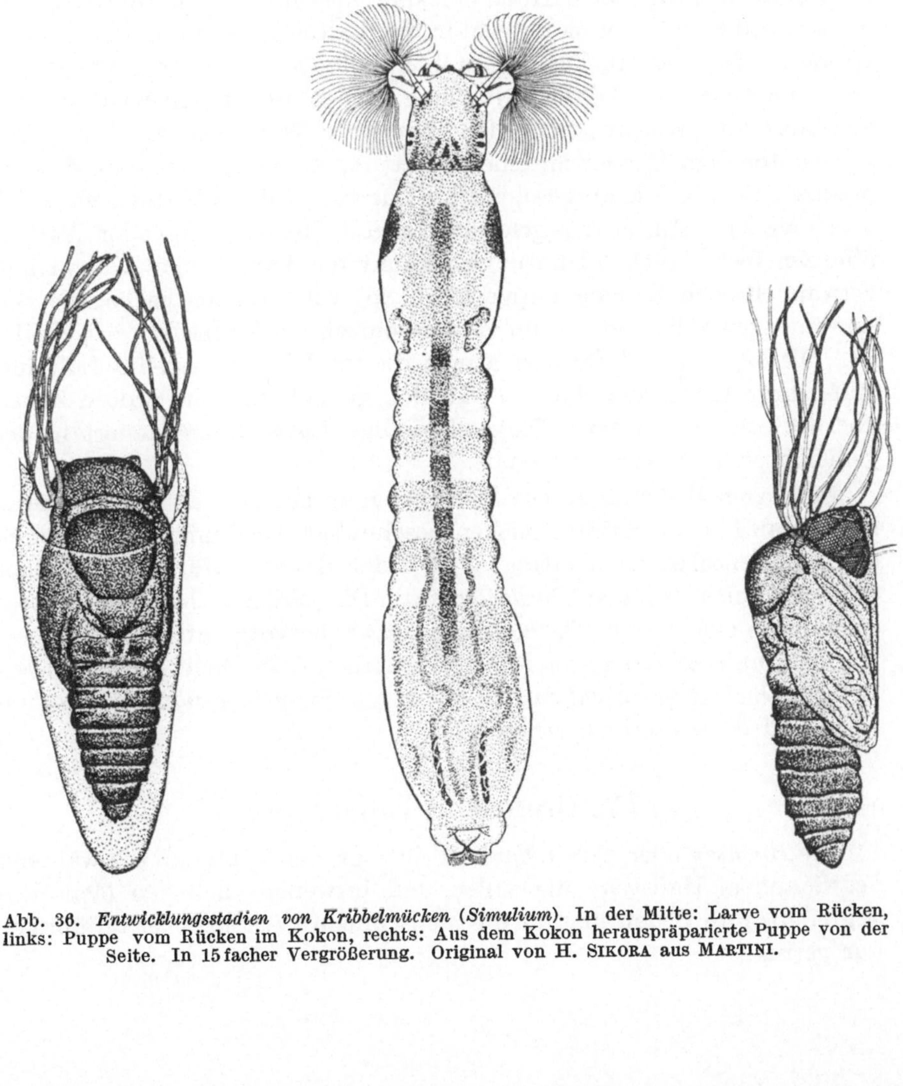

Abb. 36. *Entwicklungsstadien von Kribbelmücken (Simulium)*. In der Mitte: Larve vom Rücken,
links: Puppe vom Rücken im Kokon, rechts: Aus dem Kokon herauspräparierte Puppe von der
Seite. In 15facher Vergrößerung. Original von H. SIKORA aus MARTINI.

Untersuchung. Es ist wegen ihrer dicken Körperform besser, diese Insekten genadelt und trocken zu untersuchen, als ein mikroskopisches Präparat von ihnen anzufertigen.

Morphologie. Die Simulien (Abb. 35) haben eine durchschnittliche Länge von 3 mm. Ihre Färbung ist meistens dunkel oder schwarz, bisweilen rot. Ihr ovaler, gewölbter Rücken verleiht ihnen ein buckliges Aussehen. Die Antennen sind verhältnismäßig kurz und aus 11 ineinandergeschachtelten Gliedern gebildet. Die Larven leben im Wasser.

Der mächtige Rüssel der Weibchen, die allein Blutsauger sind, ist wie bei den Gnitzen gestaltet.

Die Flügel zeigen eine besondere, charakteristische Äderung.

Biologie. Die Biologie der Kribbelmücken und besonders ihre Entwicklungsweise sind sehr interessant.

Vorkommen. Die Kribbelmücken sind über die ganze Welt verbreitet, und man findet sie sowohl in den kalten als auch in den warmen Ländern. Sie sind am Tage munter und stechen zu jeder Tagesstunde.

Vermehrung. Die Entwicklung findet nur in fließendem, gut durchlüftetem Wasser statt. Das begattete Weibchen legt seine Eier stets unter dem Wasser an einem Blatt einer untergetauchten Wasserpflanze usw. ab. Die ausgeschlüpften Larven (Abb. 36 Mitte) heften sich durch eine am Hinterende gelegene Saugscheibe an Steine oder Wasserpflanzen fest. Nach 6 Häutungen spinnt die Larve einen Kokon und verwandelt sich in eine Puppe (Abb. 36) von brauner Farbe, die fast schwarz geworden ist, wenn das geschlechtsreife Insekt ausgebildet ist. Die Larven und Puppen atmen die im Wasser verteilte Luft mit Hilfe ihrer Kiemenbüschel ein. In den gemäßigten und kalten Zonen überwintern die Larven. Die vollständige Entwicklung dauert in der gemäßigten Zone etwa 1 Monat.

Pathogene Bedeutung. Der Stich bestimmter Arten ist sehr schmerzhaft. Man hat die Kribbelmücken beschuldigt, bestimmte Krankheiten auf den Menschen zu übertragen, aber der Beweis dafür ist noch nicht erbracht außer bei den *Onchocercosen*. Die afrikanische Onchocercose wird durch eine Filarie, *Onchocerca volvulus*, hervorgerufen, deren Überträger *Simulium damnosum* ist. Die amerikanische Onchocercose, deren Erreger *Onchocerca caecutiens* ist, wird von *Simulium avidum, S. ochraceum* und *S. mooseri* übertragen.

IV. Bremsen (Tabanidae).

Die *Bremsen* oder *Tabaniden* sind jene großen Dipteren, die während des Sommers Haustiere überfallen und bisweilen auch den Menschen angreifen; ihre Bedeutung für die menschliche Pathologie ist im übrigen nur gering.

Fang. Man fängt die Bremsen mit einem Netz oder einer Glasröhre.

Untersuchung. Man untersucht die Bremsen unter der Lupe, nachdem man sie, ebenso wie alle großen Insekten, mit Äther oder Chloroform getötet und vermittels einer starken Nadel aufgesteckt hat.

Morphologie. Diese Insekten, deren Länge 3 cm erreichen kann, haben einen breiten Kopf, zwei große, beim Männchen in der Kopfmitte zusammenstoßende, beim Weibchen getrennte Augen. Nur das Weibchen ist wie bei allen besprochenen Mücken im weiteren Sinne blutsaugend.

Der Rüssel des Weibchens zeigt dieselbe Bildung wie der der Gnitzen. Sechs Stechborsten werden von der Unterlippe umgeben. Beim Männchen finden wir nur vier Stechborsten, da die Mandibeln zurückgebildet

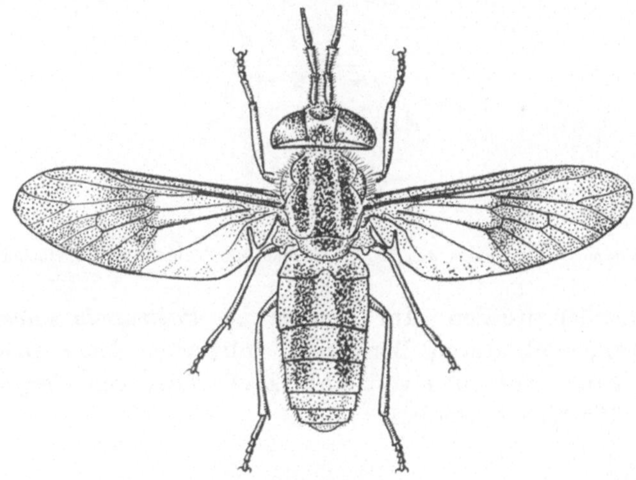

Abb. 37. *Weibchen von Chrysops dimidiatus*, Überträger der Wanderfilarie (Loa loa). In 5facher Vergrößerung.

sind. Die Larven leben im allgemeinen im Wasser oder in der Erde und sind Fleischfresser.

Biologie. Die Bremsen leben in Wäldern oder auf Weiden. Die Eiablage findet auf Pflanzen, feuchtem Boden oder an Felswänden in Wassernähe statt. Bevor die Larven sich in Puppen verwandeln, häuten sie sich sieben- bisweilen achtmal. Die Puppen halten sich in der Erde oder auf Pflanzen und Steinen am Rande des Wassers auf.

In der gemäßigten Zone entwickelt sich nur eine Generation im Jahr. Die Bremsen überwintern im Larvenstadium.

Pathogene Bedeutung. Die meisten Bremsenarten sind uns nur durch ihren Stich unbequem. Es gibt jedoch einige *Blindbremsen* von der Gattung *Chrysops*, die zwei Krankheiten auf den Menschen übertragen können: eine afrikanische *Filariose* und eine bakterielle Erkrankung, die *Tularämie*.

Afrikanische Filariose. Diese Filariose, deren Erreger die *Wanderfilarie (Loa loa)* ist, wird von zwei *Chrysops*-Arten übertragen, nämlich von *C. dimidiatus* (Abb. 37) und von *C. silaceus*.

Tularämie. Diese Krankheit, die zuerst in den Vereinigten Staaten, dann in einigen anderen Ländern beobachtet wurde, ist eine Septicämie, von der nicht selten bestimmte wild lebende Nagetiere, aber auch der

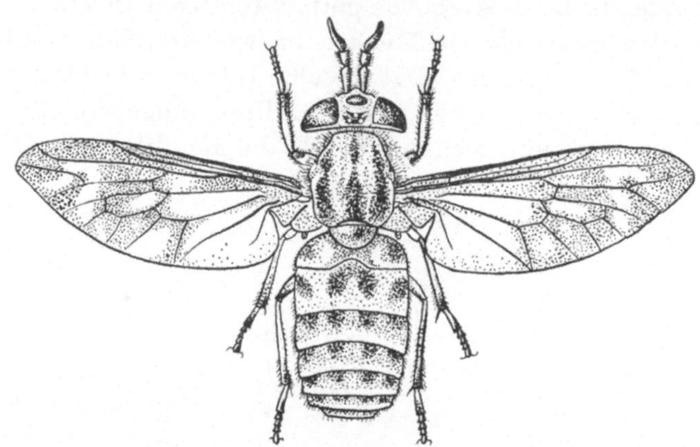

Abb. 38. *Weibchen von Chrysops discalis*, Überträger der Tularämie. In 4 facher Vergrößerung.

Mensch befallen werden. Ihr Erreger ist *Pasteurella tularensis*. Der Mensch kann sich durch Berührung infizierter Tiere anstecken, die Infektion kann aber auch von einer Zecke oder von *Chrysops discalis* (Abb. 38) übertragen werden.

V. Stechfliegen (Stomoxydinae).

Die *Stechfliegen (Stomoxydinae)*, die eine Unterfamilie der *Fliegen i. e. S. (Muscidae)* bilden und zu denen wir hier auch die *Tsetsefliegen* stellen, haben dieselben Gewohnheiten wie die Dipteren, von denen wir bisher gesprochen haben. Sie sind Blutsauger, und bestimmte Arten haben die Fähigkeit, pathogene Erreger auf den Menschen zu übertragen. Es handelt sich hier insbesondere um die *Trypanosomen* der Schlafkrankheit.

Unter den Stechfliegen beschäftigen wir uns mit den Gattungen *Stomoxys (Wadenstecher)* und *Glossina (Tsetsefliegen)*.

1. Wadenstecher (Stomoxys).

Die *Wadenstecher* oder *Stallfliegen (Stomoxys calcitrans)* (Abb. 39) ähneln in Größe und Aussehen den *Hausfliegen (Musca domestica)*, ihr Rüssel ist jedoch im Gegensatz zu letzteren zum Stechen eingerichtet. Man fängt und untersucht sie auf dieselbe Weise wie die Bremsen.

Morphologie. Der Bau des Rüssels ist weniger kompliziert als der der Mücken im weiteren Sinne und der der Bremsen; ohne die Unterlippe mitzuzählen, finden sich *nur zwei Stechborsten statt sechs.* Denn es fehlen die Mandibeln und Maxillen; nur die *Oberlippe* (*Labrum*) und der *Hypopharynx* sind übriggeblieben. Bei diesen Insekten ist die Unterlippe

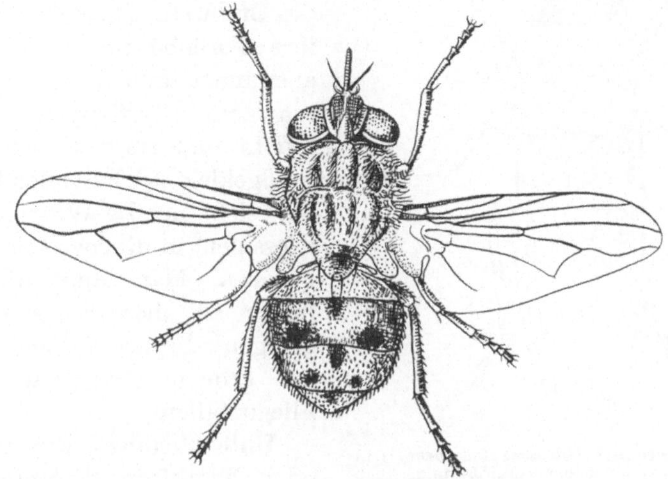

Abb. 39. *Wadenstecher* (*Stomoxys calitrans*). **In** 6facher Vergrößerung. Nach E. AUSTEN.

mit einer scharfen Spitze, einem Bohrapparat, versehen. Sie dringt gleichzeitig mit den beiden Stechborsten in die Wunde ein. Bei den Wadenstechern sind die Taster dünn, fadenförmig und erreichen kaum die Hälfte der Rüssellänge.

Biologie. Diese Fliegen sind Kosmopoliten. Befinden sie sich in völligem Ruhezustande auf einer Mauerfläche, so unterscheiden sie sich von der Hausfliege durch ihre Stellung; sie richten dann stets den Kopf nach oben im Gegensatz zur Hausfliege, die die umgekehrte Stellung einnimmt. Ihre Larven leben im Dung und verwandeln sich in elliptische, bräunliche Puppen, aus denen das fertige Insekt schlüpft.

Pathogene Bedeutung. Man hat angenommen, daß die Wadenstecher, insbesondere *Stomoxys calcitrans*, Lepra, Pellagra, Skorbut und Kinderlähmung übertragen, aber diese Hypothesen sind nicht bestätigt worden. Experimentell können diese Fliegen rein mechanisch *Milzbrandbacillen*, bestimmte *Spirochäten* und *Trypanosoma gambiense*, den Erreger der Schlafkrankheit, übertragen.

2. Tsetsefliegen (Glossina).

Die *Glossinen*, *Zungenfliegen* oder *Tsetsefliegen* sind ausschließlich afrikanische Insekten, die die Trypanosomen der Schlafkrankheit auf den Menschen übertragen und daher unsere Aufmerksamkeit in besonderem Maße verdienen. Nach den Stechmücken haben diese Dipteren die größte Bedeutung für die menschliche Pathologie.

Fang. Man fängt die Glossinen wie die anderen Fliegen oder wie die Bremsen. Daneben kann man ihre Vorliebe für dunkle Farben ausnutzen, indem man viereckige schwarze Stofflappen in Leim taucht und sie auf dem Rücken weißgekleideter Personen befestigt, die sich in die Wohnplätze der Glossinen, in die sog. *Fliegengürtel*, begeben. Man fängt die Tsetsefliegen auf diese Weise in großen Mengen. Ferner bedient man sich mit großem Erfolg selbsttätiger Fliegenfallen.

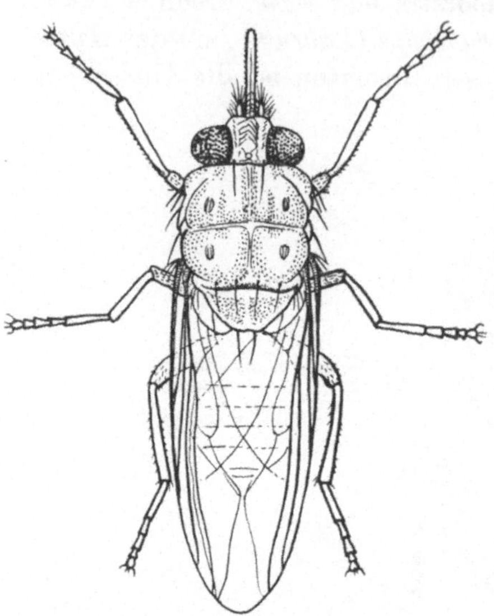

Abb. 40. *Tsetsefliege (Glossina longipennis) in Ruhehaltung.* In 3,5 facher Vergrößerung. Nach E. AUSTEN.

Untersuchung. Die mit Äther oder Chloroform getöteten Glossinen müssen vermittels einer starken Nadel aufgesteckt und unter der Lupe oder dem Binokular untersucht werden. Um eine genauere Untersuchung dieser Insekten vorzunehmen, um z. B. den Rüssel oder die Geschlechtswerkzeuge zu untersuchen, ist es notwendig, mikroskopische Präparate herzustellen. Nachdem man die zu untersuchenden Teile isoliert hat, tut man dieselben in ein Reagensgläschen mit 10 % Kalilauge, kocht eine Viertelstunde im Wasserbade, wäscht hierauf mit Wasser aus, führt das Untersuchungsmaterial durch

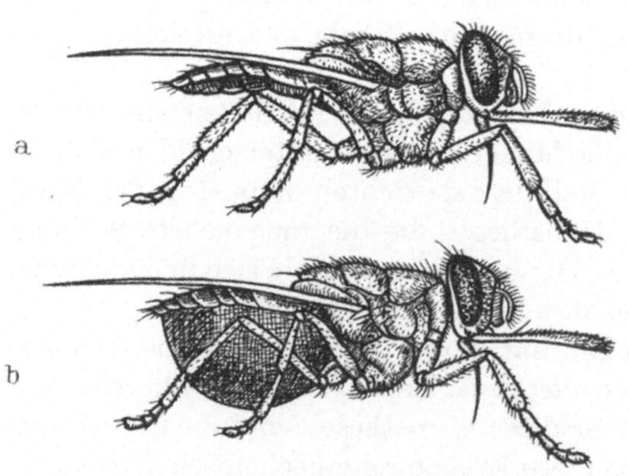

Abb. 41. *Tsetsefliege (Glossina palpalis).* a nüchtern, b vollgesogen. In 3 facher Vergrößerung.

die Alkoholreihe, hellt es in Nelkenöl auf und bettet es in Canadabalsam ein.

Morphologie. Die Tsetsefliegen sind Dipteren, deren Körper größer ist als derjenige der Hausfliege. Folgende Merkmale machen sie leicht kenntlich: horizontaler, dünner Rüssel, an der Basis zu einer Blase erweitert, und scherenförmig auf dem Rücken gekreuzte Flügel (Abb. 40 u. 41). Die Antennen sind mit je einer Fühlerborste (*Arista*) versehen, die zahlreiche gefiederte Strahlen trägt. Die Taster sind groß und von gleicher Länge wie der Rüssel.

Die Männchen unterscheiden sich durch ihren Geschlechtsapparat von den Weibchen. Die Unterscheidung der Geschlechter ist übrigens

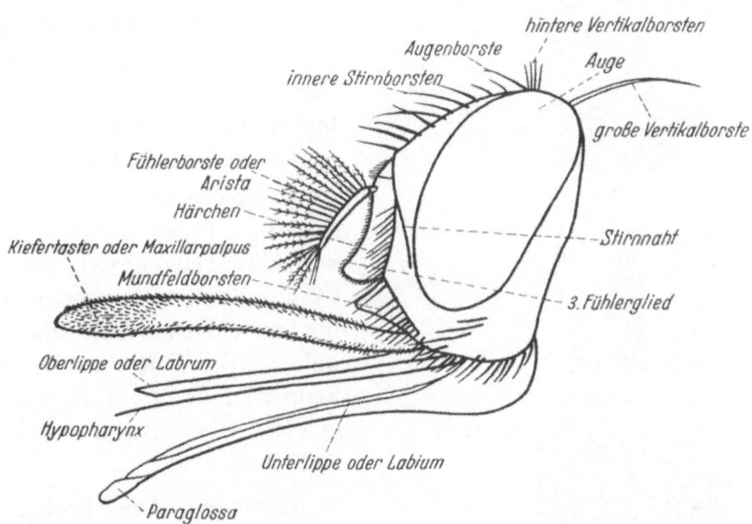

Abb. 42. *Seitenansicht des Kopfes einer Tsetsefliege (Glossina palpalis)*. Der Rüssel ist in typischer Weise bis auf die unpaaren Teile zurückgebildet. *Der Stechapparat besteht — wie bei allen Stechfliegen — aus Oberlippe (Labrum), Hypopharynx und Unterlippe (Labium)*. Der Hypopharynx ist in die Unterlippe eingebettet. Die beiden Kiefertaster bilden für den Stechapparat eine Scheide. In 15facher Vergrößerung. Nach Surcouf und Gonzalez-Rincones.

weit weniger wichtig als bei den Mücken oder Bremsen, da die beiden Geschlechter die gleichen Gewohnheiten haben: Männchen und Weibchen sind Blutsauger und greifen Menschen und Tiere an.

Der Rüssel. Der Rüssel (Abb. 42) besteht wie bei den Wadenstechern aus einer *Unterlippe* (*Labium*), einer *Oberlippe* (*Labrum*) und dem *Hypopharynx*. Alle drei Teile dringen beim Stechen in die Haut ein. Mandibeln und Maxillen fehlen. Die stark entwickelten Kiefertaster können den Rüssel wie mit einer Scheide umgeben.

Verdauungsorgane. Der Verdauungskanal muß kurz beschrieben werden, denn in diesem Organ und in den dazu gehörenden Teilen entwickeln sich die pathogenen Trypanosomen. An den im Kopf befindlichen, muskulösen Pharynx schließt sich die Speiseröhre an. Nun folgen einerseits der Proventrikel, der Schlund, der eigentliche röhrenförmige Mitteldarm oder Magen und schließlich der am Ende zu einer Rectalampulle erweiterte Enddarm. Andererseits zweigt von der Speiseröhre ein zweiter Gang ab, der sog. Kropfgang, der in den im Abdomen gelegenen Kropf führt.

Die *Speicheldrüsen* bestehen aus zwei langen schlauchförmigen Röhren. Sie ziehen sich in Windungen bis zum hinteren Ende des Abdomens (Abb. 43).

Präparation des Darmkanales. Die Isolierung des Darmkanales ist verhältnismäßig leicht. Man schneidet das Insekt der Länge nach durch und präpariert es in physiologischer Kochsalzlösung. Wegen der Größe des Tieres bietet die Präparation keine besonderen Schwierigkeiten.

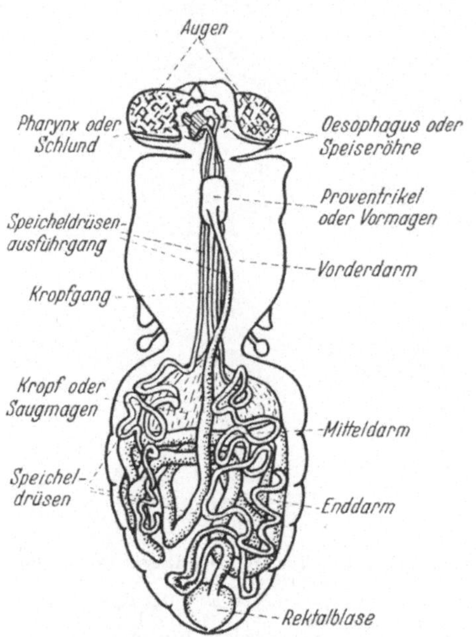

Abb. 43. *Anatomie einer Tsetsefliege (Glossina palpalis).* In 5 facher Veigrößerung. Nach MINCHIN.

Präparation der Speicheldrüsen. Diese Drüsen können wie der Darmkanal bestimmte Stadien von pathogenen Trypanosomen enthalten. Man sollte daher die Präparationstechnik kennen, jedoch verlangt dieselbe gewisse Übung und vorsichtiges Arbeiten.

Biologie. Die Biologie der Glossinen zu kennen, ist ebenso nützlich wie die Kenntnis der Lebensweise der Stechmücken, denn auch die Tsetsefliegen spielen in der Tropenmedizin eine sehr beträchtliche Rolle.

Vorkommen. Die Glossinen sind in Afrika weit verbreitet, aber nicht gleichmäßig verteilt. Denn jede Art tritt nur an solchen Stellen auf, wo sie günstige Lebensbedingungen findet. Bestimmte Arten, wie *Glossina palpalis*, lieben hohe Luftfeuchtigkeit und leben an Bachufern oder in Wäldern, die Wasserläufe umsäumen. Andere, wie *G. tachinoides*, suchen weniger die Feuchtigkeit als vielmehr einen Schutz gegen allzu große Trockenheit auf. Wieder andere endlich, wie *G. morsitans*, fühlen sich in nur geringer Luftfeuchtigkeit wohl. Man beobachtet diese Insekten das ganze Jahr hindurch, aber sie sind zahlreicher während der Regenzeit. Sie sind im allgemeinen am Tage munter und stechen auch mit wenigen Ausnahmen tags. Ihr Stich ist fast schmerzlos.

Die Glossinen ernähren sich auf Kosten sehr verschiedenartiger Wirte. Sie bevorzugen dunkle Farben. Dies ist einer der Gründe, weswegen die Schwarzen häufiger gestochen werden als die Europäer.

Vermehrung. Das begattete und mit Blut vollgesogene Weibchen bringt eine große weiße Larve zur Welt. Diese bohrt sich 1—2 cm in die Erde und verwandelt sich dort im Verlauf einiger Stunden in eine braune, unbewegliche Puppe (Abb. 44) (sog. Fliegentönnchen oder Puparium), aus der einige Wochen später das fertige Insekt schlüpft. Die Orte für die Eiablage sind je nach den Arten verschieden.

Pathogene Bedeutung. Die Glossinen übertragen einige pathogene Trypanosomen auf verschiedene Säugetiere und die Erreger der Schlafkrankheit auf den Menschen. Diese Krankheit dezimiert die Schwarzen in einem großen Teil von Afrika und wird von zwei Trypanosomen verursacht: durch *Trypanosoma gambiense* und *T. rhodesiense*. Ersteres wird von *Glossina palpalis*,

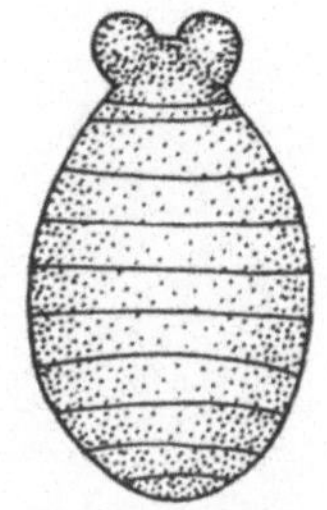

Abb. 44. *Puppe einer Tsetsefliege (Glossina).* In 5facher Vergrößerung.

in bestimmten Gegenden von *G. tachinoides* übertragen. Die Übertragung der zweiten Art geschieht durch *Glossina morsitans* und wahrscheinlich auch durch die *G. swynnertoni*.

VI. Parasitische Dipterenlarven.

Außer den bisher besprochenen Dipteren, deren medizinische Bedeutung darauf beruht, daß die Geschlechtstiere durch ihren Stich bestimmte Erreger auf den Menschen übertragen, gibt es noch andere pathologisch wichtige Zweiflügler, die zwar weder stechen noch Blut saugen, deren Larven aber in unseren Geweben oder Organen parasitieren.

Der Parasitismus dieser *Dipterenlarven* ist bisweilen fakultativ, d. h. die Larven von bestimmten Arten, die sich im allgemeinen von Kadavern oder verwesenden Stoffen ernähren, findet man zufällig bei lebenden Organismen. Andererseits kann der Parasitismus aber auch obligatorisch sein, und die Larven entwickeln sich dann ausschließlich im lebenden Organismus.

Wir fügen noch hinzu, daß die Larven von einigen exotischen Fliegen, wie z. B. diejenigen von *Auchmeromyia*, Blutsauger sind und sich ausschließlich von Menschen und Tieren ernähren.

Untersuchung der Dipterenlarven. Nachdem man die lebenden Larven gesammelt hat, kann man sie töten, indem man kochendes Wasser über sie gießt. Um ihre äußeren Merkmale näher zu untersuchen, insbesondere die vorderen und hinteren Stigmen, an deren Form man die Arten unterscheidet, kocht man die Larven in Kalilauge. Hierauf bettet man entweder die ganze Cuticula oder die Organe, die man untersuchen will, in Mastixharz ein, nachdem man sie mit Hilfe eines Rasiermessers abgetrennt hat.

Morphologie. Die Larven der *Brachyceren oder Fliegen im weiteren Sinne* (Abb. 45) sind wurmförmig und ohne sichtbaren Kopf. Ihr Körper besteht aus einer Reihe mehr oder weniger deutlich, bisweilen klar getrennter Segmente mit seitlichen Wülsten und warzenartigen Knötchen. Die Stigmen sitzen vorn und hinten am Körper, manchmal nur hinten, wie z. B. bei *Hypoderma*.

Die Larven der *Fliegen im engeren Sinne* (*Muscidae*) sind vorn spitz, in der Mitte des Körpers zylindrisch, das Hinterende ist am dicksten. Die Larven besitzen mehr oder weniger sichtbare Mundhaken.

Die Larven der *Dasselfliegen* (*Oestridae*) sind annähernd zylindrisch, bald vorne enger als hinten (*Hypoderma*), bald umgekehrt (*Dermatobia*). Wie schon erwähnt, stellt diese Familie eine durchaus künstliche Bildung dar.

Biologie. Die Muscidenlarven leben in Abfällen aller Art, in verwesenden organischen Stoffen, bisweilen auch auf lebenden Organismen. Die Östridenlarven jedoch sind immer Parasiten und bewohnen den Darm verschiedener Säugetiere oder die Haut von Mensch und Tier.

Pathogene Bedeutung. Die Brachycerenlarven — mögen sie fakultative oder obligatorische Parasiten sein — verursachen bei Mensch und Tier verschiedene Krankheitserscheinungen, die unter dem Namen *Myiasis* bekannt sind. Nach dem Sitz der Larven unterscheidet man eine *Myiasis der Körperhöhlen, des Darmes oder der Haut*. Nach den Lebensgewohnheiten der Fliegenmaden spricht man von *Wund-, Darm-, Schleimhaut- und Hautschmarotzern*.

Wir werden nacheinander die pathogene Bedeutung der Larven der *Muscidae* und *Ostridae* untersuchen. Letztere enthalten die beiden interessanten Gattungen *Hypoderma* und *Dermatobia*.

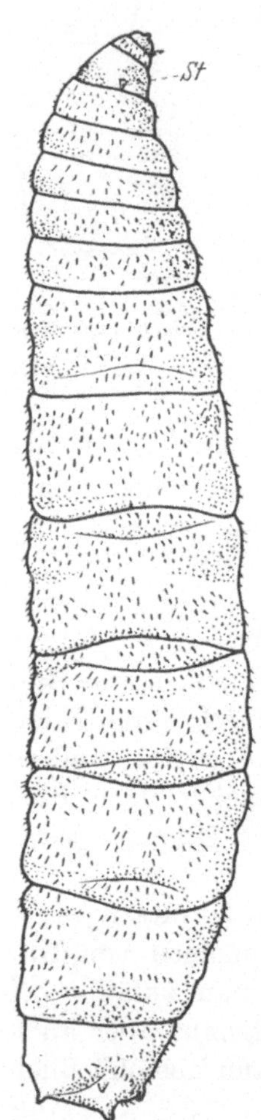

Abb. 45. *Larve einer Fleischfliege* (*Sarcophaga magnifica*). *St* vorderes rechtes Stigma (Atemöffnung). In 7 facher Vergrößerung.

1. Larven von Fliegen im engeren Sinne (Muscidae).

Die Larven von bestimmten Fliegen, die zum größten Teil unter dem Namen *Schmeißfliegen* bekannt sind, leben gewöhnlich auf Kadavern oder verwesenden organischen Stoffen. Ihr Parasitismus ist also zufällig. Aus dieser Gruppe, die man auch als eine besondere Familie (*Larvaevoridae*) ansieht, betrachten wir einige besonders wichtige Arten.

Von der Gattung der *Goldfliegen* (*Lucilia*) erwähnen wir: *Lucilia nobilis*, deren Larven im Gehörgang des Menschen gefunden werden, ferner *L. sericata*[1], deren Larven häufig in warmen Ländern die Wunden bei Mensch und Tier befallen, und endlich die Larven von *L. argyrocephala*, die in Afrika in Wunden beobachtet worden sind.

Von der Gattung der eigentlichen *Schmeißfliegen* (*Calliphora*) sind zu beachten: *Calliphora vomitoria* oder *blaue Schmeißfliege* oder *Brummer*, in unseren Gegenden sehr häufig, und *C. limensis*, eine chilenische Art. Man hat Larven dieser beiden Arten in der Nasenhöhle des Menschen gefunden.

Eine Fliege, die mehr Aufmerksamkeit verdient, ist *Cochliomyia hominivorax*, eine amerikanische Art. Sie ist von den Vereinigten Staaten bis nach Argentinien verbreitet. Sie legt ihre Eier nicht nur in Kadaver, sondern sehr häufig auch auf die Oberfläche von Wunden oder in Ohren und Nasen gesunder Menschen und Tiere. Die Larve ist weißlich, und die eigentümliche Anordnung der Kränze, scharfer nach hinten gerichteter Haken, auf jedem Segment ist die Veranlassung, daß die Amerikaner die Larven *screw-worm*, d. h. *Schraubenwurm*, nennen. Diese Larven sind außerordentlich gefräßig, verschlingen die Gewebe und greifen dank der festen Haken, mit denen der Mund bewaffnet ist, sogar Knorpel und Knochen an. Es entstehen dadurch oft bedeutende Schäden, die selbst den Tod herbeiführen können.

Die Gattungen der *Fleischfliegen*, nämlich *Sarcophaga*, *Sarcophila* und *Wohlfahrtia*, enthalten vivipare Arten. Statt Eier abzulegen, gebären die Weibchen zahlreiche kleine Larven, die sie oft in Körperhöhlen oder in Wunden ablegen. Als Beispiel nennen wir: *Sarcophaga carnaria*, *Sarcophila latifrons* und *Wohlfahrtia magnifica*, deren Larven schwere Störungen und selbst den Tod hervorrufen können.

Alle diese Larven, die wir aufgezählt haben, und auch andere, die zu denselben Gattungen gehören, können beim Menschen eine *gewebszerstörende Myiasis der Körperhöhlen*, z. B. eine *Nasenmyiasis*, hervorrufen.

---

[1] Die Larven von *Lucilia sericata* werden heute in der Therapie benutzt. Man sammelt die Eier, sterilisiert sie äußerlich und züchtet die Larven unter aseptischen Bedingungen. Dann setzt man mehrere Larvenstämme nacheinander — denn in 3 Tagen durchlaufen die Larven ihre ganze Entwicklung — in auf chirurgischem Wege hergestellte Wunden bei der Behandlung der chronischen Osteomyelitis (Knochenmarkentzündung). Die Larven fressen die nekrotischen Gewebe, die Wunde wird zu starker Reaktion angeregt und heilt schnell. Neuerdings hat man erkannt, daß den Ausscheidungsprodukten der Fliegenmaden, in erster Linie dem Allantoin, die heilende Wirkung zuzuschreiben ist, und daß der eigentlich wirksame Bestandteil der bei der chemischen Zersetzung des Allantoins entstehende Harnstoff ist. [Vgl. F. ZUMPT. Z. Reichsfsch. Krankenpfl. 6, 171—173 (1938).]

Bestimmte Fliegenlarven, die entweder den obengenannten oder anderen, sehr verschiedenartigen Gattungen angehören, werden im menschlichen Darm gefunden. Sie verursachen die sog. *Darmmyiasis*.

Endlich entwickeln sich einige Arten in den subcutanen Geweben des Menschen und verschiedener Tiere und verursachen hier eine *Haut-myiasis* von furunkulösem Typus. Es handelt sich in diesen Fällen besonders um eine afrikanische Art, die sog. *Tumbufliege (Cordylobia anthropophaga)*, deren Larve unter dem Namen *Cayor-Wurm* bekannt ist.

2. Larven von Dasselfliegen (Oestridae).

Die geschlechtsreifen *Dasselfliegen* oder *Biesfliegen* der Gattung *Hypoderma* sind Dipteren von 10—15 mm Länge und behaartem Körper. Das Weibchen ist mit einer vorstreckbaren Legeröhre versehen (Abb. 46—48).

Die Eier werden meistens in dem Fell großer Wiederkäuer — Rinder, Hirsche, Rehe — abgelegt. Aus dem Ei schlüpft eine kleine Larve. Sobald das Wirtstier sich leckt, gelangt die Larve über die Zunge in die Speiseröhre. Nach der ersten Häutung wandert die Larve

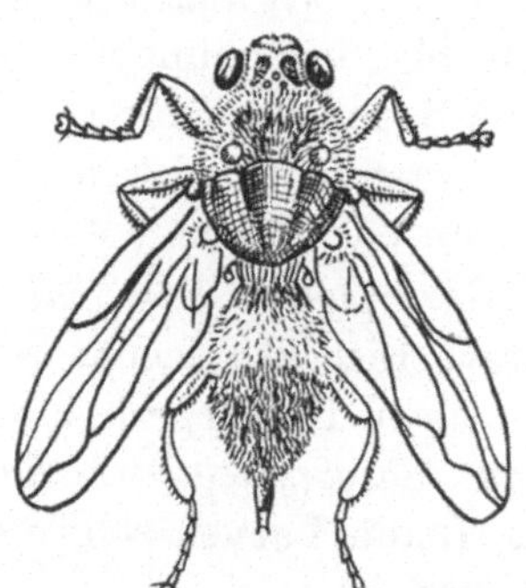

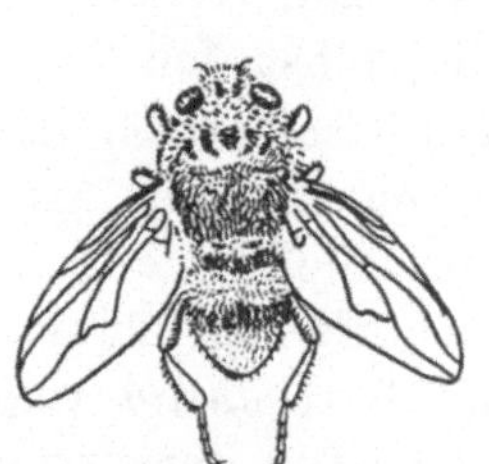

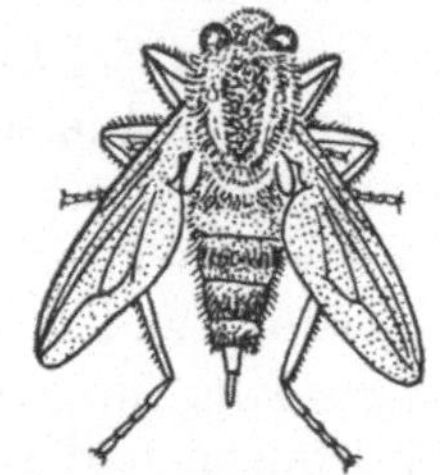

Abb. 46. *Weibchen der Rinder-dasselfliege (Hypoderma bovis).* In 2,5 facher Vergrößerung. Nach BRAUER.

Abb. 47. *Männchen von Hypo-dorma lineatum.* In 1,5 facher Vergrößerung. Nach BRAUER.

Abb. 48. *Weibchen der Wilddasselfliege (Hypo-derma diana).* In 2 facher Vergrößerung. Nach BRAUER.

durch die Gewebe, erreicht die Haut und bohrt ein Loch, durch das sie später ihren Wirt verläßt. Die Larve (Abb. 49 u. 50) häutet sich wieder und bleibt unter der Haut, wo sie ein furunkulöses Geschwür, die sog. *Dasselbeule*, verursacht. Nach einer weiteren Häutung ist ihre Entwicklung vollendet, sie fällt auf die Erde, wird hart und verwandelt sich erst in die Puppe und dann in das geschlechtsreife Insekt.

In gewissen Fällen verhalten sich die Larven der Dasselfliegen genau so beim Menschen wie bei den Tieren. In beiden Fällen verursachen sie eine *Hautmyiasis*. Diese Myiasis kann je nach der Art der Dasselfliegen und dem Stadium der Larven verschiedene klinische Formen annehmen: Die *schleichende subcutane Myiasis* wird durch die Larven von der *Rinderdasselfliege (Hypoderma bovis)* im 2. und 3. Stadium und durch verschiedene *Gastrophilus*-Larven hervorgerufen. Die Larven von *Hypoderma bovis* und von *H. lineatum* verursachen die *subcutane*

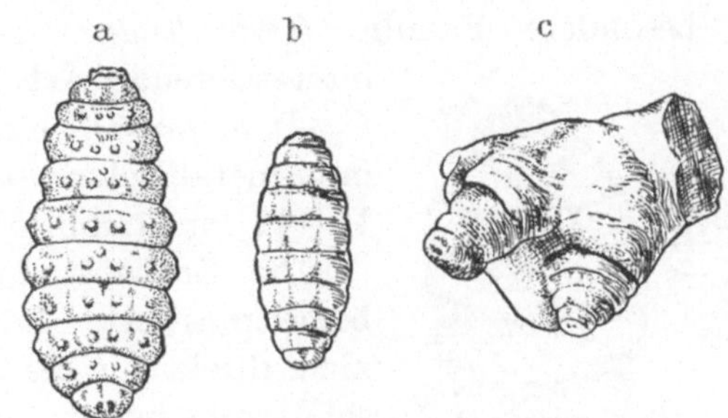

Abb. 50. *Wilddasselfliege (Hypoderma diana).* a und b freie Larven; c Larven, die in der Haut stecken.

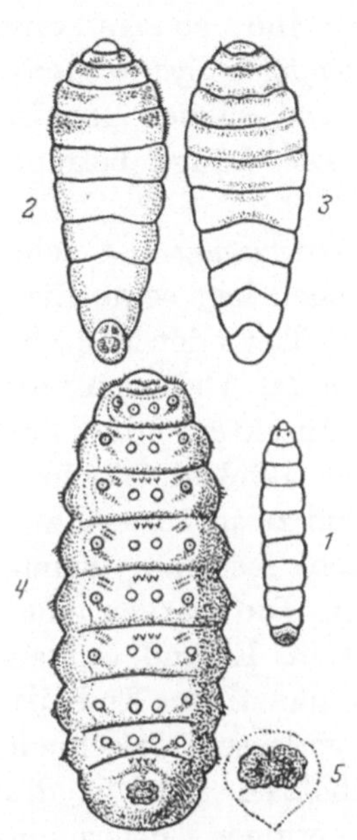

Abb. 49. *Wilddasselfliege (Hypoderma diana). 1* Zweites Larvenstadium. *2* Drittes Larvenstadium, Rückenseite. *3* Drittes Larvenstadium, Bauchseite. *4* Viertes Larvenstadium. *5* Hintere Stigmenplatte des vierten Larvenstadiums. Nach BRAUER.

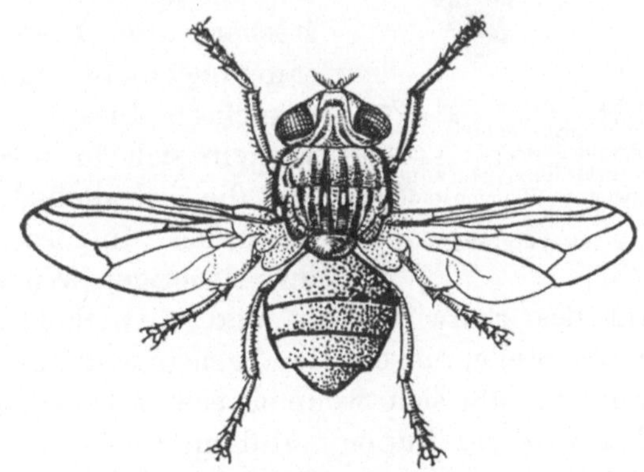

Abb. 51. *Weibchen von Dermatobia cyaniventris* in 2facher Vergrößerung. Nach MANSON.

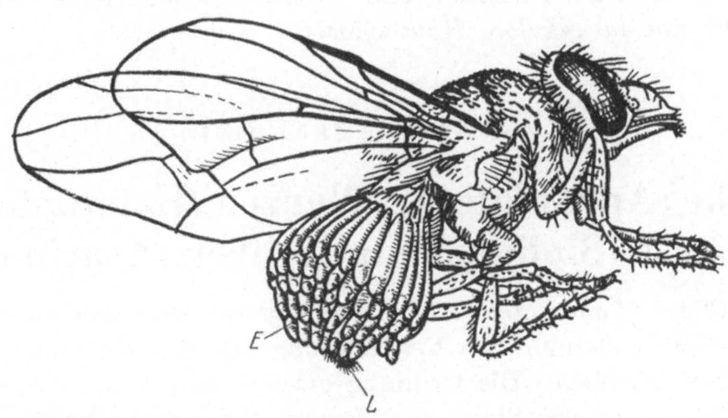

Abb. 52. *Wadenstecher (Stomoxys) mit einem an seinem Abdomen festgehefteten Eierpaket (E) von Dermatobia cyaniventris. L* Larven, die den Eideckel geöffnet haben und bereit sind, sich auf einem günstigen Wirt anzuheften. In 6facher Vergrösserung. Nach A. NEIVA und J. FLORENCIO GOMES.

Myiasis mit wanderndem Tumor oder den sog. *Hautmaulwurf*; endlich wird die *furunkulöse Myiasis* durch dieselben weiter entwickelten Larven verursacht.

Die Gattung *Dermatobia* ist in Amerika verbreitet und wird auch in eine besondere Familie *(Cuterebridae)* gestellt. Die einzige uns interessierende Art ist *Dermatobia cyaniventris* *(= D. hominis)*, ein leuchtend blaues Insekt mit metallischem Glanz. Die Länge beträgt 14—17 mm (Abb. 51).

Die Entwicklung von *Dermatobia* ist sehr bemerkenswert. Das Weibchen legt seine Eier nicht direkt auf die Haut von Tier oder Mensch, sondern es heftet die Eier an das Abdomen von verschiedenen stechenden Insekten, die am Tage fliegen, wie bestimmten Mücken, Wadenstechern usw. Diese Eier sind zu je 15—20 zusammengeklebt und haften fest am heimgesuchten Insekt (Abb. 52). Die Larven entwickeln sich in 5—6 Tagen im Ei und warten auf die Gelegenheit, einen günstigen Endwirt zu finden. In diesem Fall verlassen sie schnell ihr bisheriges Wirtstier, bohren sich in die Haut des Endwirtes ein und entwickeln sich in geringer Entfernung von der Stelle, auf die sie abgelegt wurden. Die Larve (Abb. 53) wächst heran und läßt sich, wenn sie sich vollständig entwickelt hat, zu Boden fallen, wird zur Puppe und dann zum geschlechtsreifen Insekt.

Abb. 53. *Larven von Dermatobia cyaniventris (sog. „Mückenwürmer").* a erstes Larvenstadium („Macaque"). b zweites Larvenstadium („Torcel" oder „Berne"). In 2 facher Vergrößerung.

Die Larven von *Dermatobia* sind bekannt unter den Namen „*Mückenwürmer*", „*Macaque*", „*Berne*" und „*Torcel*" und erregen bei verschiedenen wild lebenden und domestizierten Tieren und beim Menschen eine *furunkulöse Hautmyiasis*.

Zweiter Abschnitt.

Flöhe (Aphaniptera), Wanzen (Heteroptera), Läuse (Siphunculata), Milben (Acarina).

Die **Flöhe (Aphaniptera** oder **Siphonaptera)** sind wie die Dipteren Insekten mit vollkommener Verwandlung und mit stechenden Mundwerkzeugen versehen. Die Ordnung enthält zwei Familien: *Pulicidae* oder *Flöhe* im engeren Sinne und *Sarcopsyllidae* oder *Sandflöhe*.

Die **Schnabelkerfe (Hemiptera** oder **Rhynchota)** sind Insekten mit unvollkommener Verwandlung, d. h. dem Ei entschlüpft ein kleines, der

Imago ähnliches Insekt, jedoch ohne Flügel. Die Tiere haben stechende Mundwerkzeuge. Die am Menschen parasitierenden Schnabelkerfe gehören alle zur Unterordnung der **Wanzen (Heteroptera)**. Charakteristisch für letztere ist meistens das Vorhandensein von vier Flügeln. Die Hinterflügel sind membranös. Die Vorderflügel sind an ihren basalen Teilen lederartig, an den distalen häutig. Man nennt daher die Vorderflügel „*Halbdecken*" oder „*Hemielytren*". Zwei Familien sind zu erwähnen: *Cimicidae* oder *Bettwanzen* mit verkümmerten, einschuppigen Hemielytren und fehlenden Hinterflügeln und *Reduviidae* oder *Raubwanzen* mit Hemielytren und gut entwickelten Flügeln.

Die **Läuse (Anoplura** oder **Siphunculata)** sind wie die Wanzen Insekten mit unvollkommener Verwandlung und ebenfalls mit stechenden Mundwerkzeugen versehen. Eine einzige Familie ist erwähnenswert, die der *Pediculidae* oder *Läuse* im engeren Sinne.

Die **Milben (Acarina)** sind Spinnentiere mit kugelförmigem Körper, dessen Cephalothorax und Abdomen verschmolzen ist. Die geschlechtsreifen Tiere haben *vier Beinpaare*, die Flügel fehlen. Die Milben machen mehrere Verwandlungen durch und gehen von der sechsbeinigen Larve in die achtbeinige Nymphe über, ehe sie geschlechtsreif werden. Vom medizinischen Standpunkt aus teilen wir die Milben in zwei Gruppen ein:

1. *Blutsaugende Milben*, zu denen die *Zecken* (*Ixodidae* und *Argasidae*) und die *Laufmilben* (*Trombidiidae*) gehören.

2. *Hautmilben*, zu denen die *Krätzmilben* (*Sarcoptidae*) und die *Haarbalgmilben* (*Demodicidae*) gehören.

I. Flöhe im engeren Sinne (Pulicidae).

Die *Flöhe* sind kleine Insekten, kaum länger als 2—3 mm, mit seitlich flach gedrücktem Körper, was ihnen von vorn gesehen ein sehr charakteristisches Aussehen verleiht.

Sammeln. Um lebende Flöhe zu fangen, muß man auf den Tieren, die sie tragen, vorsichtig nach ihnen suchen, indem man planmäßig die Haare durchmustert. Tote Flöhe zu sammeln, ist wesentlich leichter. Hier genügt es, die Wirtstiere einige Augenblicke Chloroformdämpfen auszusetzen. Pestratten ergreift man mit einer Zange und taucht sie in Brennspiritus. Hierauf sammelt man die Flöhe aus dem Fell der Tiere und aus dem Spiritus, den man durch Baumwolle filtriert. Der Mensch befreit sich von Flöhen, indem er sie auf weiße, hell beleuchtete Tücher oder in Schalen mit hell beleuchtetem Wasser springen läßt.

Untersuchung. Mit Blut vollgesogene Flöhe sind schwer zu untersuchen. Man behandelt sie erst mit heißer Kalilauge, führt sie durch die Alkoholreihe und Xylol und bettet sie endlich in Canadabalsam ein.

Morphologie. Der mehr oder weniger runde Kopf trägt kurze Antennen. Augen sind vorhanden oder fehlen. Der Rüssel besteht aus folgenden Teilen: einer starren, rinnenförmig gehöhlten Stechborste, dem *Epipharynx*, einem Paar von *Mandibeln* mit gezähntem Rand, einem Paar von dreieckigen, blattähnlichen *Maxillen* mit viergliedrigen *Kiefertastern* (*Maxillartastern*) und einer kurzen *Unterlippe*

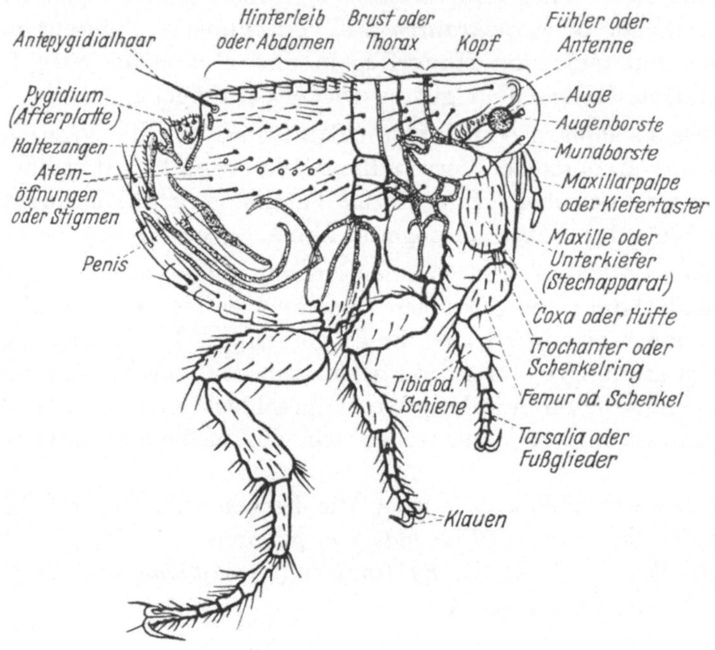

Abb. 54. *Männchen vom Pestfloh* (*Xenopsylla cheopis*). Organisationsschema. In 22 facher Vergrößerung. Nach N. C. Rothschild.

(*Labium*). Letztere umgibt nur den basalen Teil der Mandibeln und des Epipharynx und endet mit zwei *Lippentastern* (*Labellen*). Der Thorax trägt keine Flügel, aber drei Beinpaare von ungleicher Länge. Das erste Paar ist das kürzeste und das dritte das längste. Die Beine dieses letzten Paares sind kräftig und zum Sprung eingerichtet (Abb. 54). Das Abdomen ist beim Weibchen umfangreicher als beim Männchen. Letzteres trägt im Abdomen ein zusammengerolltes Kopulationsorgan, das häufig durch die Körperoberfläche hindurch sichtbar ist. Im Abdomen der Weibchen findet man ein Receptaculum seminis oder Spermatheke und oft ein großes Ei.

Biologie. Die Flöhe sind Ektoparasiten. Sie sind nur selten für eine einzige Tierart spezifisch, im Gegensatz zu einer weitverbreiteten falschen Ansicht. Ein und dieselbe Flohart kann vielmehr auf verschiedenen Säugetieren und Vögeln vorkommen, und umgekehrt kann ein einziger Wirt Träger verschiedener Floharten sein. Diese Insekten sind sehr gefräßig, saugen sich häufig voll und scheiden oft während des Stechens Blut durch den After aus.

Die Weibchen legen ihre Eier in Ritzen, Kleidungsstücke, Streu oder Nester von Tieren ab. Nach einer mehr oder weniger langen Zeit schlüpft eine kleine wurmförmige Larve aus (Abb. 55). Sie ist an der Stirn mit einem kleinen Horn, dem sog. Eizahn, versehen, das ihr zum Durchbohren der Eischale dient. Die Larve nährt sich von verschiedenen Abfällen. Sie häutet sich und webt im Laufe der Weiterentwicklung einen Kokon, worin sich die anfangs weiße, dann bräunliche Puppe entwickelt, aus der das geschlechtsreife Insekt schlüpft.

Einteilung. Die einzigen Flöhe, die den Arzt interessieren, sind die vier folgenden Arten. Sie unterscheiden sich durch das Vorhandensein oder Fehlen besonderer chitinöser Organe, die man wegen ihres Aussehens Kämme oder Ctenidien nennt. Diese befinden sich entweder am dorsalen Hinterende des Prothorax oder am vorderen ventralen Teil des Kopfes. Man spricht demzufolge von *Ctenidien des Vorderrückens* und von *Ctenidien des Kopfes.*

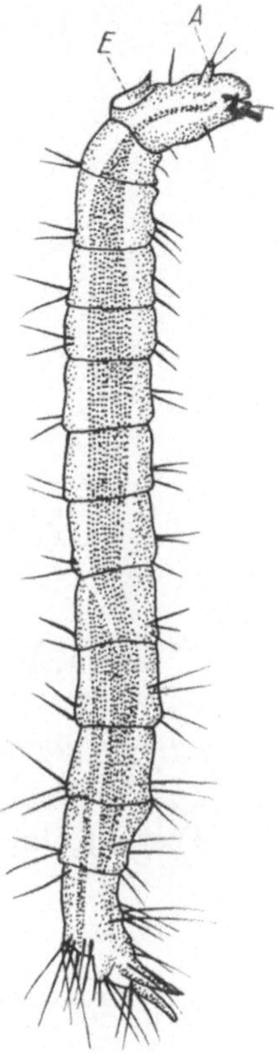

Abb. 55. *Larve vom Menschenfloh* (*Pulex irritans*), die soeben aus dem Ei geschlüpft ist. *A* Antenne oder Fühler, *E* provisorischer Eizahn. In 50facher Vergrößerung.

Ohne Kämme	Eine einzige Borste auf der hinteren Hälfte des Kopfes (Abb. 56, 2)	*Menschenfloh* (*Pulex irritans*)
	Borsten in Form eines V auf der hinteren Hälfte des Kopfes (Abb. 56, 1)	*Tropischer Rattenfloh* (*Xenopsylla cheopis*)
Nur ein Kamm und zwar auf dem Vorderrücken		*Nordischer Rattenfloh* (*Ceratophyllus fasciatus*)
Zwei Kämme, der eine am Kopf, der andere auf dem Vorderrücken		*Hundefloh* (*Ctenocephalus canis*)

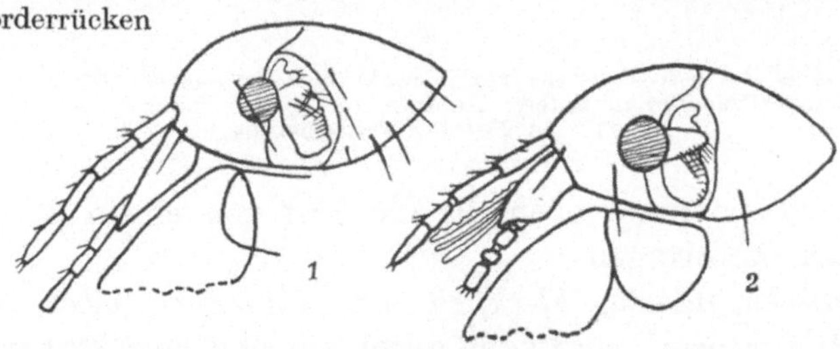

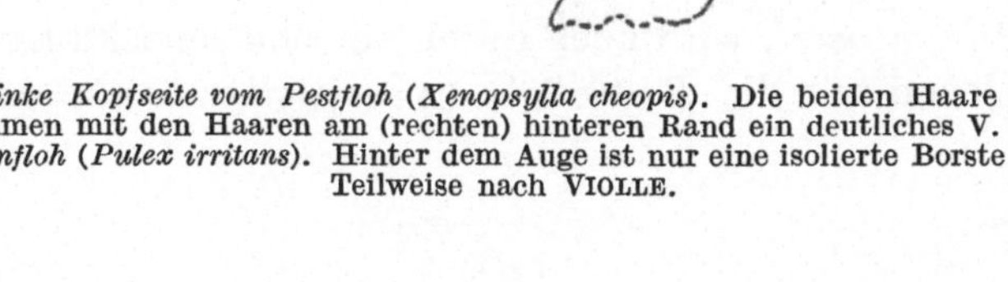

Abb. 56. 1 *linke Kopfseite vom Pestfloh* (*Xenopsylla cheopis*). Die beiden Haare hinter dem Auge bilden zusammen mit den Haaren am (rechten) hinteren Rand ein deutliches V. 2 *linke Kopfseite vom Menschenfloh* (*Pulex irritans*). Hinter dem Auge ist nur eine isolierte Borste vorhanden. Teilweise nach VIOLLE.

Pathogene Bedeutung. Bestimmte Flöhe übertragen die *Beulenpest* auf den Menschen. Man weiß, daß die *Pest* bei den Nagetieren sehr verbreitet ist, besonders bei den Ratten. Als Überträger dient ein Floh, der bei diesen Tieren sehr häufig vorkommt, der *Tropische* oder *Orien-*

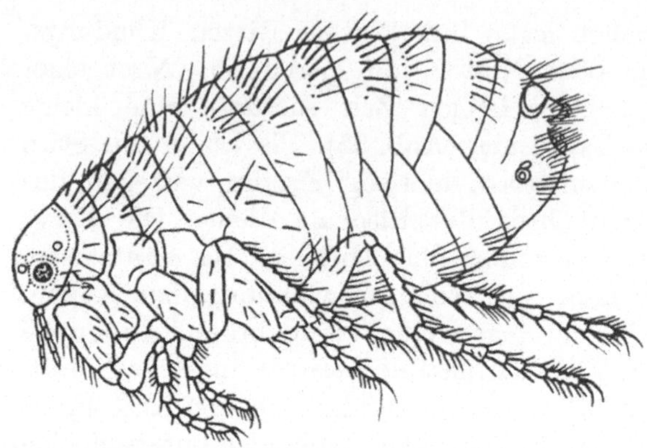

Abb. 57. *Weibchen vom Menschenfloh (Pulex irritans)*. Weder auf dem Kopf am Mund noch auf der Vorderbrust (Prothorax) sind Kämme (Ctenidien) vorhanden. In 25facher Vergrößerung.

talische Rattenfloh oder *Pestfloh (Xenopsylla cheopis)* (Abb. 54 u. 56; 1). Dieser Floh kann den Menschen stechen und, wenn er infiziert ist, die Pest auf ihn übertragen; dazu genügt ein einziger Stich. Der *Menschen-*

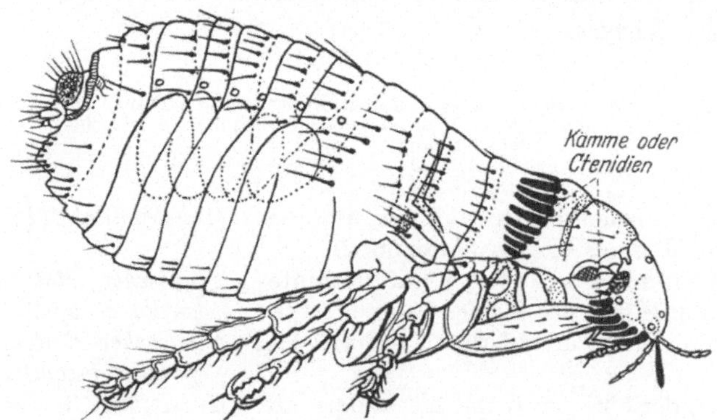

Abb. 58. *Haltung eines Hundeflohes (Ctenocephalus canis) im Augenblick des Stiches*. Diese Flohart besitzt je einen Kamm (Ctenidie) am unteren Kopfrand (am Mund) und auf der Vorderbrust (Prothorax). In 25facher Vergrößerung.

floh (Pulex irritans) kann ebenfalls die Pest von einem Kranken auf einen Gesunden übertragen.

Das *endemische, gutartige Fleckfieber oder Rattenfleckfieber*, verursacht durch *Rickettsia mooseri*, wird auch durch verschiedene Floharten übertragen, von denen wir die *Rattenflöhe (Xenopsylla cheopis* und *Cerato-*

phyllus [= *Nosopsyllus*] *fasciatus*) und den *Hundefloh* (*Ctenocephalus* [= *Ctenocephalides*] *canis*) erwähnen.

Wir fügen noch hinzu, daß zwei Floharten, der *Menschenfloh* (*Pulex irritans*) (Abb. 56, 2 u. 57) und der *Hundefloh* (*Ctenocephalus canis*) (Abb. 58) einem Hundebandwurm, dem sog. *Gurkenkern-Bandwurm* (*Dipylidium caninum*) als Zwischenwirte dienen. Dieser Bandwurm wird auch beim Menschen gefunden. Der *Nordische Rattenfloh* (*Ceratophyllus fasciatus*) ist Zwischenwirt von einem Bandwurm der Nagetiere, nämlich von *Hymenolepis diminuta*. Auch dieser Bandwurm kann gelegentlich Parasit des Menschen sein. Der Flohstich erregt bisweilen ein heftiges Jucken und eine kleine Ekchymosis, die oft von einem Ödem begleitet ist. (Vgl. F. Peus: Die Flohplage und ihre Bekämpfung. Z. hyg. Zool. 1938, H. 5.)

II. Sandfloh (Sarcopsylla penetrans).

Der *Sandfloh* (*Sarcopsylla* [= *Tunga*, = *Dermatophilus*] *penetrans*) sieht im nüchternen Zustand einem gewöhnlichen Floh sehr ähnlich. Er stammt aus dem tropischen Amerika und hat sich über ganz Afrika und Madagaskar verbreitet.

Untersuchuug. Man untersucht den Sandfloh ebenso wie die anderen Flöhe.

Morphologie. Der Sandfloh ist kleiner als der Menschenfloh und kaum 1 mm lang. Man erkennt ihn an seiner eckigen Stirn (Abb. 59) und den Mandibeln, die an den Seiten stark gezähnt sind.

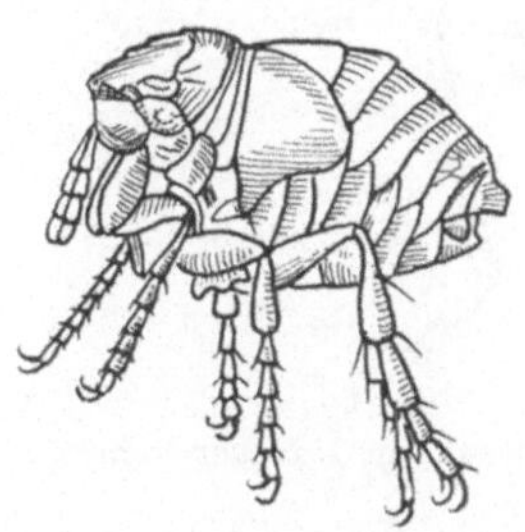

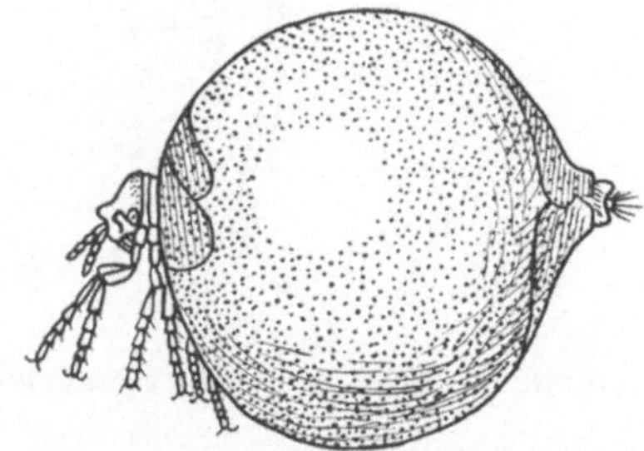

Abb. 59. *Junger Sandfloh* (*Sarcopsylla pene-trans*). In 30facher Vergrößerung.

Abb. 60. *Trächtiges „ausgereiftes" Weibchen vom Sandfloh* (*Sarcopsylla penetrans*). In 3,5facher Vergrößerung.

Biologie. Die Männchen und die unbegatteten Weibchen benehmen sich wie alle Flöhe, das begattete Weibchen aber setzt sich mit Hilfe seines Rüssels fest und bohrt sich allmählich in die Haut ein. In einigen Tagen erreicht es die Größe einer Mistelbeere, deren Farbe es ebenfalls zeigt. Es enthält dann eine große Anzahl Eier (Abb. 60).

Pathogene Bedeutung. Dieses Insekt greift vor allem das Schwein und den Menschen an. Wenn es bei letzterem nicht rechtzeitig entfernt wird, so kann es mehr oder weniger schwere Entzündungen hervorrufen: Phlegmone, Nekrosen von Knochen und Sehnen usw. Die durch diesen Parasiten verursachten Geschwüre können zu Tetanusinfektionen führen. Der gewöhnliche Sitz des Sandflohes ist der Fuß, aber er kann sich auch an den Händen, Ellenbogen und Knien festsetzen.

III. Bettwanzen (Cimicidae).

Die *Bettwanzen* sind blutsaugende Wanzen, flügellos mit eiförmigem, dorsoventral abgeplattetem Körper und von bräunlicher Farbe.

Fang. Da diese Insekten eine nächtliche Lebensweise führen, fängt man sie nachts an den Plätzen, wo sie zahlreich vorhanden sind, tagsüber in Holzverkleidungen, Mauerritzen, in Hühnerställen usw.

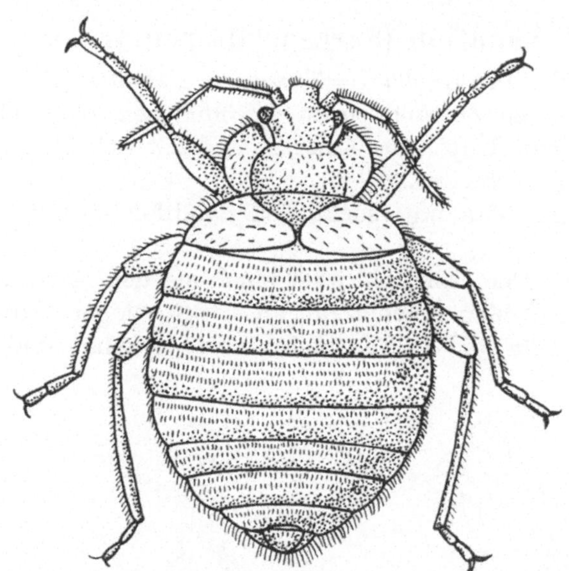

Abb. 61. *Männchen der gemeinen Bettwanze (Cimex lectularius).* In 15facher Vergrößerung.

Untersuchung. Man kann die Bettwanzen wie die anderen Insekten nadeln und unter der Lupe untersuchen, aber es ist besser, die noch nicht vollgesogenen Exemplare in Canadabalsam einzubetten, nachdem man sie in 70%igem Alkohol getötet hat.

Morphologie. Die Bettwanzen sind ungefähr $^1/_2$ cm lang. Der Kopf ist klein und endet mit einem mächtigen Rüssel, der gewöhnlich unter dem Kopf und dem Vorderteil des Thorax zurückgeschlagen liegt. Dieser Rüssel besteht aus einer starren rinnenförmig gehöhlten *Unterlippe (Labium)*, in der vier Stechborsten liegen, je ein Paar *Mandibeln* und *Maxillen*. Die *Oberlippe (Labrum)* ist rudimentär, Hypopharynx und Kieferntaster fehlen. Die Augen sind verhältnismäßig groß und die Antennen von mittlerer Länge (Abb. 61).

Biologie. Diese Insekten leben in menschlichen Wohnungen. Sie verbergen sich tags in Ritzen des Holzwerks, aus denen sie nachts hervorkriechen, um Menschen und Tiere zu stechen. Sie machen eine unvollständige Entwicklung durch (Abb. 62).

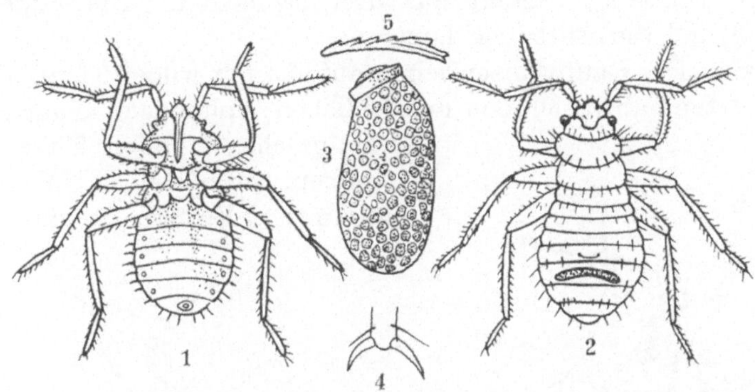

Abb. 62. *Gemeine Bettwanze* (*Cimex lectularius*). Soeben aus dem Ei (3) geschlüpfte Larven von der Bauchseite (1) und von der Rückenseite (2). (4) Die beiden Klauen am Fußende. (5) Ein Larvenhaar stark vergrößert. Nach C. L. Marlatt.

Pathogene Bedeutung. Die Bettwanzen haben nur eine sehr geringe Bedeutung für die menschliche Pathologie. Wir erwähnen nur die *Gemeine Bettwanze* (*Cimex lectularius*) und eine andere Art, die *Tropische Bettwanze* (*Cimex rotundatus* [= *hemipterus*]) Erstere ist ein kosmopolitisches Insekt, zieht aber die gemäßigte Zone der heißen vor, während letztere ein außerordentlich häufiger Parasit der warmen Länder der Alten und Neuen Welt ist. Die einzige Krankheit, die sie anscheinend unter besonderen Bedingungen übertragen können, ist das kosmopolitische Rückfallfieber („Läuserückfallfieber"). Experimentell können sie einige pathogene Erreger übertragen. Der Wanzenstich ruft bisweilen bei Menschen mit zarter Haut eine heftig juckende, von einem Ödem begleitete Quaddel hervor. (Vgl. H. Kemper: Bettwanzenbekämpfung. Z. hyg. Zool. 1937, H. 5.)

IV. Raubwanzen (Reduviidae).

Die *Raubwanzen* oder *Reduvien* sind blutsaugende, große geflügelte Wanzen mit länglichem, dorsoventral abgeplattetem Körper von verschiedener Farbe. Die Arten, die allein eine Bedeutung für die menschliche Pathologie besitzen, kommen in Amerika vor.

Fang. Man fängt die Raubwanzen in Nestern oder in Erdhöhlen wild lebender Tiere und in menschlichen Wohnungen.

Untersuchung. Da es sich hier um große Insekten handelt, steckt man die mit Äther oder Chloroform getöteten Tiere mit einer starken Nadel auf und untersucht sie dann mühelos unter der Lupe.

Morphologie. Diese Insekten sind 2—4 cm lang. Der Kopf ist länglich, der Hals deutlich erkennbar, der Rüssel unter dem Kopf zusammengeschlagen und von gleicher Bildung wie bei den Bettwanzen. Die Unterlippe (Labium) besteht aus drei Segmenten. Die Augen sind mittelgroß und die Antennen lang.

Biologie. Die Raubwanzen leben auf Kosten wilder Tiere, aber bestimmte Arten haben sich den menschlichen Wohnungen angepaßt. Da die geschlechtsreifen Tiere fliegen können, vermögen sie in einer bestimmten Entfernung von ihrem

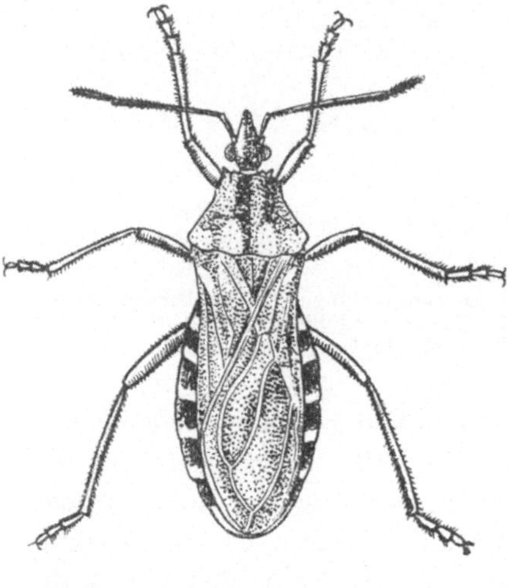

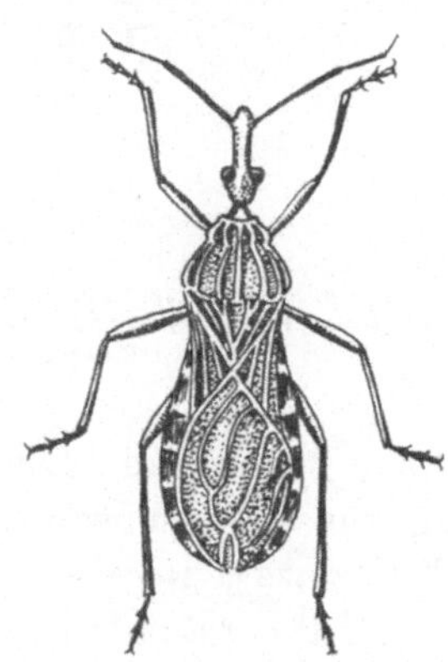

Abb. 63. *Männchen der Brasilianischen Raubwanze Triatoma megista.* Überträger von *Trypanosoma cruzi* in Brasilien. In 2facher Vergrößerung.

Abb. 64. *Männchen der Venezuelischen Raubwanze Rhodnius prolixus.* Überträger von *Trypanosoma cruzi* in Venezuela. In 2facher Vergrößerung.

gewöhnlichen Aufenthaltsort zu stechen. Die Larven und Nymphen besitzen keine Flügel und können daher nur diejenigen Individuen stechen, die mit ihnen unter einem Dache leben. Die Vermehrung geschieht wie bei den Bettwanzen.

Pathogene Bedeutung. Wir erwähnen nur zwei südamerikanische Arten: *Triatoma megista* (Abb. 63), eine 3 cm lange brasilianische Art mit schöner roter Zeichnung auf Thorax und Abdomen, und *Rhodnius prolixus* (Abb. 64), eine Art, die in Venezuela und Kolumbien sehr häufig vorkommt und kleiner als die vorhergehende und von mehr grauer Farbe ist. Beide Arten übertragen eine amerikanische Trypanose auf den Menschen, die wir unter dem Namen *Chagas-Krankheit* kennen. Der *Kot* dieser Insekten enthält hauptsächlich die pathogenen Trypanosomen und vermittelt dadurch die Infektion des Menschen.

V. Läuse im engeren Sinne (Pediculidae).

Die *Läuse* im engeren Sinne sind kleine, nur 1—3 mm lange Insekten mit dorsoventral abgeplattetem Körper von mehr oder weniger blaßgrauer Farbe. Die Männchen sind immer kleiner als die Weibchen.

Sammeln. Man kann die Läuse mit Leichtigkeit auf dem Kopf eines verlausten Kindes sammeln oder auch aus den Kleidungsstücken, die unmittelbar die Haut eines Menschen berühren, der diese Parasiten beherbergt.

Untersuchung. Man kann die Läuse mit Blausäure oder heißem Alkohol töten, aber auch, indem man sie einfach verhungern läßt. Hierauf ist es leicht, sie in Canadabalsam einzubetten.

Morphologie. Der Kopf trägt kurze Antennen, kleine Augen und einen im Ruhezustande *eingezogenen Rüssel*, der aus Mundwerkzeugen besteht, die dem *Labrum* oder *Epipharynx*, dem *Hypopharynx* und dem *Labium* homolog sind. Der Kopf ist durch einen Hals vom Körper mehr oder weniger deutlich getrennt. Flügel fehlen. Die Beine sind kräftig,

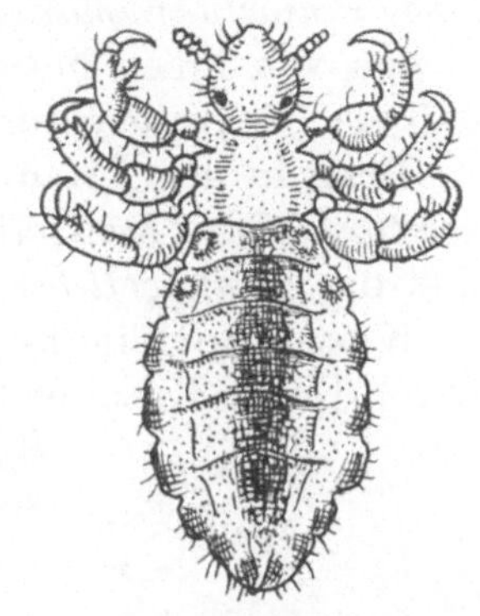

Abb. 65. *Männchen der Kopflaus (Pediculus capitis).* In 15facher Vergrößerung.

verkürzt und mit mächtigen Krallen bewaffnet, wodurch das Insekt sich an Haare und Borsten anklammern kann (Abb. 65).

Der *Darmkanal* umfaßt einen kurzen Pharynx, eine gerade Speiseröhre, einen geräumigen Magen, an dessen Ende vier MALPIGHIsche Gefäße münden, und endlich einen Enddarm, der mit einer Rectalampulle endet.

Biologie. Die Läuse sind ausschließlich blutsaugende und sehr gefräßige permanente Parasiten; ihr Stich ist unangenehm und juckend, außer bei denjenigen Personen, die an diese Parasiten gewöhnt sind.

Die Läuse sind Insekten mit unvollkommener Verwandlung. Die Eier oder *Nissen* (Abb. 66) werden auf Haare oder auf die Haut unmittelbar bedeckenden Gewebefäden abgelegt. Durch ein besonderes, schnell erhärtendes Sekret werden die Eier daran festgekittet. Nach 6—10 Tagen schlüpft die junge, dem geschlechtsreifen Tier ziemlich ähnliche Laus aus dem Ei. Bald erlangt sie Geschlechtsorgane, und schon 18 Tage nach ihrer Geburt hat sie die Fähigkeit, sich zu vermehren.

Einteilung. Die am Menschen parasitierenden Läuse gehören zwei Gattungen an: Es sind dies die Gattung *Pediculus (Kopf-* und *Kleiderlaus)* mit länglichem Körper und die Gattung *Phthirius (= Phthirus) (Filzlaus)* mit gedrungenem Körper.

6*

Pathogene Bedeutung. Die *Filzlaus* oder *Schamlaus* (*Phthirius* [= *Phthirus*] *inguinalis* = *P. pubis*) (Abb. 67) ist ein unbequemer Parasit, aber nach unserer heutigen Kenntnis ohne Bedeutung für die Übertragung irgendeiner Krankheit.

Dagegen sind die *Kopflaus* (*Pediculus capitis*) (Abb. 65) und die *Kleiderlaus* (*Pediculus corporis* = *P vestimenti*) sehr gefährlich Sie werden von mehreren Autoren in *eine* Art unter dem Namen *Menschenlaus* (*Pediculus humanus* = *P hominis*) vereinigt. Die Gefahr liegt nicht in den von ihnen hervorgerufenen lokalen Reizungen, sondern darin, daß sie Überträger von schweren Krankheiten sind.

Denn in der Tat übertragen die Kopflaus und die Kleiderlaus das *kosmopolitische Rückfallfieber* oder *Läuserückfallfieber*, den *Flecktyphus* und das *Fünftagefieber*.

Kosmopolitisches Rückfallfieber oder Läuserückfallfieber. Diese Krankheit ist eine Spirochätose, hervorgerufen durch *Spirochaeta recurrentis*. Da die infektionsfähigen Spriochäten sich in der Leibeshöhle der Laus

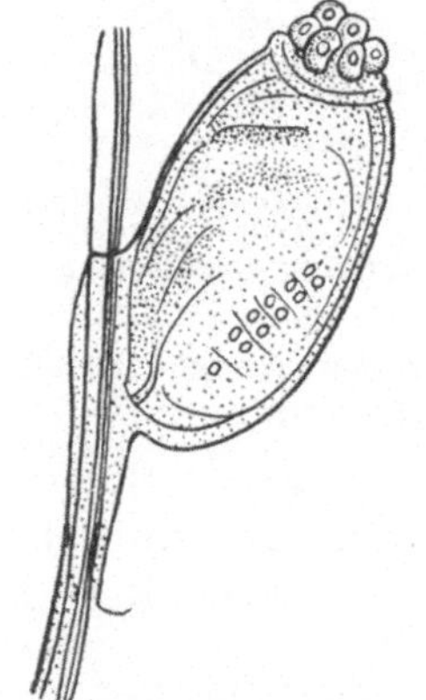

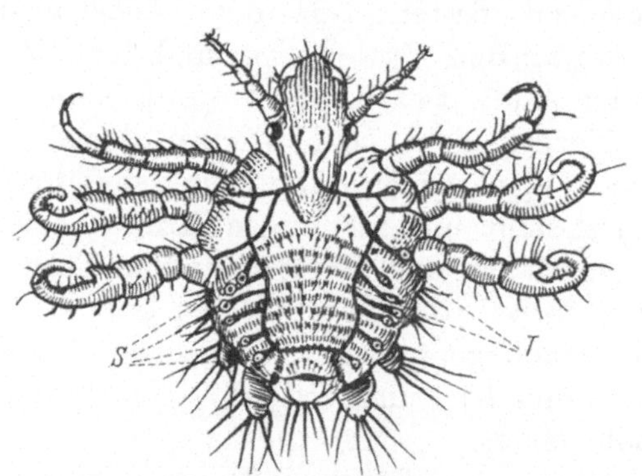

Abb. 66. *Ein Haar mit einem daran festgekitteten Ei der Kopflaus* (*Pediculus capitis*). Stark vergrößert.

Abb. 67. *Schamlaus* (*Phthirius inguinalis*). *S* Stigmen (Atemöffnungen). *T* Tracheen. In 25facher Vergrößerung. Nach R. BLANCHARD, etwas verändert.

befinden, erfolgt die Infizierung nicht durch den Stich, sondern *durch Zerquetschung* der Laus auf der Haut, gewöhnlich durch Verletzungen beim Kratzen.

Flecktyphus oder epidemisches oder bösartiges Fleckfieber. Der Flecktyphus ist eine sehr schwere Krankheit, die besonders bei Massenansammlungen unsauberer Menschen und bei Armeen im Felde herrscht. Sie wird durch die Anwesenheit eines Mikroorganismus im Blut, genannt *Rickettsia prowazeki*, hervorgerufen. Die Läuse übertragen diese Krankheit *durch Stich und durch den Kot*, und zwar kann der Stich eines einzigen Insektes einen tödlichen Flecktyphus verursachen.

Fünftagefieber oder Wolhynisches Fieber. Diese Erkrankung wird durch ein dem vorhergehenden ähnliches Virus verursacht, das unter dem Namen *Rickettsia quintana* bekannt ist. Einige Autoren sind der Meinung, daß die Krankheit durch den *Stich* der Laus übertragen wird, andere dagegen glauben, daß die *Exkremente* die Erreger enthalten und daß letztere durch Kratzwunden in die Haut eindringen. (Vgl. A. HASE u. W. REICHMUTH: Läusebekämpfung. Z. hyg. Zool. **1939**, H. 9/10 und H. EYER: Verlausung und Entlausung unter besonderer Berücksichtigung der Fleckfieberbekämpfung. D. Prakt. Desinf. **33**, 1941, H. 5.)

VI. Blutsaugende Milben: Zecken (Ixodidae und Argasidae) und Laufmilben (Trombidiidae).

Die *blutsaugenden Milben* zeigen dieselbe Lebensweise wie die Insekten, von denen wir soeben gesprochen haben. Wenn diese Milben den Menschen angreifen, wollen sie ebenfalls sein Blut saugen. Zu diesen Milben gehören die *Schildzecken* (*Ixodidae*), die *Lederzecken* (*Argasidae*) (mit den Gattungen *Argas* und *Ornithodorus*) und die *Roten Laufmilben* (*Trombidiidae*).

Sammeln. Die Schildzecken sind bis zu einem gewissen Grade permanente Parasiten, daher muß man sie auf ihrem Wirt suchen. Die Lederzecken führen dagegen eher die Lebensweise der Bettwanzen und verstecken sich tagsüber einerseits in den Mauerritzen menschlicher Wohnungen oder in Tauben- und Hühnerställen (*Argas*), andererseits in der Erde oder im Sande (*Ornithodorus*), wo man sie fangen kann. Die Roten Laufmilben stechen nur im Larvenstadium und sind wegen ihrer Kleinheit schwer zu fangen.

Untersuchung. Die Schild- und Lederzecken sind Riesen unter den Milben. Sie können trocken in Sammlungen aufbewahrt werden, indem man sie wie Insekten nadelt. Man untersucht sie dann unter einer Lupe. Die Larven, die Nymphen und die nüchternen Exemplare, die nicht zu dick sind, werden in heißem 70%igen Alkohol getötet, durch die Alkoholreihe, Xylol und Canadabalsam geführt, um zwischen Objektträger und Deckgläschen eingebettet zu werden. Nun können sie mikroskopisch untersucht werden. Die Roten Laufmilben werden in derselben Weise präpariert.

1. Schildzecken (Ixodidae).

Morphologie. Die *Ixodiden* oder *Schildzecken*, gewöhnlich einfach *Zecken* oder *Holzböcke* genannt, haben einen mehr oder weniger eiförmigen Körper ohne äußere Segmentierung. Der Körper ist flach, wenn die Tiere sich im nüchternen Zustand befinden, wird aber bei vollgesogenen und gesättigten Weibchen gewölbt und umfangreich. Diese können dann eine Länge von 2—3 cm erreichen. Ein Kopfabschnitt tritt nicht deutlich in Erscheinung, wohl aber ein *endständiges, nach vorn gerichtetes Rostrum*. Dieses Rostrum setzt sich zusammen aus einem ventralen „*Rüssel*" oder *Hypostom*, das mit Zähnen versehen ist, deren Spitzen nach hinten gerichtet sind, aus zwei dorsalen *Cheliceren* mit beweglichen Hafthaken und aus zwei *Palpen*. Die letzteren sind an ihrer Innenseite löffel-

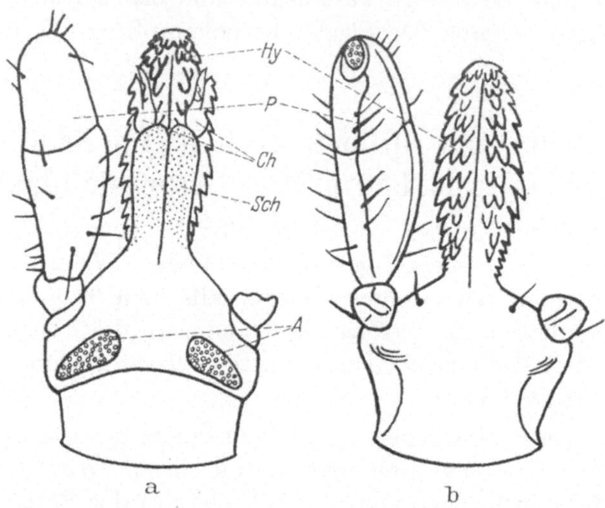

Abb. 68. *Weibchen vom Holzbock* (*Ixodes ricinus*). Kopf (Capitulum) mit Mundwerkzeugen, *a* von der Rückenseite, *b* von der Bauchseite. *Hy* Hypostom oder Rüssel, *P* Palpen, *Ch* Cheliceren, *Sch* Chelicerenscheide, *A* Gruppen von Poren (Areae porosae). In 70facher Vergrößerung. Nach NUTTALL und WARBURTON.

förmig ausgehöhlt und können das Rostrum *umhüllen*, wenn sie sich zusammenlegen (Abb. 68). Der Cephalothorax und das Abdomen sind zu einer einheitlichen Masse verschmolzen und tragen auf der Rückseite einen *Schild*, der beim Weibchen klein, beim Männchen aber sehr entwickelt ist. Es sind *vier* mit *Klauen* und *Haftlappen* (*Pulvillum*) endende Beinpaare vorhanden. Der Geschlechtsdimorphismus ist stark ausgeprägt.

Biologie. Die Schildzecken sind temporäre Parasiten, die sich einige Tage oder Wochen hindurch an Säugetiere, Vögel oder Reptilien heften. Im allgemeinen verlassen sie ihren Wirt nur, um sich zu häuten. Die begatteten Weibchen legen im Dickicht, im Walde oder auf Wiesen mehrere tausend Eier ab; dann trocknen sie ein und sterben. Aus den Eiern schlüpfen *sechsbeinige Larven* — also Tiere mit nur drei Beinpaaren —, die das Blut kleiner Tiere saugen und sich darauf nach einer ersten Häutung in ebenfalls blutsaugende *achtbeinige Nymphen* verwandeln. Nach einer zweiten Häutung gehen aus den Nymphen die geschlechtsreifen Männchen und Weibchen hervor. Je nach den Zeckenarten vollziehen sich diese Häutungen bald auf einem einzigen, bald auf zwei oder drei Wirten.

Einteilung. Zu den eigentlichen Schildzecken oder Ixodiden gehören u. a. folgende Gattungen: *Ixodes, Haemaphysalis, Dermacentor, Amblyomma, Rhipicephalus, Boophilus* (= *Margaropus*) usw. Wir halten es aber für überflüssig, hier die charakteristischen Merkmale zur Bestimmung anzuführen.

Pathogene Bedeutung. Die pathogene Bedeutung der Schildzecken beruht, abgesehen von den vorübergehenden Verletzungen, die durch den Zeckenstich entstehen können, vor allem darin, daß sie verschiedene Rickettsiosen auf den Menschen übertragen, wie das *Felsengebirgsfieber* (*Rocky Mountains Spotted Fever*), das *Exanthematische Zeckenfieber*, das

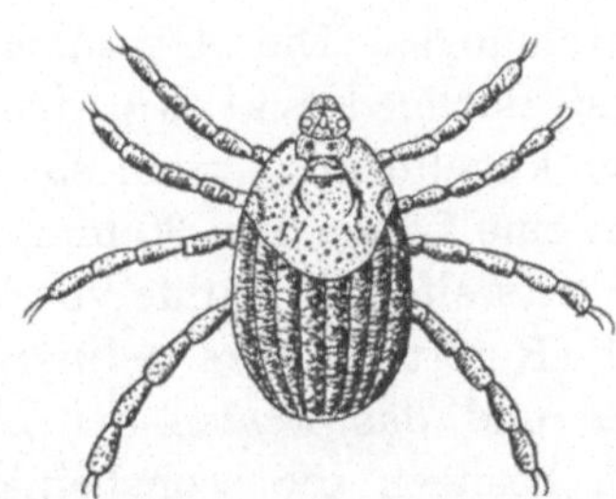

Abb. 69. *Männchen von der Waldzecke Dermacentor andersoni.* In 6facher Vergrößerung.   Abb. 70. *Weibchen von der Waldzecke Dermacentor andersoni.* In 6facher Vergrößerung.

Brasilianische Fleckfieber von São Paulo und das *Zeckenbißfieber*. Ferner übertragen die Zecken auch die *Tularämie* und verursachen die *Zeckenparalyse*.

Rickettsiosen. Das *Felsengebirgsfieber* oder *Rocky Mountains Spotted Fever* wird durch *Rickettsia rickettsi* verursacht und auf den Menschen hauptsächlich von einer *Waldzecke* (*Dermacentor andersoni*) übertragen (Abb. 69 u. 70).

Das *Exanthematische Zeckenfieber* wird durch *Rickettsia conori* verursacht und von einer *Hundezecke* (*Rhipicephalus sanguineus*) übertragen.

Das *Brasilianische Fleckfieber von São Paulo* wird durch *Rickettsia brasiliensis* verursacht und wahrscheinlich von *Amblyomma cayennense* übertragen.

Das *Zeckenbißfieber*, das wahrscheinlich auch eine Rickettsiose ist, wird von *Rhipicephalus simus, R. appendiculatus, Boophilus* (= *Margaropus*) *decoloratus* (*Rinderzecke*) und *Amblyomma hebraeum* übertragen.

Tularämie. Diese Septicämie, deren Übertragung, wie wir bereits erwähnt haben, hauptsächlich durch eine *Blindbremse* der Gattung

Chrysops geschieht, kann auch durch den Stich von verschiedenen *Dermacentor*-Arten, wie von *D. andersoni*, *D. occidentalis*, *D. variabilis* und auch von *Haemaphysalis cinnabarina*, übertragen werden.

Zeckenparalyse. Diese Krankheit, die der Kinderlähmung ähnlich ist, aber nach ihrer Heilung keinerlei Funktionsstörungen hinterläßt, wird in bestimmten Ländern durch den Stich von verschiedenen Schildzecken verursacht, nämlich von: *Ixodes holocyclus*, *I. pilosus*, *I. ricinus*, *I. rubicundus*, *Haemaphysalis cinnabarina* und *Dermacentor andersoni*. Die Zeckenparalyse tritt allerdings nur dann auf, wenn sich die Zecken am Kopf oder in der Nähe der Wirbelsäule festgesetzt haben und hier stechen. Durch den Stich einer einzigen Zecke kann dann der Tod herbeigeführt werden.

2. Lederzecken (Argasidae).

Morphologie. Die *Argasiden* oder *Lederzecken* sind im nüchternen Zustand flachgedrückt wie die Bettwanzen, sie sind aber mehr oder weniger kugelförmig, wenn sie vollgesogen sind. Bestimmte Arten erreichen eine Länge von 30 mm. Die Lederzecken unterscheiden sich im geschlechtsreifen Zustande von den Schildzecken durch ihren ventralen Rüssel (Rostrum), ihre *zylindrischen Palpen*, das *Fehlen des Rückenschildes* und das *Fehlen der Haftlappen* (*Pulvillum*) an den Beinen. Jedoch besitzen die sechsbeinigen Larven der Lederzecken ebenfalls ein endständiges Rostrum und rudimentäre Haftlappen. Trotzdem kann man sie leicht von den Larven der Schildzecken unterscheiden, da sie nicht wie diese einen Rückenschild haben. Außerdem ist bei ·den Argasiden der Geschlechtsdimorphismus sehr gering.

Biologie. Die Argasiden führen im allgemeinen eine nächtliche Lebensweise. Man findet sie in großen Mengen in Hühnerställen, hölzernen Bettgestellen, Mauerritzen, Kuh- und Schweineställen, im Sande in der Nähe von Brunnen, wo sich Karawanen lagern, unter Matten und Teppichen in den Hütten der Eingeborenen usw. Die Lederzecken befallen Vögel und Säugetiere.

Die begatteten Weibchen legen größere und weniger zahlreiche Eier als die Schildzecken, die Höchstzahl beträgt 150. Im Gegensatz zu den Schildzecken sterben die Weibchen der Lederzecken nicht nach der Eiablage, sondern besitzen, nachdem sie sich vollgesogen haben, die Fähigkeit, erneut Eier abzulegen. Außer den Larven von *Ornithodorus moubata* und *O. savignyi*, die erst als Nymphen zum erstenmal Blut saugen, bleiben die *sechsbeinigen Larven* der übrigen Lederzecken einige Minuten bis zu einigen Tagen an ihrem Wirt haften. Die *achtbeinigen Nymphen*, die aus ihnen schlüpfen, saugen sich ebenfalls voll und häuten sich abermals, ehe sie geschlechtsreif werden.

Einteilung. Zwei Gattungen sind zu erwähnen. Die Gattung *Argas* ist durch einen deutlich ausgebildeten, dünnen Körperrand, durch eine *scharfe Trennung der ventralen und dorsalen Seite* und durch das Fehlen der Augen gekennzeichnet (Abb. 71 u. 72).

Die Gattung *Ornithodorus* weist folgende Merkmale auf: ein rundlicher, dicker Körperrand, *keine scharfe Trennung zwischen der dorsalen und ventralen Seite* und in den meisten Fällen das Vorhandensein von Augen (Abb. 73 u. 74).

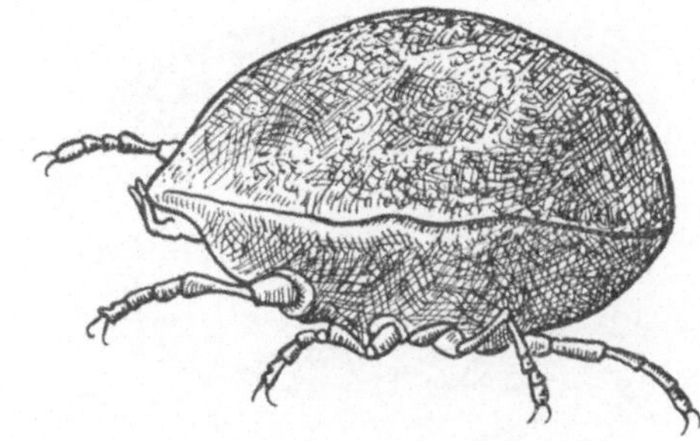

Abb. 71. *Vollgesogenes Weibchen von Argas brumpti* von der Seite in 3facher Vergrößerung. Beachte die *scharfe Trennung* von Rücken- und Bauchseite.

Pathogene Bedeutung. Der Stich dieser Milben kann örtliche Verletzungen und in bestimmten Fällen sogar allgemeine Intoxikationserscheinungen bewirken. Letztere sind jedoch immer nur von kurzer Dauer.

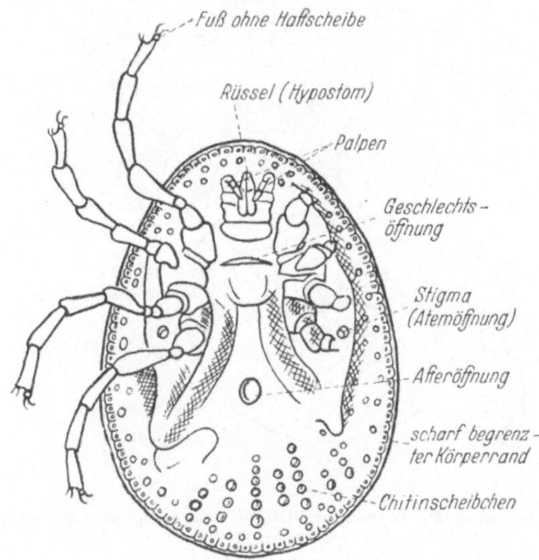

Abb. 72. *Persische Zecke („Wanze") (Argas persicus).* Weibchen von der Bauchseite.

Die Gattung *Argas* überträgt keinerlei Infektionskrankheiten auf den Menschen, aber die Gattung *Ornithodorus* ist Überträger bestimmter Arten von *Rückfallfiebern*.

Zecken-Rückfallfieber. Man spricht von Zecken-Rückfallfiebern zur Unterscheidung von den durch Läuse übertragenen Rückfallfiebern.

Das *afrikanische Rückfallfieber* oder *Zeckenfieber* wird durch *Spirochaeta duttoni* verursacht und von *Ornithodorus moubata, O. savignyi* und *O. erraticus* übertragen.

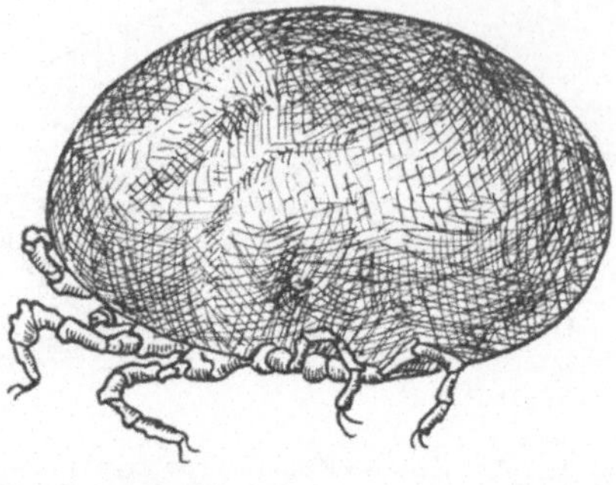

Das *südamerikanische Rückfallfieber*, dessen Erreger *Spirochaeta venezuelensis* (= *S. neotropicalis*) ist, wird von *Ornithodorus venezuelensis* (= *O. rudis*) und *O. talaje* übertragen.

Das *spanische und nordafrikanische Rückfallfieber*, dessen Erreger *Spirochaeta hispanica* ist, wird von *Ornithodorus erraticus* (= *O. marocanus*) übertragen.

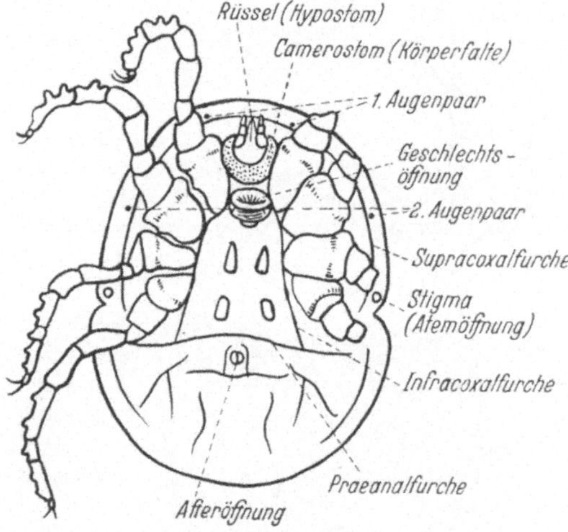

Abb. 73. *Vollgesogenes Weibchen von Ornithodorus moubata* von der Seite in 3facher Vergrößerung. Beachte das *Fehlen einer Grenze* zwischen Rücken- und Bauchseite.

Das *sporadische Rückfallfieber der Vereinigten Staaten* oder *nordamerikanische Rückfallfieber* wird durch *Spirochaeta turicatae* verursacht und von *Ornithodorus turicata* übertragen.

Abb. 74. *Weibchen der Lederzecke Ornithodorus savignyi* von der Bauchseite.

Das *Rückfallfieber Zentralasiens* (sog. „*Miana*") wird durch *Spirochaeta persica* erregt und von *Ornithodorus tholozani* (= *O. papillipes*) übertragen.

3. Rote Laufmilben (Trombidiidae).

Morphologie. Die *sechsbeinigen Larven von Roten Laufmilben* (*Trombidien*) parasitieren am Menschen. Es sind dies kleine, zur Familie der *Trombidiidae* gehörende Milben. Die geschlechtsreifen Tiere haben eine Länge von ungefähr 2 mm, eine lebhaft rote Färbung und leben im allgemeinen nicht parasitisch. Im Gegensatz dazu sind eben die Larven Parasiten der Wirbeltiere und Arthropoden.

Die Larven sind sehr klein, nicht länger als 400 μ und haben eine gewisse Ähnlichkeit mit den sechsbeinigen Larven der Schildzecken.

Biologie. In bestimmten Gegenden trifft man die Larven der Roten Laufmilben während des Sommers und Herbstes in großen Mengen an. Im Volksmund heißen sie *Herbstgrasmilben*. Sie fallen gewöhnlich kleine Säugetiere an, stechen aber auch den Menschen, indem sie an den Beinen emporklettern und sich in der Nähe von Sockenhaltern, Strumpfbändern, Gürteln oder ähnlichen ihnen den Weg versperrenden Hindernissen anhäufen.

Pathogene Bedeutung. Die Larven der Roten Laufmilben

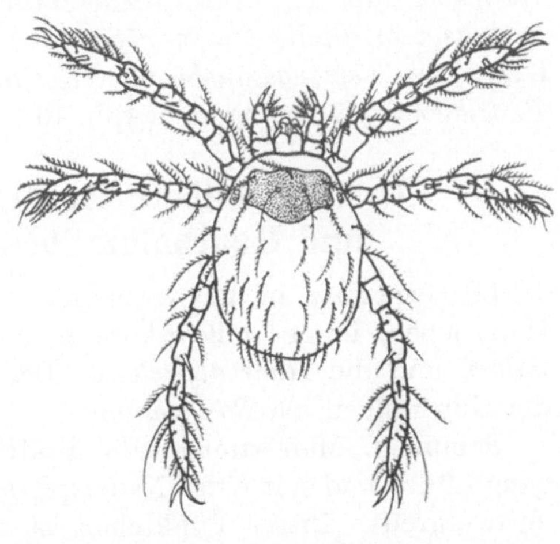

Abb. 75. *Larve der Herbstgrasmilbe* (*Trombicula autumnalis*). In 125facher Vergrößerung. Nach M. ANDRÉ.

unserer Gegenden, von denen eine der wichtigsten Arten die *Herbstgrasmilbe* (*Trombicula autumnalis*) (Abb. 75) ist, rufen verschiedene Beschwerden hervor: lebhaftes Jucken, von rötlichen und violetten Aureolen umgebene Bläschen, bisweilen Fieber und ein ausgedehntes

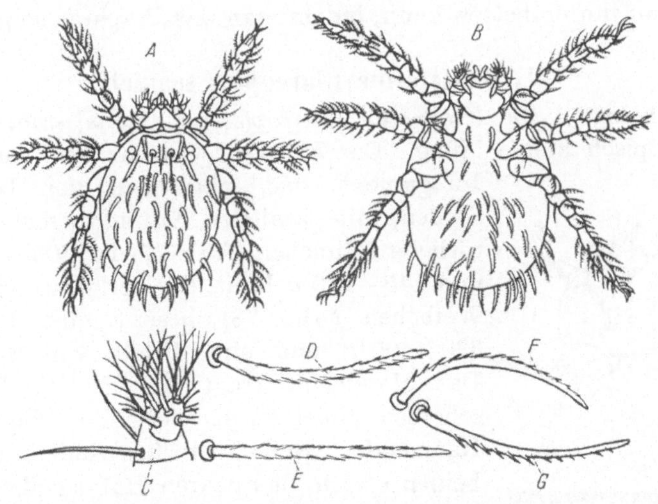

Abb. 76. *Larven der Tsutsugamushi- oder Kedanimilbe* (*Trombicula akamushi*). *A* Rückenseite, *B* Bauchseite, *C* Palpus, *D, E, F, G* verschiedene Körperhaare. *A* und *B* in 60facher Vergrößerung. Nach NAGAYO, MITAMURA und TAMIJA.

Erythem, das unter dem Namen *Herbsterythem* oder *Stachelbeerkrankheit* bekannt ist.

Bestimmte exotische Arten haben dieselbe Lebensweise und übertragen eine ernste Fieberkrankheit auf den Menschen, das *japanische Flußfieber* oder die *Tsutsugamushikrankheit*. Die Krankheit wird durch *Rickettsia orientalis* (= *R. nipponica*) verursacht und durch die roten Larven der *Tsutsugamushi-* oder *Kedanimilbe* (*Trombicula akamushi* und *T. delhiensis*) übertragen. (Abb. 76.)

VII. Hautmilben: Krätzmilben (Sarcoptidae) und Haarbalgmilben (Demodicidae).

Im Gegensatz zu den vorhergehenden sind diese Milben, die in der Haut leben, immer mikroskopisch klein. Hierher gehören die *Krätzmilben* und die *Haarbalgmilben*. Bei den Haustieren bezeichnet man die Hautmilben als *Räudemilben*.

Sammeln. Man sammelt die Krätzmilben, indem man einen Krätzegang öffnet und mit einer Nadelspitze das darin liegende weiße Pünktchen ergreift. Dieses Pünktchen ist nämlich ein Milbenweibchen.

Die Haarbalgmilben sitzen an der Basis der Haarbalgdrüsen der Nasenflügel als sog. Mitesser. Man drückt sie mit den Fingern heraus.

Untersuchung. Man bettet die Krätzmilben in einem Tropfen Lactophenol oder Glycerin zwischen Objektträger und Deckgläschen ein.

Bei den Haarbalgmilben behandelt man den weißen, aus den Haarbalgdrüsen herausgedrückten Mitesser mit Äther, Toluol oder Paraffinöl, worin man ihn einbetten kann, indem man das Präparat sorgfältig umrandet.

1. Krätzmilbe (Sarcoptes scabiei).

Morphologie. Die *Krätzmilbe* (*Sarcoptes* [=*Acarus*] *scabiei*) ist eine mikroskopisch kleine Milbe. Der Körper ist leicht oval und hat ein Integument, das, abgesehen von bestimmten Stellen, mit parallelen Falten versehen ist. Das rötliche Männchen (Abb. 77) ist 200—235 μ lang und 145—190 μ breit, das perlgraue oder rötliche Weibchen (Abb. 78) besitzt eine Länge von 330—400 μ und eine Breite von 250—350 μ. Das Männchen trägt an allen Füßen Haftscheiben, außer an den vorletzten, die mit einem Haar enden. Beim Weibchen finden sich an den beiden ersten Beinpaaren Haftscheiben, an den beiden letzten Haare. Der After liegt am hinteren Ende der dorsalen Seite.

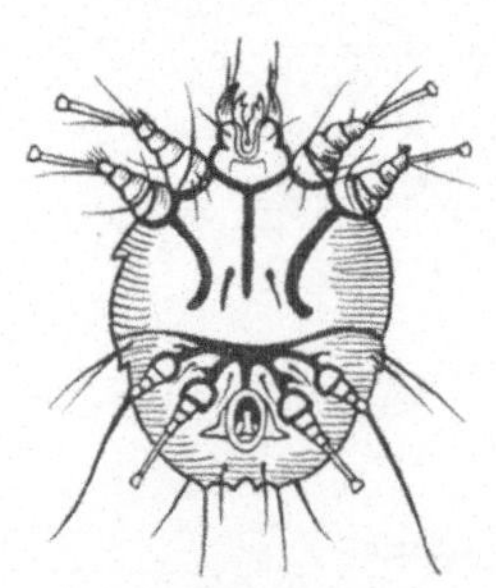

Abb. 77. *Männchen der Krätzmilbe* (*Sarcoptes scabiei*) von der Bauchseite gesehen in 125facher Vergrößerung.

Biologie. Das eierlegende Weibchen hält sich am Ende des Ganges auf, den es in die dünnen Stellen der Epidermis gebohrt hat, das Männchen lebt entweder auch im Gang oder häufiger noch außerhalb unter Epidermisschuppen, wo es als bräunlicher Punkt erscheint.

Die Eier, die das Weibchen beim Einbohren in den Gang ablegt, sind 150 μ lang und 100 μ breit. Die zuerst gelegten und daher am weitesten entwickelten Eier befinden sich am Eingang des Ganges (Abb. 79). Aus dem Ei schlüpft eine *sechsbeinige Larve*, die sich in eine

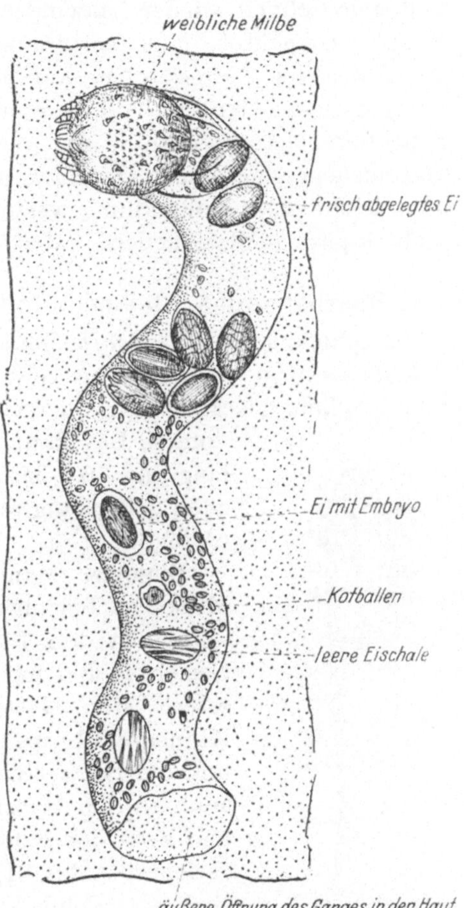

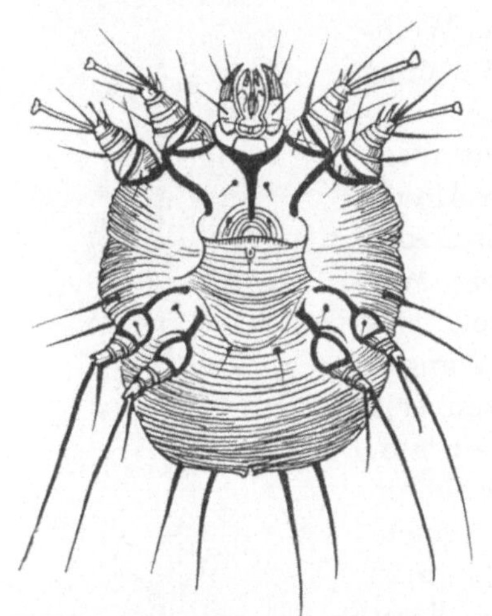

Abb. 78. *Weibchen der Krätzmilbe (Sarcoptes scabiei)* von der Bauchseite gesehen in 125facher Vergrößerung.

Abb. 79. *Krätzmilbe (Sarcoptes scabiei).* Milbengang in der Haut. Halbschematisch. Nach RAILLIET.

achtbeinige Nymphe verwandelt, aus der bald das *geschlechtsreife Männchen* oder *Weibchen* hervorgeht. Die Begattung findet statt, und das begattete Weibchen wird größer und schreitet zur Eiablage. Es bohrt nun einen neuen Gang zum Zweck der Eiablage, den sog. *Muttergang* oder *Tokostom.*

Pathogene Bedeutung. Die Krätzmilbe ist der Erreger der menschlichen *Krätze,* deren objektive Kennzeichen die *Bohrgänge* und die *kleinen perlenartigen Bläschen* sind, die an den Stellen liegen, wo die Weibchen sich einbohren.

Zahlreiche Unterarten der *Krätzmilbe* (*Sarcoptes scabiei*) verursachen Krätze bei verschiedenen Säugetieren, doch können bestimmte Unterarten auch auf den Menschen übergehen, eine gewisse Zeit dort leben und eine schnell wieder schwindende Krätze hervorrufen. In diesen Fällen beobachtet man fast immer das *Fehlen der Bohrgänge*. Eine solche auf den Menschen übergegangene Krätze, die normalerweise für Säugetiere charakteristisch ist, verursacht sehr verschiedenartige, juckende Hautausschläge, die aber leicht einer Behandlung weichen, wenn sie nicht sogar spontan heilen.

2. Haarbalgmilbe (Demodex folliculorum).

Morphologie. Die *Haarbalgmilbe* (*Demodex folliculorum*) ist ebenfalls eine sehr kleine Milbe von länglicher Gestalt mit quergestreiftem Abdomen. Das Männchen ist 300 μ lang und 40 μ breit, das Weibchen 380 μ lang und 45 μ breit (Abb. 80).

Biologie. Man findet diese Milben bei Personen aller Altersstufen in den Talgdrüsen des Gesichtes und in den sog. Mitessern der Nasenflügel, des Kinnes, der Lippen, der Wangen und der Stirn. Sie halten sich auch in den Haarfollikeln auf, und zwar den Kopf nach unten gerichtet (Abb. 81). In einem einzigen Follikel zählt man oft eine große Anzahl dieser Milben.

Die Eier sind 60—80 μ lang und 40—50 μ breit. Aus ihnen schlüpfen Larven aus, die anfänglich keine, dann 6 Beine

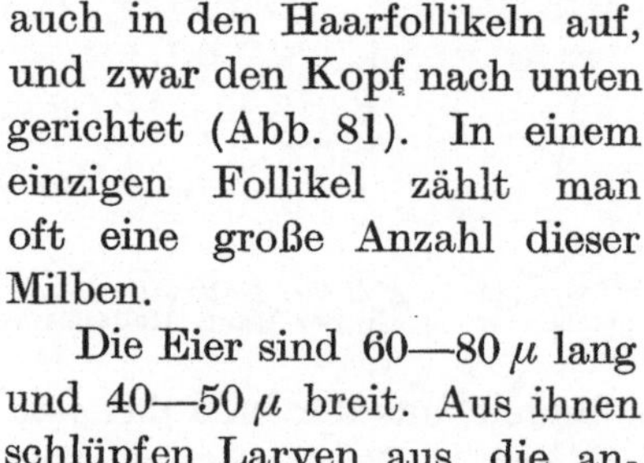

Abb. 80. *Haarbalgmilbe* (*Demodex folliculorum*) in 200facher Vergrößerung. *K* Kiefertaster.

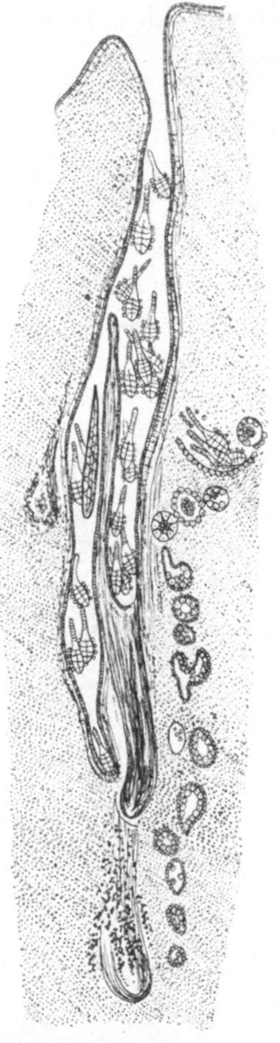

Abb. 81. *Haarbalgmilben* (*Demodex*) *in einem Haarbalg eines Hundes.* Die Milben haben das Ende des Follikels erreicht. Nach NEUMANN.

haben, sich in achtbeinige Nymphen und endlich in geschlechtsreife Tiere verwandeln.

Pathogene Bedeutung. Diese Parasiten scheinen ungefährlich zu sein, obgleich einige Autoren ihnen eine Bedeutung für die Ätiologie verschiedener Epitheliome der Brust und des Gesichtes („Mitesser“) und auch bei der Übertragung der Lepra zwischen Familienmitgliedern beimessen.

Dritter Abschnitt.

Fadenwürmer (Nematodes).

Die **Fadenwürmer (Nematodes)** gehören zu den *Nemathelminthes* oder *Rundwürmern* und sind zylindrische, von einer Albuminoidcuticula umgebene, nicht segmentierte Würmer ohne gegliederte Extremitäten. Ein durchgehender Darmkanal ist vorhanden. Die Tiere sind getrenntgeschlechtlich.

Sammeln. Um bei Sektionen kleine, im Menschen parasitierende Fadenwürmer, z. B. Hakenwürmer, zu sammeln, bringt man den Darminhalt in große Gefäße, verdünnt ihn mit physiologischer Kochsalzlösung und läßt ihn sich einige Augenblicke absetzen. Hierauf dekantiert man das Wasser, in dem die leichtesten Bestandteile suspendiert sind. Dieses Verfahren wiederholt man mehrfach und läßt jedesmal etwa 5 Minuten lang den Bodensatz sich setzen. Man hört hiermit erst auf, wenn das Wasser nicht mehr trübe ist. Auf diese Weise kann man alle Fadenwürmer in etwa 20 Minuten sammeln. Da die Würmer oft durch den Darminhalt verunreinigt sind, reinigt man sie, indem man sie in kleine, zu einem Drittel mit physiologischer Kochsalzlösung gefüllte Röhrchen bringt, den Daumen auf die Öffnung des Röhrchens hält und kräftig schüttelt.

Das beste Verfahren, Fadenwürmer zu töten und im ausgestreckten Zustand zu fixieren, ist folgendes: Man erwärmt 70% Alkohol, bis Blasen aufzusteigen beginnen, und bringt die lebenden Würmer hinein. Hierauf konserviert man sie in Alkohol.

Untersuchung. Die großen Fadenwürmer wie der Spulwurm oder der Medinawurm können mit bloßem Auge oder der Lupe untersucht werden. Aber die Nematoden sind zum größten Teil klein, und diese können nur mikroskopisch untersucht werden. Das ist der Fall bei den Madenwürmern, Peitschenwürmern, Hakenwürmern, Strongyloides, Trichinen und bestimmten Filarien.

Die beste Methode zum Einbetten der Fadenwürmer ist folgende: Man bringt die in Alkohol konservierten Tiere in eine Mischung, die zu gleichen Teilen aus 70% Alkohol, Glycerin und Wasser besteht. Diese Mischung setzt man mit den Würmern so lange in ein Dampfbad, bis am Grunde des Röhrchens beinahe nur das reine Glycerin übrigbleibt. Dann bettet man das Material zwischen Objektträger und Deckgläschen ein und umrandet das Präparat sorgfältig, damit das Glycerin nicht verdunstet; dieses ist die einzige Schwierigkeit bei diesem Verfahren. Um die stets schwierige Umrandung zu vermeiden, kann man die Nematoden in *Glyceringelatine* einbetten (1 Gewichtsteil Gelatine, 2 Wasser, 4 Glycerin). Diese Mischung bietet den Vorteil, daß sie fest wird.

Morphologie. Äußerlich bietet ein Fadenwurm das Aussehen von einem wurmförmigen, langen, zylindrischen, festen und elastischen Organismus, meistens von weißlicher Farbe. Die Größe ist außerordentlich verschieden. Es gibt Fadenwürmer, die über 1 m, andere die kaum 1 mm lang sind. Auch das Verhältnis der Körperlänge zum Querschnitt ist ungemein wechselnd. Das Vorderende des Körpers trägt Lippen oder Papillen, deren Anzahl je nach den Arten verschieden ist, bisweilen ist eine Art Kapsel, die sog. Mundkapsel, vorhanden. Das Hinterende ist bei den Weibchen zugespitzt und meistens gerade, bei den Männchen hingegen von wechselnder Form. Es kann konisch zugespitzt und ventral oder dorsal eingerollt sein, oder es zeigt eine trichterartige Hautfalte, die sog. Bursa copulatrix oder caudalis. Die Männchen sind im allgemeinen kleiner als die Weibchen und unterscheiden sich noch von den letzteren durch das Vorhandensein von ein oder zwei Spicula, die mehr oder weniger aus der Kloakenöffnung herausragen.

Der Körper der Fadenwürmer hat mehrere Öffnungen. Der am Vorderende zwischen den Lippen oder Papillen gelegene *Mund* führt entweder direkt in die Speiseröhre oder ist von ihr durch eine besondere Erweiterung, die Mundkapsel, getrennt. Ein *Exkretionsporus* befindet sich an der Ventralseite nicht weit vom Vorderende, und endlich finden wir noch einen fast endständigen *After*. Beim Männchen stellt die Afteröffnung eine sog. Kloake dar, d. h. es münden der Darmkanal und die Geschlechtsorgane gemeinsam aus. Beim Weibchen ist die *Vulva* vom After getrennt und befindet sich auf der Ventralseite des Körpers, entweder in der Nähe des Afters oder in der Körpermitte oder auch in der Nähe des Vorderendes. Ihre Lage wechselt eben bei den verschiedenen Arten und kann an einem beliebigen Punkt der Ventralseite liegen.

Der *Darmtrakt* ist ein einfacher, den ganzen Körper in gerader Linie durchlaufender Kanal. Er zeigt bisweilen Anschwellungen im Bereich der Speiseröhre.

Es ist von Nutzen, wenn man weiß, daß der Pharynx immer die Form eines Y hat. Dadurch kann man die Lage der Lippen und der Zähne oder der sog. Pharyngeal-Schneideplatten genau festlegen. Man trifft die eben erwähnten Organe bei vielen Nematoden. Sie sind entstanden durch Hypertrophie von 1, 2 oder 3 Pharyngealläppchen, deren Form und Lage eben durch die 3 Äste des Y bedingt sind. Man kann hieraus z. B. schließen, daß der Spulwurm, der eine dorsale und zwei seitlich-ventrale Lippen besitzt, keine ventrale Lippe haben kann.

Die *männlichen Geschlechtsorgane* bestehen aus einem röhrenförmigen *Hoden* und einem *Canalis (Vas) deferens*, der in die Kloake ausmündet.

Die *weiblichen*, meist paarigen *Geschlechtsorgane* bestehen aus *zwei* röhrenförmigen *Ovarien*, auf die je ein *Uterus folgt*. Beide Uteri vereinigen sich zu einer einzigen *Vagina*, deren Länge verschieden ist und die mit der Vulva ausmündet.

Biologie. Die Biologie der Fadenwürmer ist bei den einzelnen Arten sehr verschieden. Daher werden wir uns bei jeder Art besonders mit ihr beschäftigen.

Vorkommen. Die im Menschen parasitierenden Fadenwürmer werden in dem Darm, der Muskulatur, dem subcutanen Bindegewebe und in den Lymph- oder Blutgefäßen gefunden.

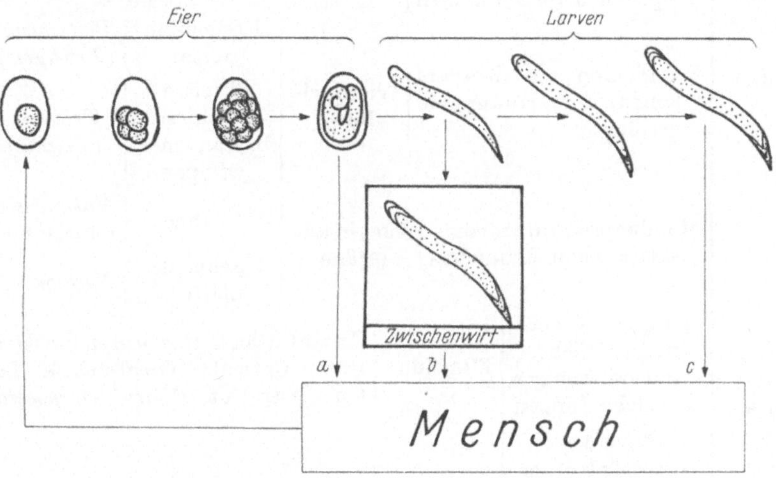

Abb. 82. *Schema der Nematodenentwicklung.* Der Mensch infiziert sich mit Fadenwürmern auf 3 verschiedenen Infektionswegen: *a* mit embryonierten (larvenhaltigen) Eiern (*Ascaris, Enterobius, Trichuris*), *b* mittels eines aktiven (*Wuchereria, Loa, Onchocera, Microfilaria*) oder passiven Zwischenwirtes (*Trichinella, Dracunculus*), *c* mit infektionsfähigen Larven (*Strongyloides, Ancylostoma, Necator*). Nach F. Schmid, verändert.

Vermehrung. Die Fadenwürmer sind ovipar oder vivipar, d. h. sie legen Eier ab oder gebären lebendige Junge. Einige Nematoden haben eine direkte Entwicklung und demzufolge nur einen einzigen Wirt, andere durchlaufen einen besonderen Entwicklungscyclus und parasitieren nacheinander in zwei verschiedenen Wirten (Abb. 82). Der Endwirt beherbergt die geschlechtsreifen Fadenwürmer und der Zwischenwirt die Larven.

Es ist zu beachten, daß die parasitischen Fadenwürmer, wie übrigens alle Helminthen, niemals im Körper ihres Wirtes den ganzen Entwicklungscyclus durchlaufen. D. h. die geschlechtsreifen Würmer können sich nicht innerhalb ihres Endwirtes vermehren und wieder zum Geschlechtstier entwickeln. Die Würmer verbringen vielmehr immer einen bestimmten Zeitraum ihres Lebens in der Außenwelt oder im Zwischenwirt.

Einteilung. Die wichtigsten im Menschen parasitierenden Fadenwürmer können in folgende Familien eingeordnet werden.

Entwicklung ohne Zwischenwirt (außer bei der Trichine)	Dicker Körper 3 Lippen 2 Spicula beim Männchen	**Ascaridae**		Spulwurm (Ascaris)
	3 od. 6 wenig deutl. Lippen Pharyngealbulbus 1 Spiculum beim Männchen	**Oxyuridae**		Madenwurm (Enterobius)
	Kleine Fadenwürmer 2 Anschwellungen der Speiseröhre 2 Spicula beim Männchen	**Rhabditidae**		Zwergfadenwurm (Strongyloides)
	Vorderende des Körpers lang u. dünn, Hinterende verdickt	**Trichinellidae**	1 Spiculum ovipar	Peitschenwurm (Trichuris)
			2 spitze Anhängsel b. Männchen vivipar	Trichine (Trichinella)
	Mundkapsel, Bursa copulatrix beim Männchen	**Ancylostomidae**	4 Zähne	Hakenwurm (Ancylostoma)
			2 Schneideplatten	Necator
Entwicklung mit Zwischenwirt	Langer Körper, zwei seitliche, mehr od. weniger deutliche Lippen	**Filariidae**	Glatte Cuticula	Haarwurm (Wuchereria)
			Rauhe Cuticula	Wanderfilarie (Loa)
			Quergestr. Cut.	Filarie (Onchocerca)
	Stark verlängerter Körper, keine Lippen, Männchen viel kleiner als Weibchen, vivipar	**Philometridae**		Medinawurm (Dracunculus)

I. Spulwurm (Ascaris lumbricoides).

Morphologie. Der *Spulwurm* (*Ascaris lumbricoides*) (Abb. 83 u. 84), die einzige den Mediziner interessierende Art der Gattung *Ascaris*, ist ein großer Fadenwurm. Das Männchen ist 15—17 cm lang und 3,2 bis 4 mm breit, das Weibchen besitzt eine Länge von 20—25 cm und eine Breite von 5—6 mm. Das Männchen ist also kleiner als das Weibchen und unterscheidet sich von letzterem außerdem durch das krummstabförmig, ventral eingerollte Hinterende. An diesem Ende kann man mit bloßem Auge und noch besser mit der Lupe zwei kleine bräunliche Spicula erkennen, wenn sie ausgestülpt sind.

Der Körper ist weiß oder rötlich, dehnbar und besitzt am Vorderende rings um den Mund kleine Ausweitungen oder Lippen, von denen die eine dorsal, die beiden anderen seitlich-ventral liegen.

Biologie. Der geschlechtsreife Spulwurm lebt im Dünndarm und kann von dort in verschiedene Organe eindringen. Seine Entwicklung

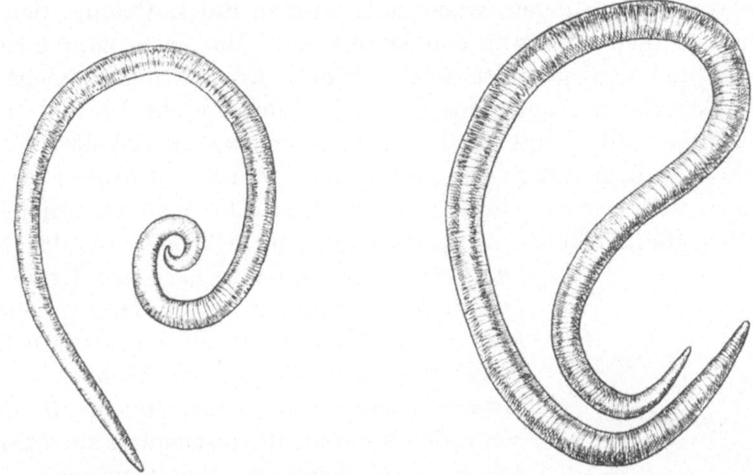

Abb. 83. *Spulwurm (Ascaris lumbricoides)*, Männchen in natürlicher Größe.

Abb. 84. *Spulwurm (Ascaris lumbricoides)*, Weibchen in natürlicher Größe.

findet ohne Zwischenwirt statt. Das Weibchen ist ovipar, die Eier (Abb. 3 u. 85a, b) sind 50—75 μ lang und 40—60 μ breit und besitzen eine dicke, mit kleinen Buckeln versehene Schale. Sie sind im Augenblick der Eiablage noch ungefurcht, werden mit dem Kot ausgeschieden und

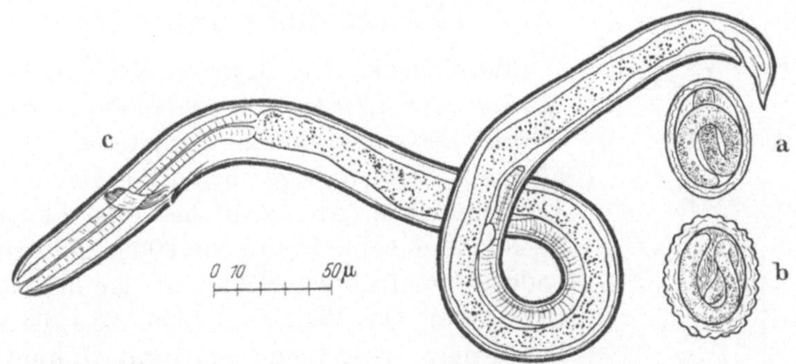

Abb. 85. *Entwicklungsstadien vom Spulwurm (Ascaris lumbricoides)* a und b: Ei mit Larve, c Larve aus der Luftröhre einer Ratte, die 8 Tage nach der Fütterung mit larvenhaltigen Eiern getötet wurde. Die Figuren a, b und c sind in demselben Maßstab gezeichnet.

gelangen ins Freie. Dort geht der Furchungsprozeß vonstatten, und es entsteht die Larve im Ei. Die Entwicklungsdauer ist je nach den klimatischen Verhältnissen sehr verschieden. *Die Infektion erfolgt mit dem die Larve enthaltenden Ei.* Wenn das Ei mit Trinkwasser oder verunreinigter pflanzlicher Nahrung in den Magen des Menschen gelangt, schlüpft die Larve aus dem Ei. Ist die *Larve* (Abb. 85 c) *einmal frei, so dringt sie in die Wand des Darmkanals ein und wandert auf dem Blutweg in die Leber und die Lunge.* In letzterer verursacht sie mehr oder weniger ernste Störungen, wandert hierauf in die Luftröhre, den Pharynx und endlich wieder in den Darmkanal. Im Darm häutet sie sich mehrmals und wird geschlechtsreif. Eine Autoinfektion ist nicht möglich, da das Ei im Augenblick der Ablage ungefurcht ist und erst infektionsfähig wird, wenn die Larve vollkommen entwickelt ist.

Pathogene Bedeutung. Die Anwesenheit von Spulwürmern im Darm verursacht sehr verschiedene Erscheinungen, die man in den meisten Fällen bei Helminthosen beobachtet und die sich entweder in Magen-Darm-Störungen oder in nervösen Erscheinungen äußern. Kommt es zu Massenbefall, so können die Spulwürmer rein mechanisch Darmverschluß herbeiführen. Sie können auch den Darm verlassen und in den Magen, die Speiseröhre, den Schlund, die Nasengänge, die Atmungswege, die Gallengänge, den Gehörgang (Tuba Eustachii), den Tränenkanal einwandern, ja sogar die perforierte Darmwand durchbohren und nach Bildung eines sog. Wurmabscesses durch die Bauchwand nach draußen gelangen.

II. Madenwurm (Enterobius vermicularis).

Morphologie. Die *Oxyuren, Spring-, Kinder-, Maden-* oder *Afterwürmer* (*Enterobius* [=*Oxyuris*] *vermicularis*) sind kleine Nematoden, die man aber mit bloßem Auge noch gut erkennen kann. Das Männchen (Abb. 86 b) hat eine Länge von 3—5 mm und eine Breite von 200 μ. Das Hinterende ist ventral eingerollt und ziemlich stumpf (Abb. 86 c). Das Weibchen (Abb. 86 a) ist merklich größer, 9—12 mm lang und $^1/_2$ mm breit. Der Körper endet mit einem sehr dünnen Schwanz, der den Parasiten die Bezeichnung „*Oxyuren*" oder „*Pfriemenschwänze*" eingetragen hat.

Biologie. Die Madenwürmer beiderlei Geschlechts verbringen den ersten Teil ihres Lebens im letzten Teil des Dünndarms und wandern dann in den Dickdarm, den Blinddarm und

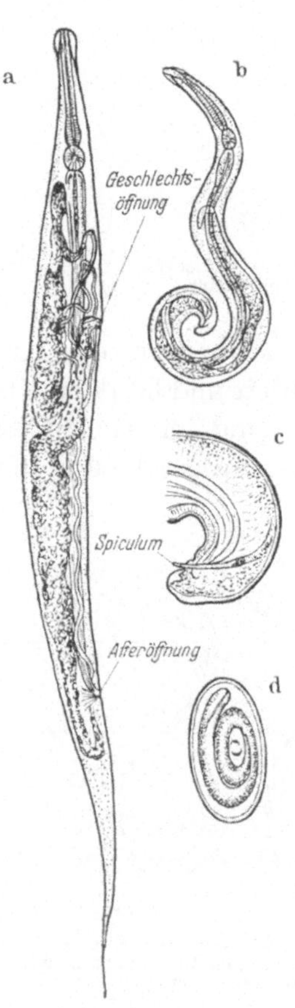

Abb. 86. *Madenwurm* (*Enterobius vermicularis*). *a* Weibchen, *b* Männchen, beide in zehnfacher Vergrößerung. *c* eingerolltes Hinterende des Männchens mit Spiculum. *d* Ei. Nach LEUCKART.

den Wurmfortsatz. Die Entwicklung ist direkt. Die begatteten Weibchen begeben sich in das Rectum und bleiben in der Nähe der Afteröffnung. Sie sind ovipar, und die Eier (Abb. 3 u. 86d), die eine Länge von 50—60 μ und eine Breite von 30—32 μ haben, enthalten bereits bei der Eiablage eine Larve. Die Eier werden entweder noch im Darm in der Nähe des Afters oder außerhalb des Darmkanals abgelegt, so daß sie nicht mit den Exkrementen in Berührung kommen. Letzteres ist der Anlaß, daß man sie *nur ausnahmsweise bei Kotuntersuchungen antrifft*. Dagegen findet man die Eier, wenn man den After mit einem Löffel oder dergleichen abschabt und das so erhaltene *Analschabsel* oder auch den *Fingernagelschmutz* mikroskopisch untersucht. Die embryonierten, larvenhaltigen Eier sind vom Augenblick der Ablage an infektionsfähig. Daher ist auch *Autoinfektion möglich* und kommt auch außerordentlich häufig vor, besonders bei Kindern. Denn diese bringen häufig, nachdem sie sich gekratzt haben, ihre Hände an den Mund und verschlucken auf diese Weise beständig Eier, bisweilen sogar ganze eiertragende Weibchen.

Wenn die Eier bis in den Magen gekommen sind, schlüpfen die Larven aus, gelangen in den Darm und verwandeln sich nach mehreren Häutungen in geschlechtsreife Tiere.

Pathogene Bedeutung. Die Madenwürmer, die besonders häufig bei Kindern vorkommen, sind die Ursache eines oft heftigen *Juckens in der Aftergegend*, welches meist abends beim Schlafengehen auftritt. Das Jucken kann von Schmerzen und Stuhlzwang begleitet sein. Man beobachtet oft nervöse Erscheinungen und geschlechtliche Störungen. Die Madenwürmer können sich weit von ihrem normalen Aufenthaltsort entfernen, tun es aber seltener als die Spulwürmer. *Die Madenwürmer sind diejenigen Nematoden, die man am häufigsten im Wurmfortsatz findet.*

III. Zwergfadenwurm (Strongyloides stercoralis).

Morphologie. Der Erreger der Darm-Anguillulosis, der *Zwergfadenwurm (Strongyloides stercoralis)*), ist ein sehr kleiner Fadenwurm, dem bloßen Auge unsichtbar und besonders bemerkenswert, weil er einen Generationswechsel besitzt. Es bestehen nämlich zwei Generationen, die miteinander abwechseln, wie wir später sehen werden. Die eine Generation lebt parasitisch, die andere frei.

Die *parasitische, intestinale, filariforme* oder *strongyloide Generation* (Abb. 87) besteht nur aus Weibchen. Diese sind 2,2 mm lang und 34 μ breit. Die Vulva liegt im hinteren Drittel des Körpers, und der Uterus enthält 5—9 ellipsoide Eier von 50—58 μ Länge und 30—34 μ Breite.

Die *frei lebende, stercorale* oder *rhabditiforme Generation* besteht aus beiden Geschlechtern. Das Männchen ist 0,7 mm lang und 36 μ breit, sein Schwanz ist fadenförmig gebogen, und es besitzt zwei 30 μ lange gekrümmte Spicula. Das Weibchen ist 1 mm lang und 50 μ breit. Die Vulva liegt etwas hinter der Körpermitte. Die ellipsoiden, von einer zarten Hülle umgebenen Eier haben eine Länge von 70 μ und eine Breite von 45 μ.

Biologie. Das parthenogenetische Weibchen der parasitischen Generation lebt in der Wand des Dünndarmes und legt seine Eier in den Drüsen oder in dem Darmepithel ab. Am häufigsten werden die Eier aber im Darmlumen abgelegt, und die dort ausgeschlüpften Larven werden mit dem Kot ausgeschieden. Diese *rhabditiformen Larven* sind im allgemeinen 200—300 μ lang und 14—16 μ breit und zeigen eine Anlage von Geschlechtsorganen. Sie können sich entweder direkt oder indirekt entwickeln (vgl. oben S. 5).

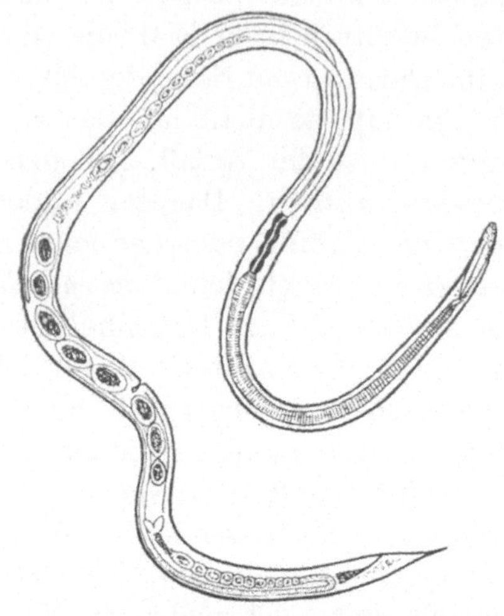

Abb. 87. *Zwergfadenwurm (Strongyloides stercoralis)*, parthenogenetisches Weibchen in 72facher Vergrößerung. Nach Looss.

Bei der *direkten Entwicklung* entstehen aus den rhabditiformen Larven *strongyloide* oder *filariforme*, infektionsfähige *Larven*. Wenn diese in den Darmkanal des Menschen gelangt sind, können sie sich in *parthenogenetische Weibchen* verwandeln, die wir oben gleich zuerst besprochen haben.

Bei der *indirekten Entwicklung* häuten sich die rhabditiformen Larven, wachsen heran und ergeben frei lebende *Männchen* und *Weibchen*, die sich paaren. Die begatteten Weibchen legen Eier, aus denen *zum zweitenmal rhabditiforme Larven* hervorgehen. Diese häuten sich wiederum und ergeben *strongyloide* oder *filariforme*, infektionsfähige *Larven*, die *parthenogenetische Weibchen* ergeben, wenn sie in den Darmkanal gelangen.

Sowohl bei der direkten als auch bei der indirekten Entwicklung dringen die filariformen Larven entweder *durch die Haut* in den Wirt ein, oder indem sie die Schleimhaut des Mundes, der Speiseröhre oder des Magens durchbohren, wenn sie verschluckt worden sind. Diese Larven gelangen auf dem Blutweg oder indem sie durch die Gewebe wandern, bis zu den Lungen, wo sie sich nur einige Stunden aufhalten. Hierauf befallen sie die Luftröhre, gelangen in den Darm und werden dort in 10—15 Tagen geschlechtsreif.

Pathogene Bedeutung. Die Krankheitserscheinungen, die durch diesen Fadenwurm bewirkt werden, sind noch wenig bekannt. Das Eindringen der filariformen Larven durch die Haut erzeugt eine mehr oder weniger starke Reizung, die von verschiedenartigen Erscheinungen begleitet ist. Andererseits kann ein starker Befall mit diesen Parasiten in der Dünndarmwand Darmstörungen hervorrufen, die sich in Diarrhöe äußern. [Vgl. R. WIGAND: Anguillulasis. Z. klin. Med. **128**, 308—323 (1935).]

IV. Peitschenwurm (Trichuris trichiura).

Morphologie. Der *Peitschenwurm* (*Trichuris* [= *Trichocephalus*] *trichiura* [= *T. dispar*]) ist mit dem bloßen Auge sichtbar. Das Männchen (Abb. 88c) ist **3,5—4,5 cm** lang und allerhöchstens 1 mm breit, das Weibchen (Abb. 88b) hat ziemlich die gleiche Größe und kann eine Länge von 5 cm erreichen. Dieser Fadenwurm kann mit keinem anderen verwechselt werden. Sein Körper besteht bei beiden Geschlechtern aus zwei sehr verschiedenen Teilen; die beiden vorderen Drittel des Körpers sind lang und fadenförmig, während das hintere Drittel verdickt ist und einen Durchmesser von 1 mm hat. In diesem hinteren Abschnitt befinden sich die Organe. Das verdickte Ende ist beim Weibchen gebogen, beim Männchen dorsalwärts eingerollt.

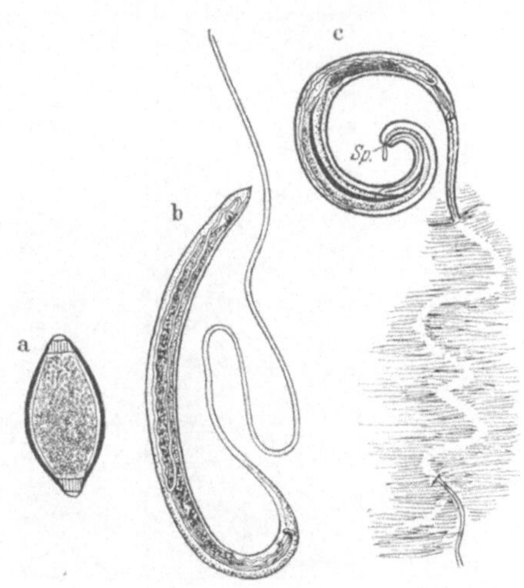

Abb. 88. *Peitschenwurm* (*Trichuris trichiura*), *a* Ei, *b* Weibchen, *c* Männchen, mit dem Vorderleib in die Darmschleimhaut eingegraben. *Sp.* Spiculum. *b* und *c* in dreifacher Vergrößerung. Nach LEUCKART.

Biologie. Dieser Parasit findet sich im allgemeinen im Blinddarm und im Wurmfortsatz, seltener im Dickdarm und nur ausnahmsweise im Dünndarm.

Die Entwicklung des Peitschenwurms erfolgt wie beim Spulwurm ohne Zwischenwirt. Das im Augenblick der Ablage ungefurchte Ei ist 50—55 μ lang und 22—25 μ breit (Abb. 3 u. 88a). Es entwickelt sich auf die gleiche Weise wie das des Spulwurmes im Freien und wird erst infektionsfähig, wenn es die Larve enthält. Jedoch macht die Larve, nachdem sie im Darmkanal des Menschen ausgeschlüpft ist, keine Wanderungen wie der Spulwurm. Sie gelangt direkt in den Darm, wo sie nach mehreren Häutungen zum geschlechtsreifen Peitschenwurm wird.

Pathogene Bedeutung. In den meisten Fällen wird die Anwesenheit des Peitschenwurms nicht bemerkt. Manchmal beobachtet man Darmstörungen oder nervöse Störungen, seltener perniziöse Anämie. Man findet diesen Nematoden auch im Wurmfortsatz, aber seine pathogene Bedeutung scheint viel geringer zu sein als diejenige der Oxyuren.

V. Trichine (Trichinella spiralis).

Morphologie. Die *Trichine* (*Trichinella spiralis*) ist ein sehr kleiner, mit dem bloßen Auge kaum sichtbarer Fadenwurm. Das Männchen ist etwa 1,5 mm lang und 40 μ breit und besitzt zwei besondere caudale Anhänge. Das Weibchen hat eine Länge von 3—4 mm und eine Breite von 60 μ. Die Vulva liegt im ersten Fünftel des Körpers.

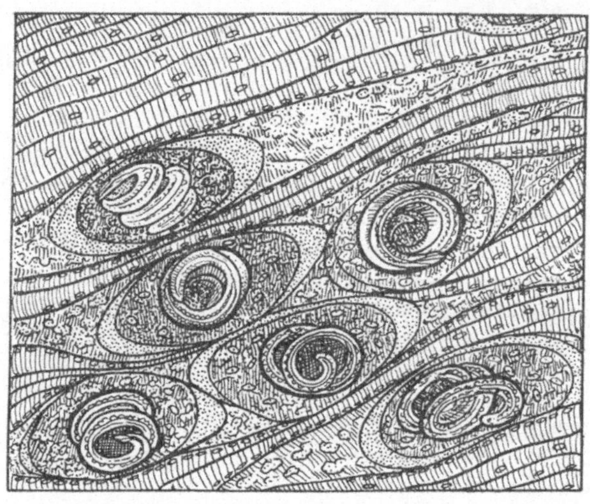

Abb. 89. *Larven von Trichinella spiralis in der Muskulatur, sog. Muskeltrichinen.*

Biologie. Die geschlechtsreifen *Darmtrichinen* leben im Dünndarm von Mensch, Schwein und Ratte. Die begatteten Weibchen wandern in die Darmwand, bisweilen in das Mesenterium und die Mesenteriallymphdrüsen. Sie sind *vivipar* und gebären 100 μ lange und 6 μ breite *Jungtrichinen* in der Submucosa. Die Jungtrichinen wandern am häufigsten in die Lymphwege und gelangen durch den Ductus thoracicus in die rechte Herzhälfte; von dort aus kommen sie mit dem kleinen Blutkreislauf in die linke Herzkammer und können von hier aus mit dem Blutstrom des großen Körperkreislaufes überallhin gebracht werden. Sie setzen sich aber fast immer nur in der quergestreiften Muskulatur außer der des Herzens fest. Dort kapseln sie sich ein. Die vollständig verkapselten *Muskeltrichinen* haben die Form einer kleinen 400 μ langen und 250 μ breiten Citrone (Abb. 89). Ihre Längsachse liegt in der Richtung der Muskelfasern. In der Kapsel befindet sich eine, selten mehrere, spiralförmig zusammengerollte Muskeltrichine. Diese können mehrere Jahre in den verkalkten Kapseln leben, niemals aber in dem sie beherbergenden Wirt geschlechtsreif werden. Es ist notwendig, daß sie zu diesem Zweck einen neuen Wirt aufsuchen. In der Regel infizieren sich Ratten, indem sie sich gegenseitig, und Schweine, indem sie infizierte Ratten oder Abfälle von trichinösem Schweinefleisch fressen[1]. Der Mensch schließlich zieht sich die Trichinose zu, indem er rohes oder ungenügend gekochtes trichinöses Schweinefleisch genießt.

Pathogene Bedeutung. Die Trichinose ist eine schwere Erkrankung, wenn ein Massenbefall vorliegt. Es ist die einzige Wurmkrankheit mit einer kontinuierlichen Fieberkurve. Im ersten Stadium beobachtet man einen heftigen Darmkatarrh, im zweiten Muskelschmerzen und Muskelsteifigkeit, im dritten endlich Anämie, Kachexie, Ödeme und Frieselausschläge (Miliaria cristallina).

Die Trichinose ist in Frankreich sehr selten, war aber in Deutschland früher recht verbreitet. So wurden im Altreich z. B. 1860—1886 8491 Trichinoseerkrankungen mit 513 Todesfällen (6,04%), von 1881—1898 6329 Erkrankungen mit 318 Todesfällen (5,02%) und 1910—1914 184 Erkrankungen mit 10 Todesfällen (5,43%) festgestellt. Seit Einführung der obligatorischen Trichinenschau (in Preußen seit 1877) ist die Zahl der trichinösen Schweine in Deutschland bedeutend zurückgegangen. Aber während und nach dem 1. Weltkriege wurde die Trichinose in Deutschland wieder häufiger beobachtet, so wurden in den Jahren 1915—1919 366 Erkrankungen mit 32 Todesfällen (8,74%) festgestellt. Im Frühjahr 1930 trat in Stuttgart die letzte größere Epidemie auf.

In den Vereinigten Staaten und in Mexiko ist ein hoher Prozentsatz der Schweine infiziert. Daher ist es in diesen Ländern ratsam, nur genügend gekochtes Schweinefleisch zu genießen.

VI. Hakenwurm (Ancylostoma duodenale).

Morphologie. Der *Hakenwurm* oder *Grubenwurm* (*Ancylostoma duodenale*) (Abb. 90 u. 91) ist klein, zylinderförmig, rötlichweiß und am vorderen Körperende leicht verjüngt. Das Männchen (Abb. 90) ist 8 bis 11 mm, das Weibchen (Abb. 91) 10—18 mm lang. Beide Geschlechter besitzen eine schräg dorsalwärts geöffnete *Mundkapsel*, die mit *zwei Paar* ventralen *Zähnen* (Abb. 92) und einem Paar von kleinen dorsalen Spitzen versehen ist. Das Männchen hat außerdem am hinteren Körperende eine glockenförmige Ausweitung der Cuticula, die *Bursa copulatrix* oder *caudalis*. Sie wird von starren Rippen gestützt. Die dorsale Rippe ist in zwei dreifingerige Äste geteilt. Zwei lange dünne Spicula sind

---

[1] Nach den Untersuchungen von Schoop [Z. f. Fleisch- u. Milchhyg. **51**, 315 (1940/41)] sind jedoch *Fuchs* und *Dachs* die eigentlichen Träger der Parasiten. Von ihnen infizieren sich Schwarzwild und Hausschwein unmittelbar oder mittelbar.

vorhanden. Das hintere Körperende des Weibchens ist abgestumpft und endet mit einer sehr kleinen stumpfen Spitze oder Spina. Die Vulva liegt an der Grenze zwischen dem mittleren und hinteren Drittel des Körpers.

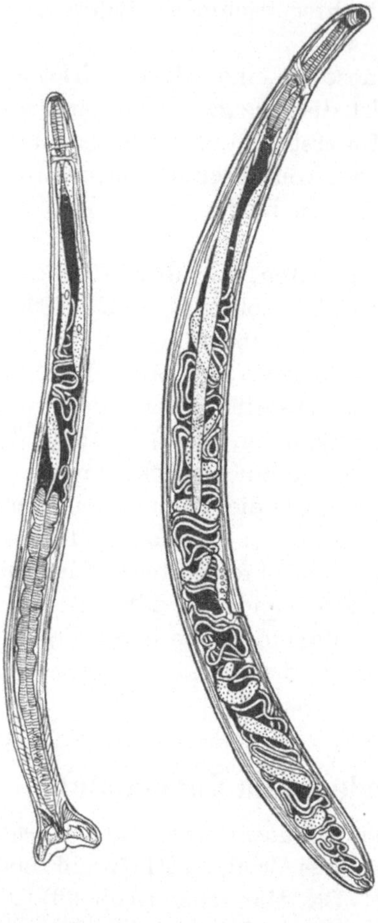

Biologie. Männchen und Weibchen der Hakenwürmer leben in ziemlich gleicher Zahl im Dünndarm des Menschen, besonders im Zwölffingerdarm, wo sie sich von der Darmschleimhaut ernähren.

Die begatteten Weibchen legen annähernd ovale, dünnschalige Eier ab. Diese sind im Durchschnitt 60 μ lang und 40 μ breit und enthalten im Augenblick der Ablage 2 oder 4, selten 8 Furchungszellen (Abb. 3). Ins Freie gelangt, entwickeln sich die Eier weiter und ergeben nach Verlauf von 24 Stunden *rhabditiforme Larven* (Abb. 93), die im Freien ausschlüpfen, im Gegensatz zu denjenigen von Spulwürmern, Madenwürmern und Peitschenwürmern. Denn die Larven der letzteren schlüpfen erst, wenn die embryonierten Eier in den Darmkanal ihres Wirtes gelangt sind. Diese rhabditiformen Larven häuten sich und ergeben *strongyloide* oder *filariforme Larven* (Abb. 94), die sich ihrerseits häuten. Bei dieser Häutung wird die alte Cuticula aber nur

Abb. 90. *Männchen vom Hakenwurm (Ancylostoma duodenale).* In 10facher Vergrößerung. Nach Looss.

Abb. 91. *Weibchen vom Hakenwurm (Ancylostoma duodenale).* In 10facher Vergrößerung. Nach Looss.

abgehoben, nicht abgeworfen, sie bleibt als Cyste oder Scheide erhalten. Man spricht daher von *encystierten* oder *gescheideten filariformen Larven.* Letztere allein sind infektionsfähig und dringen am häufigsten *durch die Haut,* seltener durch den Mund ein, wandern durch die Lungen und gelangen in den Darmkanal des Menschen, wo sie sich nach mehreren Häutungen in männliche oder weibliche geschlechtsreife Hakenwürmer verwandeln.

Die einfachste Methode zur *Aufzucht der Larven* von *Ancylostoma,
Necator* und *Strongyloides* ist die *Kot-Kohle-Kultur*. Man legt eine derartige Kultur an, indem man den eier- bzw. larvenhaltigen Kot unter

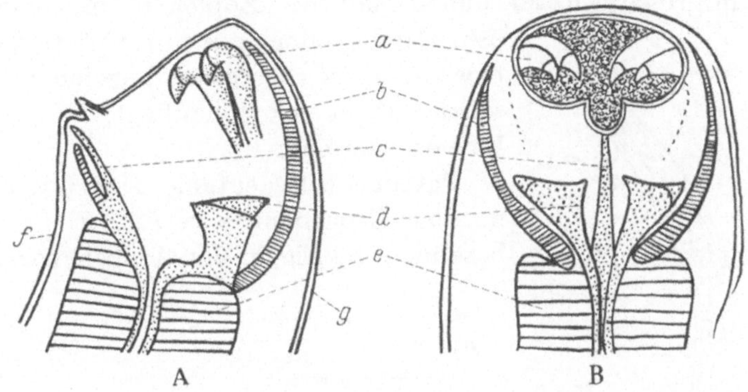

Abb. 92. *Mundkapsel vom Hakenwurm (Ancylostoma duodenale). A* Seitenansicht, *B* Rückenaufsicht.
a Haken oder Zähne an der Ventralseite, *b* harter Rand der Mundkapsel, *c* stilettartiger Griff am dorsalen Pharynxrand, *d* seitlich-ventrale Pharyngealplatten, *e* Pharynx, *f* Rückenseite, *g* Bauchseite.

Hinzufügen von Wasser gründlich mit Tierkohle (z. B. Carbo medi-
cinalis Merck) verrührt, diesen Tierkohle-Kotbrei in dicker Schicht in
Petrischalen bringt und bei genügender Feuchtig-
keit im Thermostaten 5—6 Tage lang bei einer
Temperatur von 25—30° C hält.

FÜLLEBORN [Arch. Schiffs- u. Tropenhyg. 28,
144—165 (1924)] hat einen besonderen Züchtungsapparat hergestellt, die sog. Trichterkultur, der
von ERHARDT [Arch. Schiffs- u. Tropenhyg. 42,
108—117 (1938)] modifiziert wurde und in Abb. 95
wiedergegeben ist. Durch diesen Züchtungsapparat
werden Laboratoriumsinfektionen vermieden. Die
Einzelheiten des Apparates sind aus der Abb. 95
zu ersehen. Der eierhaltige Kohle-Kot-Brei wird
auf sterilem Sand ausgebreitet. Der Sand wird in
ein geschwärztes Drahtgewebe gebracht, das
seinerseits auf einem Glastrichter liegt. Man
bringt den ganzen Züchtungsapparat in einen
Thermostaten von 25—30° C. Nach 5—6 Tagen
treten die ersten invasionsfähigen Larven auf,
jedoch bleiben dieselben mindestens mehrere
Monate am Leben. Will man die Larven gewinnen,

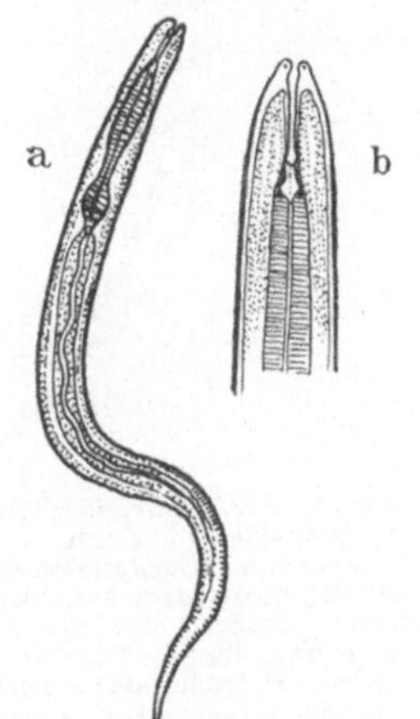

Abb. 93. *Hakenwurm (Ancylostoma duodenale). a* junge
rhabditiforme Larve in
150facher Vergrößerung,
b Vorderende, das die ab-
gehobene Haut zeigt, die die
Larve umgibt. In 350facher
Vergrößerung. Nach LOOSS.

so nimmt man den Züchtungsapparat aus dem Thermostaten heraus, gießt
in den Blechtrichter so viel heißes Wasser, bis es aus dem 10 mm großen
Loch (auf der rechten Seite der Abb. 95) hinaus zu laufen beginnt. Die nun

aufsteigenden Wasserdämpfe schlagen sich auf dem Drahtgewebe nieder und locken die invasionsfähigen Larven an, die sich zu Hunderten als sog. „Zöpfchen" auf dem Gewebe ansammeln. Man entnimmt nun die Larven in großer Anzahl, indem man die „Zöpfchen" mit einer Platinöse abhebt oder indem man auf die Kultur bzw. die Gaze eine etwas angefeuchtete Petrischale umgekehrt hinauflegt, in der sich die Larven sammeln.

Pathogene Bedeutung. Der Hakenwurm ist in allen Kontinenten verbreitet, kommt aber besonders häufig in den Tropen vor. Die Zahl

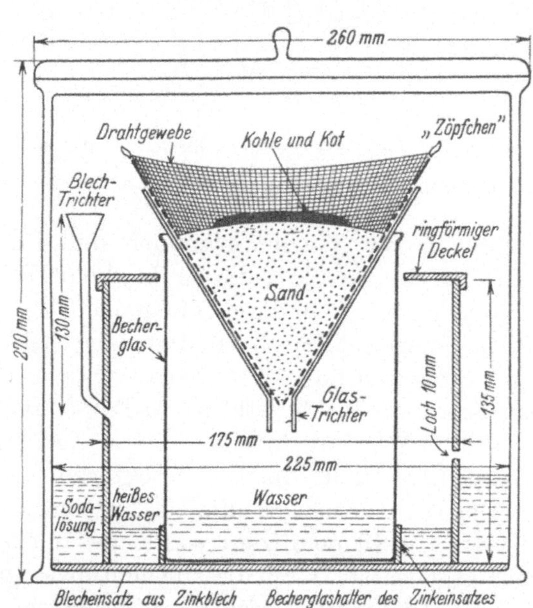

Abb. 94. *Encystierte, filariforme, infektionsfähige Larve . vom Hakenwurm (Ancylostoma duodenale).* Diese Larve kann in der freien Natur keine Nahrung mehr aufnehmen. Beachte die charakteristische alte Cuticula des vorhergehenden Larvenstadiums, die als „Scheide" (*Sch*) bezeichnet wird. In 150 facher Vergrößerung. Nach LOOSS.

Abb. 95. *Züchtungsapparat für Larven von Ancylostoma, Necator und Strongyloides.* Gießt man in den Blechtrichter heißes Wasser, so wandern die invasionsfähigen Larven aus dem Kot-Kohle-Brei in die äußersten Spitzen des Drahtgewebes, wo sich die aufsteigenden Wasserdämpfe niedergeschlagen haben, und sammeln sich hier in sog. „Zöpfchen", die aus Hunderten von Larven bestehen können. Die Sodalösung verhindert ein Entweichen der Larven. Nach ERHARDT unter Zugrundelegung der Trichterkultur von FÜLLEBORN.

der Hakenwurmträger wird auf 500—600 Millionen geschätzt. Bis zu 500 Würmer in einer Person gelten im allgemeinen als harmlos. Findet der Hakenwurm sich aber in sehr großer Zahl im menschlichen Darm (5000—6000 Exemplare), so kann er eine schwere Erkrankung hervorrufen, bekannt unter den Namen: *Ancylostomiasis, Hakenwurmkrankheit, tropische Anämie, ägyptische Chlorose, Gruben- oder Tunnelkrankheit* und in Ostafrika „*Safura*" (O. FISCHER).

In der gemäßigten Zone beobachtet man die Ancylostomiasis nur als Berufskrankheit, so besonders bei Bergleuten, bei Tunnel- und Ziegelarbeitern usw. So trat bei dem Bau des St. Gotthard-Tunnels in den Jahren 1879/80 eine schwere Epidemie auf. Im Deutschen Reich ist die Ancylostomiasis verschiedentlich nachgewiesen worden, so bei Brüx, Würzburg, Köln, Aachen und im Ruhrkohlengebiet. Im letzteren wurden im Jahre 1902 nicht weniger als 17161 Bergleute als Wurmträger (9,09% der Belegschaft) festgestellt, davon waren 1872 an der Ancylostomiasis ernstlich erkrankt. Im Jahre 1903 begann ein energischer Abwehrkampf gegen die Krankheit in diesem Gebiet mit dem Erfolg, daß vom Jahre 1912 an bis heute kein einziger Fall von Ancylostoma-*Erkrankung* und vom Jahre 1935 an kein „*gesunder*" *Wurmträger* mehr festgestellt werden konnte. [Vgl. u. a. W. HEINE: Epidemiologie und Bekämpfung der Ancylostomiasis in der Welt. Erg. Hyg. 21, 157—268 (1938).]

VII. Necator americanus[1].

Morphologie. Auf den ersten Blick ähnelt *Necator americanus* (Abb. 96) stark dem Hakenwurm. Er unterscheidet sich jedoch von ihm durch folgende Merkmale: *Necator* ist etwas *dünner* und *kürzer* als *Ancylostoma*, statt der Zähne hat die Mundkapsel *zwei Schneideplatten* (Abb. 97). Die beiden Äste der dorsalen Rippe an der Bursa copulatrix sind nur *zweifingerig*. Das Weibchen besitzt keine stachelförmige Spitze oder Spina am Hinterende, und die Vulva liegt vor der Mitte des Körpers.

Biologie. *Necator* lebt an denselben Stellen des Darmes wie *Ancylostoma* und entwickelt sich in gleicher Weise. Die Eier sind etwas länglicher (Abb. 3).

Pathogene Bedeutung. *Necator* ist in allen tropischen Ländern der Alten und Neuen Welt verbreitet. Seine pathogene Bedeutung ist die gleiche wie die des Hakenwurms, aber man findet ihn in Europa nicht in den Bergwerken.

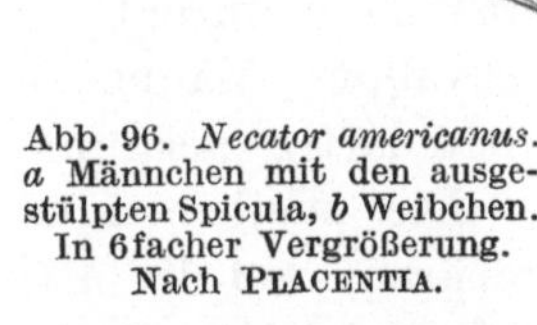

Abb. 96. *Necator americanus.* *a* Männchen mit den ausgestülpten Spicula, *b* Weibchen. In 6facher Vergrößerung. Nach PLACENTIA.

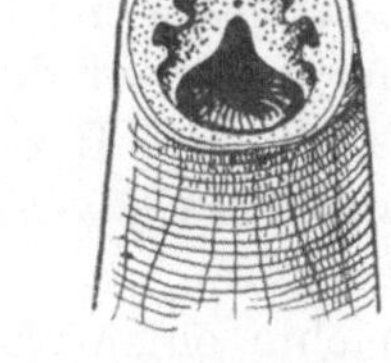

Abb. 97. *Kopf von Necator americanus.* Nach LOOSS.

---

[1] Die Bezeichnung „Hakenwurm der Neuen Welt" ist für *Necator* ebensowenig charakteristisch wie für *Ancylostoma* der Name „Hakenwurm der Alten Welt".

VIII. Haarwurm (Wuchereria bancrofti).

Morphologie. Der *Haarwurm* oder die *Bancroft-Filarie* (*Wuchereria bancrofti*) (Abb. 98 u. 99) ist ein fadenförmiger, milchweißer, durchsichtiger Wurm mit glattem Integument. Das Männchen ist ungefähr 4 cm lang und 100 μ breit. Sein Hinterende (Abb. 99 a) zeigt die Neigung,

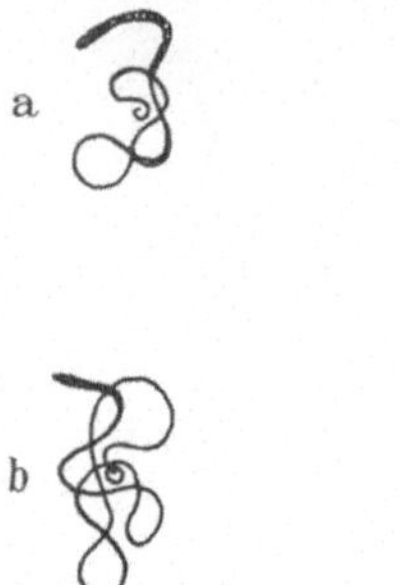
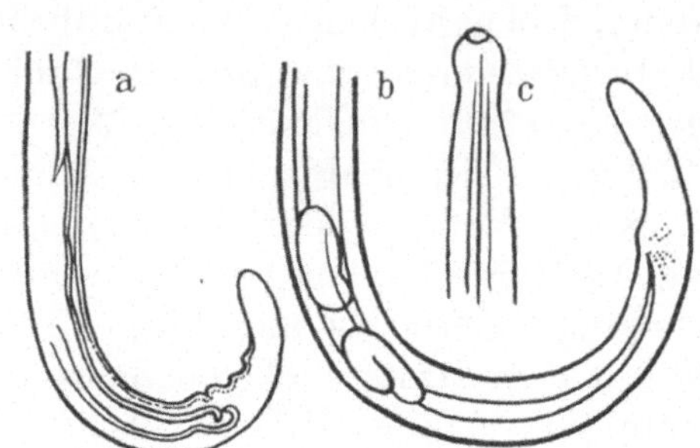

Abb. 98. *Haarwurm* (*Wuchereria bancrofti*). *a* Männchen, *b* Weibchen in natürlicher Größe. Nach MANSON.

Abb. 99. *Haarwurm* (*Wuchereria bancrofti*). *a* Hinterende des Männchens, *b* Hinterende des Weibchens, *c* Kopf und Halsteil des Weibchens. In 80 facher Vergrößerung. Nach MANSON.

sich einzurollen, und hat zwei dünne, ungleiche Spicula. Das Weibchen (Abb. 99 b) hat eine Länge von 8—10 cm und eine Breite von ungefähr 300 μ. Die Vulva ist annähernd 1 mm vom Vorderende des Körpers entfernt (Abb. 99 c).

Biologie. Die geschlechtsreifen Filarien leben im Lymphsystem des Menschen, in der Nähe der Lymphdrüsen, die sie bisweilen bewohnen, aber nicht durchbrechen können. Hier sterben sie meistens, indem sie verkalken. Männchen und Weibchen sind im allgemeinen nebeneinander knäuelartig zusammengerollt und hindern den Lymphabfluß.

Die Weibchen sind *vivipar*, und die Larven (Abb. 100), die sie gebären, und die *Mikrofilarien* genannt werden, haben eine Länge von 300 μ und eine Breite von 8 μ. Sie sind *von einer Scheide umgeben* und gehen aus der Lymphe in die Blutbahn über, wo sie sich sehr lange aufhalten können. Es ist ein seltsames, bisher noch unerforschtes Phänomen, daß die Mikrofilarien dieser Art in allen Ländern, wo ihre Überträger nachts stechen, wie z. B. die *Stechmücke Culex fatigans*, nur während der Nacht im peripheren Blut zu finden sind. Hierauf ist die alte Bezeichnung *Microfilaria nocturna* zurückzuführen. Dieser *nächtliche Turnus* begünstigt in der Tat die Weiterentwicklung der Parasiten, die in den Mücken vor sich geht. Wenn eine solche Mücke nachts einen Menschen sticht, der Mikrofilarien der Bancroft-Filarie beherbergt, so saugt die Mücke eine bestimmte Anzahl Mikrofilarien auf. Die Mikrofilarien verlieren ihre Scheide, durchbohren die Darmwand des Insektes, wandern in die Leibeshöhle und von dort in die Thoraxmuskulatur, wo sie ihren Entwicklungsgang fortsetzen.

Dieser Turnus der Mikrofilarien fehlt in den Ländern, wo zwei Überträger vorhanden sind, von denen der eine am Tage sticht, wie *Aedes (Stegomyia) scutellaris pseudoscutellaris*, der andere eine nächtliche Lebensweise hat wie *Culex fatigans*.

Nach einem Zeitraum, der je nach der Temperatur und der Art der infizierten Stechmücke verschieden ist, verwandeln sich die Mikro-

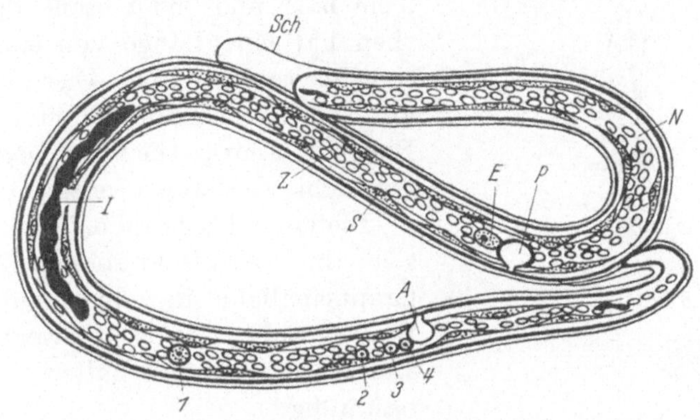

Abb. 100. *Organisationsschema der Larve (Mikrofilarie) vom Haarwurm (Wuchereria bancrofti).* Vitalfärbung. *Sch* Scheide. *N* Nervenring. *P* Excretionsporus mit Excretionsbläschen, das unmittelbar an die *rundliche* Excretionszelle (*E*) angrenzt. *S* Subcuticularzellen. *Z* Körperzellen bzw. deren Kerne, die kleiner sind als die der *Wanderfilarie (Loa loa)*. Die äußerste Schwanzspitze des *Haarwurms* ist kernfrei. *I* stark entwickelter, leicht färbbarer Innenkörper. *1, 2, 3, 4* kleine Genitalzellen mit schwach entwickeltem Kern. *A* Analbläschen mit Porus. In 1000facher Vergrößerung. Nach Fülleborn.

filarien über das sog. „Wurststadium" in 1,7 mm lange, 30 μ breite *Jugendstadien*. Diese verlassen sofort die Muskeln, erreichen die Leibeshöhle und setzen sich in der Rüsselscheide (Labium) der Mücke fest. Wenn eine in dieser Weise infizierte Mücke einen Menschen sticht, platzt die mit Jugendstadien gefüllte Rüsselscheide, und die Filarien *dringen aktiv durch die Haut ein*. Hierauf begeben sie sich in die Lymphgefäße, wo sie zu geschlechtsreifen Männchen und Weibchen heranwachsen.

Pathogene Bedeutung. Die *Filariasis*, die durch den Haarwurm hervorgerufen wird, ist eine in den Tropen aller Kontinente verbreitete Krankheit. In Europa kennt man nur drei mit Sicherheit festgestellte Fälle. Die Erscheinungen der Filariasis sind sehr verschieden. Es sind dies varicenartige Erweiterungen der peripheren und tiefer liegenden Lymphbahnen, Lymphdrüsengeschwülste, sog. Lymphscrotum, mit Fieber einhergehende Entzündungen der Lymphdrüsen und der Lymphgefäße und Abscesse. Das Platzen der Varicen in den verschiedenen Organen kann Chylurie, Hämatochylurie, chylöse Diarrhöe und Ascites, Chylothorax und Hydrocoele mit chylösem Inhalt hervorrufen.

Es ist ferner tatsächlich bewiesen, daß die Bancroft-Filarie einer der Erreger der *Elephantiasis* der Araber ist.

IX. Wanderfilarie (Loa loa).

Morphologie. Die *Wanderfilarie* oder *Augenwurm* (*Loa loa*) hat einen ziemlich durchsichtigen milchweißen Körper, und das dicke und un-geringelte Integument ist mit kleinen Höckern übersät. Das Männchen ist 3 cm lang und 350 μ breit, das Weibchen hat eine Länge von 5,5 cm und eine Breite von 425 μ. Diese Filarie ist also verhältnismäßig breiter als die Bancroft-Filarie. Die Vulva liegt 2,5 mm von dem Vorderende entfernt.

Biologie. Die Wanderfilarie befindet sich in geschlechtsreifem Zustande hauptsächlich in dem subcutanen Bindegewebe; sie ist beweglich und ändert ihren Aufenthaltsort im Wirt beständig.

Das Weibchen ist *vivipar*. Die Larven oder *Mikrofilarien* (Abb. 101) sind in ihren Größenverhältnissen denjenigen des Haarwurms gleich und ebenfalls *mit einer Scheide* versehen. Sie gelangen aber erst nach Jahren in die Blutbahn. Jedoch verläuft bei dieser Art der Turnus umgekehrt wie bei dem Haarwurm, denn man beobachtet die Mikrofilarien nur am Tage im peripheren Blut. Sie wurden daher früher mit dem Namen *Microfilaria diurna* bezeichnet. Die Mikrofilarien entwickeln sich wie die der vorhergehenden Art, haben jedoch andere Überträger, näm-lich *Blindbremsen* der Gattung *Chrysops*, die am Tage stechen. Zwei Arten können die Mikrofilarien von *Loa loa* beher-bergen, *C. silaceus* und *C. dimidiatus*. Die Mikrofilarien wandern ebenfalls in die Rüsselscheide. Sie verlassen die-selbe im Augenblick des Stiches und dringen schnell in die Haut ein.

Pathogene Bedeutung. Die Wanderfilarie wird nur in Afrika beobachtet.

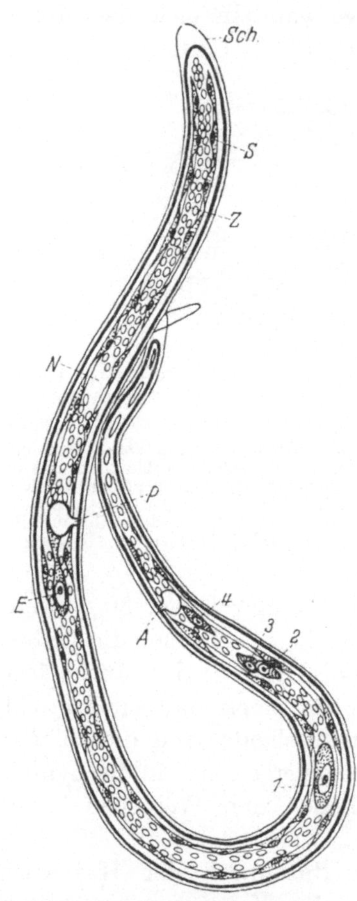

Abb. 101. *Organisationsschema der Larve (Mikrofilarie) der Wanderfilarie (Loa loa)*. Vitalfärbung. *Sch* Scheide. *S* Subcuticular-zellen. *Z* Körperzellen bzw. deren Kerne, die größer sind als die des Haarwurmes (*Wuchereria bancrofti*). Die äußerste Schwanzspitze des Wanderfilarie enthält Kerne. *N* Nervenring. *P* Excretionsporus mit Excretionsbläschen, das vom Kern (*E*) der *langgestreckten* Excretionszelle verhält-nismäßig weit entfernt ist. Der Innen-körper ist schwach entwickelt und schwer färbbar. *1, 2, 3, 4* voluminöse Genital-zellen mit großem deutlichem Kern und Kernkörperchen (Nucleolus) und stark ge-färbtem Protoplasma. *A* Analbläschen mit Porus. In 1000facher Vergrößerung. Nach FÜLLEBORN.

Die geschlechtsreifen Tiere wandern unter der Haut und verursachen flüchtige, häufig juckende Schwellungen, die man *Calabar-* oder *Kamerun-schwellungen* nennt. Man findet sie häufig unter dem Augenlid oder der Bindehaut, aber die hervorgerufenen Störungen sind immer gutartig.

X. Afrikanische Filarie (Onchocerca volvulus).

Morphologie. Die *afrikanische Filarie* (*Onchocerca volvulus*) hat einen milchweißen, ziemlich durchsichtigen und leicht quergestreiften Körper. Das Männchen hat einen spiralig eingerollten Schwanz und ist 3 cm lang und 130 μ breit. Das Weibchen erreicht eine Länge von 50 cm und eine Breite von ungefähr 360 μ. Die Vulva liegt 850 μ vom Vorderende entfernt.

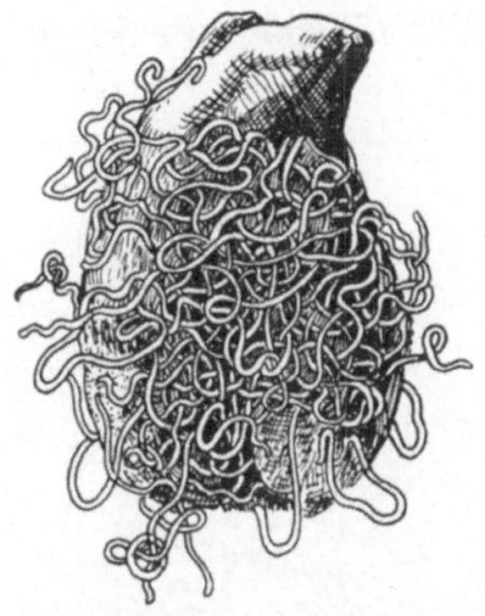

Abb. 102. *In der Mitte aufgeschnittener Tumor mit Afrikanischen Filarien (Onochocerca volvulus). In 2 facher Vergrößerung.*

Biologie. Man findet Männchen und Weibchen in subcutanen Bindegewebsknoten (Abb. 102 u. 103), die erbsen- bis taubeneigroß sind und

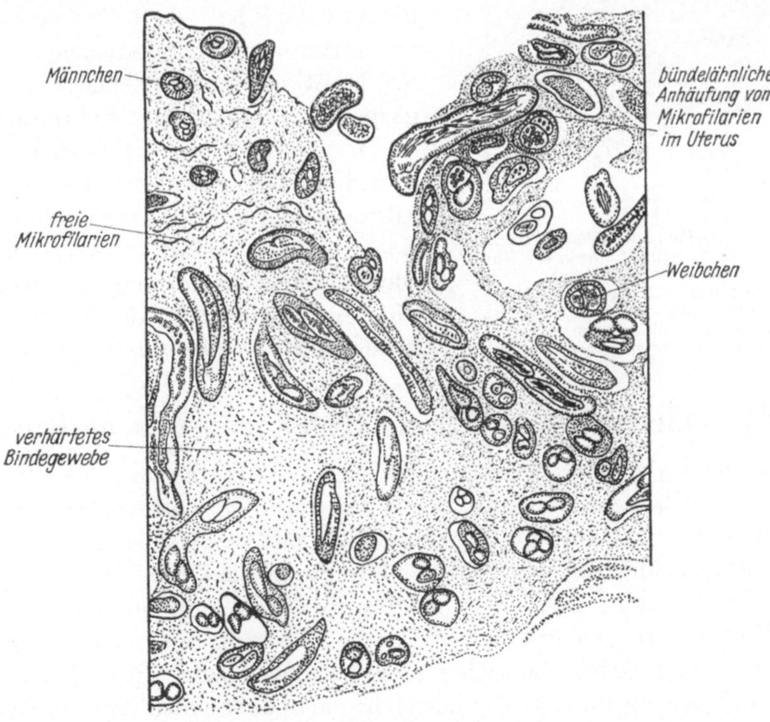

Abb. 103. *Schnitt durch einen Tumor, hervorgerufen durch die Afrikanische Filarie (Onchocerca volvulus).* Beachte die Mikrofilarien, die in dem Bindegewebsknoten umherwandern.

Brumpt/Neveu-Lemaire, Parasitologie.

8

im allgemeinen an den Körperstellen angetroffen werden, die gut mit Lymphe versorgt sind.

Das *vivipare* Weibchen bringt in den Knoten die Embryonen oder Mikrofilarien zur Welt, *denen die Scheide fehlt*. Die Größenverhältnisse sind die gleichen wie bei den vorhergehenden Mikrofilarien. Dieselben verlassen bald die Knoten und halten sich in der Lederhaut (Corium) auf (Abb. 104), von wo sie von einem stechenden Insekt, der *Kribbelmücke Simulium damnosum*, aufgesogen werden. Nachdem die Mikrofilarien sich in den Muskeln des Thorax entwickelt haben, wandern sie in die Unterlippe (Labium) und verlassen dieselbe im Augenblick des Stiches, indem sie dann den häutigen Teil der Unterlippe durchbrechen.

Pathogene Bedeutung.. Die *afrikanische Filarie* ist, wie ihr Name besagt, ein afrikanischer Fadenwurm. Außer den Hautknoten, von denen wir bereits gesprochen haben, sind für die *afrikanische Onchocercose* bisweilen verschiedenartige Hautverletzungen charakteristisch, deren Natur als Filariasis noch umstritten ist. Außerdem soll diese Filarie nach einigen Forschern eine im allgemeinen auf das Scrotum beschränkte *Elephantiasis* verursachen.

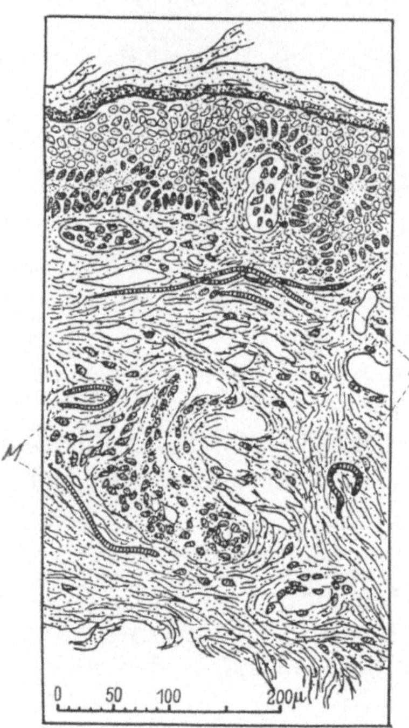

Abb. 104. *Afrikanische Filarie (Onchocerca volvulus)*. Schnitt durch die Haut eines Tumorträgers. Man sieht in der Lederhaut (Corium) zahlreiche Mikrofilarien (*M*) ohne Scheide. Beachte, daß die Epidermis vollkommen normal ist und keinerlei Verletzungen aufweist.

XI. Amerikanische Filarie (Onchocerca caecutiens).

Morphologie. Die *amerikanische* oder *blind machende Filarie (Onchocerca caecutiens)*, so benannt wegen der durch sie verursachten Augenverletzungen, hat eine große Ähnlichkeit mit der vorhergehenden Art. Sie unterscheidet sich von ihr fast nur durch die Größe, die Verteilung der Papillen beim Männchen und die größere Länge der Spicula.

Biologie. Die amerikanische Filarie lebt in harten, subcutanen Tumoren, deren Größe bisweilen zwischen derjenigen einer Erbse und einer Bohne schwankt. Die Tumoren liegen in der Sehnenhaut, im Muskelgewebe und im Periost des Schädels. Jeder einzelne Tumor enthält vier bis fünf Männchen und ein bis drei Weibchen.

Das *vivipare* Weibchen setzt 250 μ lange und 8—10 μ breite Embryonen oder Mikrofilarien ab, *denen die Scheide fehlt* und die sich in der Lederhaut (Corium) aufhalten. Von dort aus gelangen sie im Augenblick des Stiches auf ihre Überträger, *Kribbelmücken* der Gattung *Simulium*, nämlich: *S. avidum, S. ochraceum* und *S. mooseri*.

Pathogene Bedeutung. Die *amerikanische Onchocercose* wird in Guatemala beobachtet. Dort trägt sie den Namen *Küstenerysipel*. In Mexiko, wo sie ebenfalls vorkommt, nennt man sie *Moradokrankheit*. Die verursachten Schäden bestehen in chronischen Schwellungen der Haut und des Gesichts und sehr häufig in Augenerkrankungen, die bisweilen zu völliger Erblindung führen können.

XII. Medinawurm (Dracunculus medinensis).

Morphologie. Der *Medinawurm* oder *Guineawurm* (*Dracunculus medinensis*) ist ein großer Fadenwurm. Das noch wenig bekannte Männchen ist kaum 4 cm lang, aber das Weibchen (Abb. 105 a) kann eine Länge von 90 cm und sogar von 1 m erreichen, bei einer Breite von 1,7 mm. Eine weibliche Geschlechtsöffnung scheint nicht vorhanden zu sein.

Biologie. Das Weibchen des Medinawurms lebt im subcutanen Bindegewebe des Menschen. Der Kopf des Weibchens ist in der Mitte eines durch den Wurm verursachten Hautgeschwürs sichtbar. Das Weibchen ist *vivipar*, und die abgesetzten Embryonen oder Larven sind 500

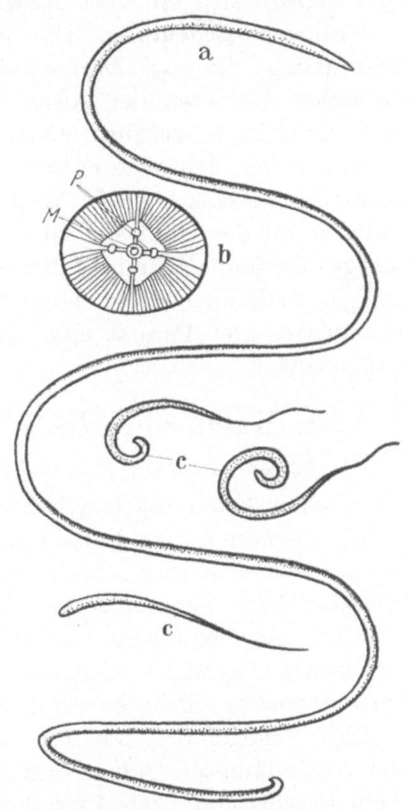

Abb. 105. *Medinawurm* (*Dracunculus medinensis*). *a* Weibchen auf die Hälfte verkleinert. *b* Vorderende von vorn, *M* Mund, *P* Papillen. *c* Larven stark vergrößert. Nach BASTIAN und LEUCKART.

bis 750 μ lang und 15—25 μ breit (Abb. 105 c). Die Larven werden durch Ruptur der Cuticula und des Uterus in der Nähe des Wurmkopfes frei, wenn der Wurm in Berührung mit Wasser kommt. Das geschieht z. B., wenn ein parasitierter Mensch sich badet oder einen Fluß durchwatet. Im Wasser angelangt werden die Larven von kleinen Krebschen, und zwar von sog. *Hüpferlingen* (*Cyclopiden*) (Abb. 209 A), besonders von *Cyclops*

8*

coronatus, gefressen. Sie gelangen darauf in die Leibeshöhle dieses Zwischenwirtes, den ihre Anwesenheit wenig zu belästigen scheint. Die Larven werden nach mehreren Häutungen in 1 Monat infektionsfähig und erreichen eine Länge von ungefähr 1 mm. In bestimmten Brunnen Indiens, die sowohl zum Trinken als auch zum Waschen benutzt werden, sind die Hüpferlinge bis zu 40% natürlich infiziert.

Indem man mit dem Trinkwasser parasitierte Hüpferlinge verschluckt, infiziert man sich mit dem Medinawurm.

Pathogene Bedeutung. Die durch den Medinawurm hervorgerufene Erkrankung, die sog. *Drakonkulose* oder *Drakontiasis*, kommt in den tropischen Gebieten der Alten Welt vor und ist wahrscheinlich erst nach Amerika eingeführt worden, wo sie heute noch anzutreffen ist. Im infizierten Menschen entwickelt sich aus der Larve nach 9—12 Monaten das geschlechtsreife Weibchen und wird dann als gewundener Faden unter der Haut sichtbar. Hier verursacht es mehr oder weniger heftiges Jucken und ein Hautgeschwür. Bisweilen findet sich nur ein einziger Medinawurm bei einem Individuum, öfter aber sind es mehrere Exemplare. Der Parasit hält sich vorzugsweise in den unteren Gliedmaßen auf.

XIII. Malaiische Mikrofilarie (Microfilaria malayi).

Die Larven der Filarien werden, wie wir bereits bei den oben beschriebenen Arten gesehen haben, als *Mikrofilarien* bezeichnet.

Wir erwähnen hier die *malaiische Mikrofilarie* (*Microfilaria malayi*), deren Geschlechtsform noch unbekannt ist und die im Blut des Menschen lebt. Sie *besitzt eine Scheide*, ist 234—240 μ lang, 3,4—3,8 μ breit und wird besonders nachts im peripheren Blut angetroffen.

Die als Überträger dienenden *Stechmücken* gehören den Gattungen *Taeniorhynchus* (*Mansonioides*) und *Anopheles* an.

Diese Mikrofilarie, die auf dem Malaiischen Archipel, in Britisch- und Niederländisch-Indien und in Südchina verbreitet ist, verursacht keine Beschädigung der Lymphgefäße, aber eine typische, fast immer auf die unteren Gliedmaßen beschränkte *Elephantiasis*.

Vierter Abschnitt.

Bandwürmer (Cestodes).

Die **Bandwürmer (Cestodes)** gehören zu den *Plathelminthes* oder *Plattwürmern*. Der Körper ist in zahlreiche Glieder zerlegt. Ein Darmkanal fehlt. Die Bandwürmer besitzen Saugnäpfe und bisweilen ein mit Haken versehenes Rostellum. Sie sind Hermaphroditen.

Sammeln. Die großen Bandwürmer können mit Leichtigkeit im Darm gefunden werden. Schwieriger ist es bei den kleineren Arten. Zu diesem Zweck schneidet man den aufgeschnittenen Darm in 10 cm lange Stückchen, die man in einer mit lauwarmem Wasser angefüllten Schale mit schwarzem Grunde hin- und herbewegt. Man wäscht die Darmstückchen so mehrmals aus, erkennt mit der einfachen Lupe oder dem Binokular die Bandwürmer in der Schale und sammelt sie mit Hilfe einer Nadel oder einer Pinzette.

Untersuchung. Die Untersuchung des Scolex und der Haken kann sofort in Lactophenol von AMANN vorgenommen werden. Wenn es nicht notwendig erscheint, die histologische Struktur dieser Würmer zu untersuchen, so ist es am ratsamsten, sie in Wasser in ausgestrecktem Zustande sterben zu lassen und sie dann in 5% Formol zu fixieren. Hierauf kann man die einzelnen Teile der Bandwurmkette wie ganze Trematoden einbetten.

Bei der Untersuchung der Finnen muß man zuerst die Umstülpung des Kopfes vornehmen und für denselben dann das gleiche Verfahren anwenden wie bei der Untersuchung des Scolex der geschlechtsreifen Bandwürmer. Die Struktur der Blasenwand kann untersucht werden, indem man Teile der Wand leicht zusammendrückt und fixiert. Letzteres ist aber nicht notwendig.

Morphologie. Der Körper des Bandwurms ist außerordentlich lang und ähnelt einem Bande. Am Vorderende ist er dünn und wird zum Hinterende immer breiter.

Man unterscheidet bei dem Bandwurm folgende Teile: 1. den *Kopf* oder *Scolex*, eine kleine Verdickung mit Saugnäpfen oder Sauggruben und im allgemeinen auch mit Haken, die an einem vorstreckbaren Organ, dem *Rostellum*, sitzen; 2. einen dünnen, nicht segmentierten *Hals*, der den Scolex mit der Bandwurmkette verbindet; 3. die *Bandwurmkette* oder *Strobyla*. Diese besteht aus einer Reihe von Gliedern, den *Proglottiden*, die um so größer werden, je weiter sie vom Scolex entfernt sind.

Die einzigen an der Oberfläche des Körpers sichtbaren Öffnungen sind die Genitalöffnungen, die entweder an den Längsseiten oder auf der Ventralseite der Glieder liegen.

Der *Exkretionsapparat* (Abb. 106) besteht aus vier longitudinalen, nämlich zwei breiten ventralen und zwei engen dorsalen Kanälen, die bisweilen durch Queranastomosen verbunden sind. In diese Exkretionskanäle münden wiederum kleine Kanälchen, die ihrerseits mit je einer Terminal- oder Trichterzelle beginnen, die blind geschlossen ist und eine Wimperflamme enthält. Die Terminalzellen sind in dem Gewebe des Wurmes verstreut. Die longitudinalen Kanäle münden am Hinterende des Körpers in der Endproglottis mit einer einzigen Öffnung, dem *Foramen caudale*, aus, das sich bei jeder Loslösung eines Gliedes neu bildet.

Die *männlichen Geschlechtsorgane* bestehen aus sehr *zahlreichen Hodenbläschen*, kleinen kugelförmigen Organen im Parenchym an der dorsalen Seite des Wurmes. Von den Hodenbläschen gehen Kanälchen aus, die in den Canalis deferens oder Spermioduct münden. Letzterer schließt mit dem *Cirrusbeutel* ab, aus dem das Begattungsorgan, *Cirrus* oder *Penis*, hervortreten kann.

Die *weiblichen Geschlechtsorgane* umfassen folgende Teile: 1. ein oder mehrere *Ovarien* oder *Keimstöcke*, 2. einen *Oviduct*; dieser nimmt einer-

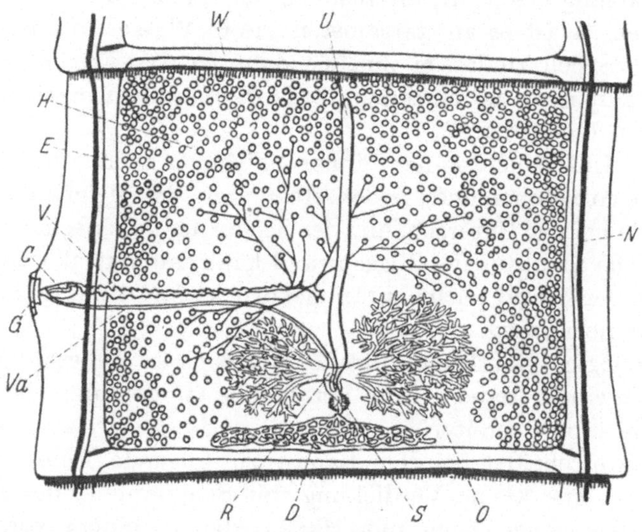

Abb. 106. *Anatomie eines Gliedes* (*Proglottis*) *vom Rinderbandwurm* (*Taenia saginata*). *U* Uterus. *W* Excretionskanal (Quercommissur). *E* Excretionskanal (Längskanal). *H* Hodenbläschen. *V* Samengang (Vas deferens). *C* Cirrusbeutel, der den Cirrus oder Penis enthält. *G* Geschlechtsöffnung. *Va* Vagina mit Receptaculum seminis *R*. *D* Dotterstock. *S* Schalendrüse oder MEHLISscher Körper (Ootyp). *O* Ovarium. *N* Seitennerv. Nach SOMMER.

seits die zum Receptaculum seminis erweiterte *Vagina*, andererseits den *Dottergang* auf, der ihm das Produkt der *Dotterstöcke* zuführt; 3. die *Schalendrüse* oder MEHLISsche *Drüse*; 4. den *Uterus*; er besteht aus einem Schlauch, der entweder blind geschlossen ist oder eine Öffnung zur Eiablage besitzt. Die Anhäufung der Eier weitet den Uterus aus, und es kommt dann zur Bildung von Seitenästen, die bei bestimmten Gattungen zu selbständigen Organen werden und in diesen Fällen *Eier aufnehmende Paruterinorgane* oder *Parenchymkapseln* bilden.

Biologie. Die Biologie der Bandwürmer ist ebenso vielseitig wie die der Trematoden. Denn die Bandwürmer durchlaufen ebenfalls einen Entwicklungscyclus, wobei sie sich in mehreren Wirten entwickeln. Es kommt also zum Wirtswechsel.

Vorkommen. Die Bandwürmer können sowohl im *geschlechtsreifen* als auch im *Finnenstadium* Parasiten des Menschen sein. Der Mensch kann für sie also *Endwirt* und *Zwischenwirt* sein.

Der geschlechtsreife Bandwurm lebt im Dünndarm, an dessen Wände er sich vermittels seiner Saugnäpfe festheftet. In lebendigem Zustand wird er im Darm nicht durch die Verdauungsfermente aufgelöst, was übrigens bei lebenden Parasiten niemals der Fall ist.

Im Finnenstadium sitzen die Bandwürmer in den verschiedensten Organen: in dem subcutanen Bindegewebe, den Muskeln, der Leber, der Lunge, dem Gehirn usw.

Vermehrung. Die typische Entwicklung eines Bandwurmes ist folgende:

Das mit ein, zwei oder drei Hüllen versehene *Ei* (Abb. 107a) enthält einen vollständig ausgebildeten Embryo, nämlich die beschalte Onco-

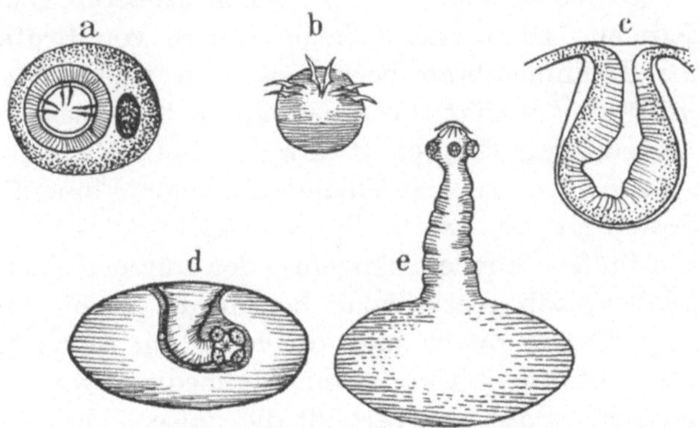

Abb. 107. *Schweinebandwurm* (*Taenia solium*). *a* Ei, das die Embryophore (= beschalte Oncosphaera oder Sechshakenlarve) enthält. *b* freie Oncosphaera oder Sechshakenlarve. *c* eingestülpte Finnenwand, an deren Grunde sich der Kopf oder Scolex des zukünftigen Bandwurmes bildet. *d* Finne oder Cysticercus mit eingestülptem Kopf und Hals des Bandwurmes. *e* Finne oder Cysticercus mit ausgestülptem Kopf, Hals und ersten Proglottiden des Bandwurmes.

sphaera, sobald es ins Freie gelangt[1]. Nur bei dem *Breiten Bandwurm* (*Diphyllobothrium latum*) ist dies, wie wir später sehen werden, nicht der Fall. Der Embryo bleibt bis zu dem Zeitpunkt, wo er von einem passenden Zwischenwirt aufgenommen wird, unverändert.

Die *Sechshakenlarve* (Abb. 107b) oder *Oncosphaera* trägt diesen Namen, weil sie mit *sechs Haken* versehen ist. Sie schlüpft aus dem Ei bzw. der Embryophore, nachdem diese in den Magen eines Wirtes gelangt sind, der für ihre weitere Entwicklung in Frage kommt, und nachdem die Verdauungsfermente die Schalen des Eies und des Em-

---

[1] Die beschalte Oncosphaera *allein* wird gewöhnlich bei den Gattungen *Taenia* und *Echinococcus* fälschlicherweise als „Bandwurmei" bezeichnet. Die Embryonalschale mit Oncosphaera nennt man in diesem Fall aber richtig *Embryophore*.

bryos bzw. der Embryophore mehr oder weniger aufgelöst haben. Der
Durchmesser der Sechshakenlarve beträgt nur 20 μ. Mit Hilfe ihrer
Haken durchbohrt sie die Darmwand und gelangt durch das Blut- oder
Lymphgefäßsystem oder aber auch direkt durch das Parenchym an
eine Stelle im Körper ihres Wirtes, wo sie sich weiterentwickeln kann.
Nun verliert sie ihre Haken, wächst heran und erreicht ein Larven-
stadium, das je nach der Art des Bandwurmes ein sehr verschiedenes
Aussehen hat und im allgemeinen als Finne (im weiteren Sinne) be-
zeichnet wird (Abb. 107 c).

Dieses *Finnenstadium* trägt je nach seinem Bau verschiedene Namen:
Die *Finne* oder der *Blasenwurm* oder *Cysticercus* (Abb. 107 d) besteht
aus einer Blase, die mit einer Flüssigkeit angefüllt ist und nur einen
einzigen Kopf enthält. Der *Coenurus* ist eine umfangreichere Blase und
erzeugt direkt aus einer Keimmembran zahlreiche Köpfe. Die *Hydatide*
oder der *Echinococcus* besteht aus einer noch größeren Blase mit sehr
zahlreichen Köpfen. Diese entstehen im Innern von Brutkapseln, die
selber aus der Keimmembran hervorgegangen sind. Das meist ge-
schwänzte *Cysticercoid* besitzt nur eine rudimentäre Blase und besteht
fast nur aus einem eingestülpten Bandwurmkopf. Endlich gibt es bei
dem Breiten Bandwurm zwei aufeinanderfolgende Finnenformen. Die
erste heißt *Procercoid*, die zweite *Plerocercoid*.

Die Finnenstadien können längere oder kürzere Zeit bei ihrem
Zwischenwirt leben, sich aber niemals bei ihm in geschlechtsreife Tiere
verwandeln. Zu diesem Zweck muß die Finne im weiteren Sinne mit
ihrem Wirt oder mit einem Teil desselben unbedingt von dem Endwirt
verschluckt werden. Dann erst zerreißt die Blase — bzw. was ihr entspricht — oder löst sich auf, und jeder in der Finne enthaltene Kopf
verwandelt sich in einen geschlechtsreifen Bandwurm. Es bildet sich
zunächst am Halse ein erstes Glied, dann zwischen Hals und erstem
Glied ein zweites, und so geht es weiter, bis im Verlaufe einiger Monate
mehrere hundert Glieder oder Proglottiden entstehen (Abb. 107 e).

Die meisten Bandwürmer entwickeln sich auf diese Weise. Jedoch
bilden einige eine Ausnahme von der Regel. Es gibt z. B. Arten wie
der *Zwergbandwurm* (*Hymenolepis nana*), deren Zwischenwirt zugleich
den Endwirt darstellt, wo also ein Wirt gleichzeitig die Finne und den
geschlechtsreifen Bandwurm beherbergt. Andere wie der *Breite Bandwurm* (*Diphyllobothrium latum*) haben zwei Finnenformen, von denen
jede in einem verschiedenen Zwischenwirt lebt. Wir finden also hier
wie auch bei verschiedenen Trematoden nicht einen einzigen, sondern
zwei Zwischenwirte.

Einteilung. Die wichtigsten im Menschen parasitierenden Bandwürmer müssen in zwei große Gruppen eingeteilt werden, die folgende
Familien enthalten:

Vier Saug-näpfe, laterale Genital-öffnungen	Genitalöffnungen abwechselnd an der einen oder anderen Seite, Uterusschläuche zusammen-hängend } **Taeniidae**	Sehr große mehrere Meter lange Würmer mit zahlreichen Gliedern	Mit Ro-stellum u. Hakenkr.	*Schweineband-wurm (Taenia · solium)*
			Ohne Ro-stellum u. ohne Ha-kenkranz	*Rinderband-wurm (Taenia saginata)*
		Sehr kleine, nur einige Millimeter lange Würmer mit drei Gliedern		*Hundewurm (Echinococcus granulosus)*
Cyclo-phyllidea	Genitalöffnungen nur an einer Seite, Uterus-schläuche zusammen-hängend	**Hymenolepididae**		*Zwergband-wurm (Hyme-nolepis nana)*
	Zwei Genitalöffnungen an jedem Glied, Uterus-schläuche in Parenchym-kapseln zerfallend	**Dilepididae**		*Gurkenkern-bandwurm (Dipylidium caninum)*
Zwei Sauggruben, mediane, ventrale Genitalöffnungen, **Pseudophyllidea**		**Diphyllobothriidae**		*Fischband-wurm (Di-phyllobo-thrium latum)*

I. Schweinebandwurm (Taenia solium).

Morphologie. Der *Schweinebandwurm* oder *Bewaffnete Bandwurm* (*Taenia solium*) ist eine der beiden großen Taenien, die als Parasiten des Menschen vorkommen. Er besitzt eine Länge von 2—3, bisweilen von 8 m. Der Scolex (Abb. 108) ist *kugelig*, hin und wieder viereckig, und hat einen Durchmesser von 1 mm. Er ist mit einem kurzen *Rostellum* und einem doppelten Kranz von 25—50 *Haken* versehen. Die Haken des einen Kranzes sind 160—180 μ, diejenigen des anderen 110—140 μ lang. Die 4 Saugnäpfe sind *rund* und treten deut-lich hervor. Der Hals ist kurz und dünn. Die ersten Glieder sind viel breiter als lang, die mittleren ebenso lang wie breit und die letzten ungefähr doppelt so lang wie breit. Die Genitalöffnungen liegen *ziem-*

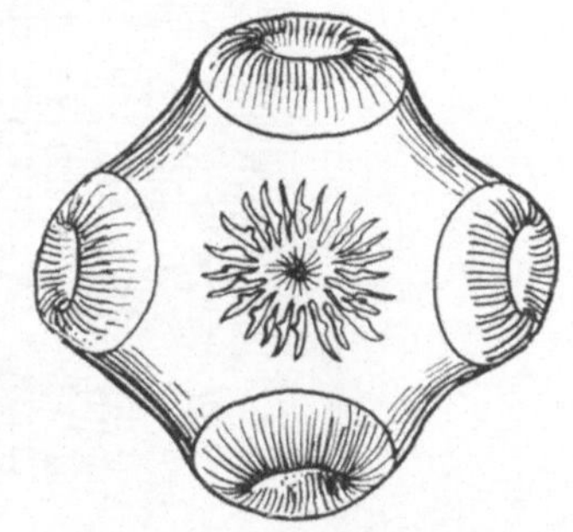

Abb. 108. *Kopf oder Scolex vom Schweinebandwurm (Taenia solium).* Beachte den Hakenkranz und die 4 Saugnäpfe.

lich regelmäßig rechts und links alternierend am Seitenrand. Bei reifen Gliedern kann man durch Aufhellen in Essigsäure den Uterus sichtbar machen. Er weist 7—10 *dicke verästelte* Seitenzweige auf (Abb. 109). Die reifen Glieder lösen sich *in kleinen Gruppen* zu 5 oder 6 Stück ab und gelangen *ohne Wissen des Kranken mit dem Kot ins Freie.*

Biologie. Der Schweinebandwurm lebt meistens allein im ersten Teil des Dünndarmes. Es können jedoch auch mehrere Exemplare bei einem Wirt vorkommen. Er ist Kosmopolit, *in Deutschland und Frankreich jedoch jetzt selten.* Besonders infolge der Durchführung der Fleischbeschau ist die Zahl der Fälle in Deutschland ganz erheblich zurückgegangen.

Die *Eier* werden nicht im Darm abgelegt, da der Uterus vollständig blind geschlossen ist. Die Eier gelangen erst ins Freie durch Auflösung der abgestoßenen Glieder. Der Durchmesser der Eier oder richtiger der Embryophoren beträgt 31—56 μ.

Die *Finne* ist ein Cysticercus, der *Cysticercus cellulosae* (Abb. 110) genannt wird. Der Zwischenwirt ist das *Schwein*, ausnahmsweise der *Mensch*, der daher diesen Bandwurm *als Finne und als geschlechtsreifen Wurm* beherbergen kann. Die Finne entwickelt sich gewöhnlich in den Muskeln des Schweines. Sie hat die Form einer eiförmigen, mit Flüssigkeit gefüllten Blase. Sie kann eine Länge von

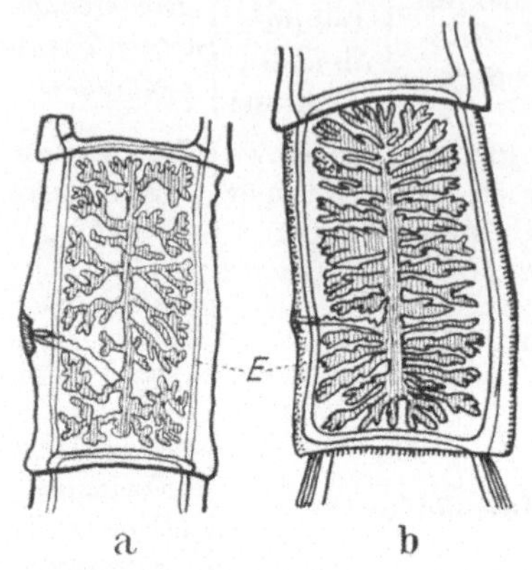

Abb. 109. *Reifes Glied* (*Proglottis*) *a vom Schweinebandwurm* (*Taenia solium*), *b vom Rinderbandwurm* (*Taenia saginata*). *E* Excretionskanal.

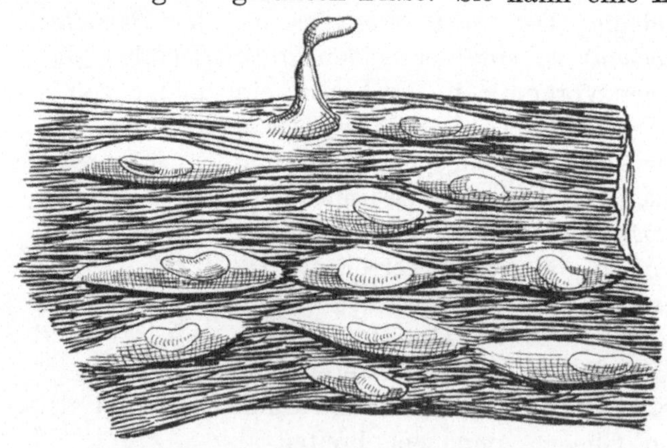

Abb. 110. *Cysticercus cellulosae* (*Finne vom Schweinebandwurm* [*Taenia solium*]) in einem Muskelstück vom Schwein. Um ¹/₄ größer als in der Natur.

15 mm und eine Breite von 7—8 mm erreichen und enthält einen eingestülpten Scolex. Dieser besitzt wie das geschlechtsreife Tier ein Rostellum und einen doppelten Hakenkranz.

Durch den Genuß von ungenügend gekochtem Schweinefleisch, in dem sich lebende Finnen befinden, infiziert sich der Mensch mit dem Bandwurm, der im Darm geschlechtsreif wird.

Indem der Mensch Bandwurmeier verschluckt, die an unsauberen Händen von Bandwurmträgern oder an roh genossenem Gemüse haften, oder die auch im Trinkwasser vorhanden sind, kommt es zur Infektion mit den Bandwurmfinnen.

Pathogene Bedeutung. Da der Mensch den Schweinebandwurm als Finne und als geschlechtsreifen Bandwurm beherbergen kann, verursacht er in ihm zwei ganz verschiedene Erkrankungen. Die eine entsteht durch die Anwesenheit des geschlechtsreifen Bandwurms im Darm und heißt *Taeniose*, die andere wird durch das Vorhandensein der Finne in verschiedenen Organen hervorgerufen und trägt den Namen *Cysticercose*.

Taeniose. Das Vorhandensein des geschlechtsreifen Bandwurms im Darm verursacht keine tödliche Erkrankung, kann aber bei nervösen oder schwächlichen Personen und bei Kindern sehr verschiedenartige, bisweilen beunruhigende Merkmale hervorrufen.

Die Magen-Darm-Störungen äußern sich durch Heißhunger, häufiger noch durch Appetitlosigkeit, ein Gefühl der Schwere in der Magengrube und meist durch unbestimmbare Schmerzen in den Gedärmen. Auch beobachtet man Übelkeit, Aufstoßen, Erbrechen von Nahrung oder Schleim, Durchfall oder Stuhlverstopfung, bisweilen ruhrartige Störungen und sogar scheinbare Leberkoliken.

Am beunruhigendsten, besonders bei Kindern, sind die Symptome nervöser Erkrankungen. Es können epileptiforme, hysteriforme und veitstanzähnliche Erscheinungen auftreten, von Kopfschmerzen begleitete Krämpfe, die eine Meningitis, ja sogar psychische Störungen vortäuschen.

Alle diese Erscheinungen hören plötzlich auf, wenn der Wurm abgetrieben ist.

Cysticercose. Die Cysticercose ist eine Erkrankung, die durch das Vorhandensein der Finne des Schweinebandwurms im menschlichen Organismus verursacht wird. Der Mensch infiziert sich entweder durch Verschlucken von Bandwurmeiern, die die Oncosphaera enthalten, oder, wenn er bereits Bandwurmträger ist, durch *Autoinfektion* dadurch, daß einige Glieder infolge heftiger antiperistaltischer Bewegungen in den Magen gelangen.

Sind die Finnen in geringer Anzahl vorhanden, so finden sie sich vor allem im Auge und in den dazugehörigen Teilen. Dies gilt für 46% aller Fälle. Zu 40% findet man sie dann im Nervensystem, zu 6% in der Haut und im Bindegewebe, zu 3% in den Muskeln und noch seltener in anderen Organen. Handelt es sich jedoch um eine starke Infektion, so trifft man die Finnen überall an.

Infolge des verschiedenen eben erwähnten Vorkommens der Finnen ist es leicht verständlich, daß die Symptome der Cysticercose bis ins Unendliche variieren.

II. Rinderbandwurm (Taenia saginata).

Morphologie. Der *Rinderbandwurm* oder *Unbewaffnete Bandwurm* (*Taenia saginata*) (Abb. 111) ist die zweite große Tänie des Menschen.

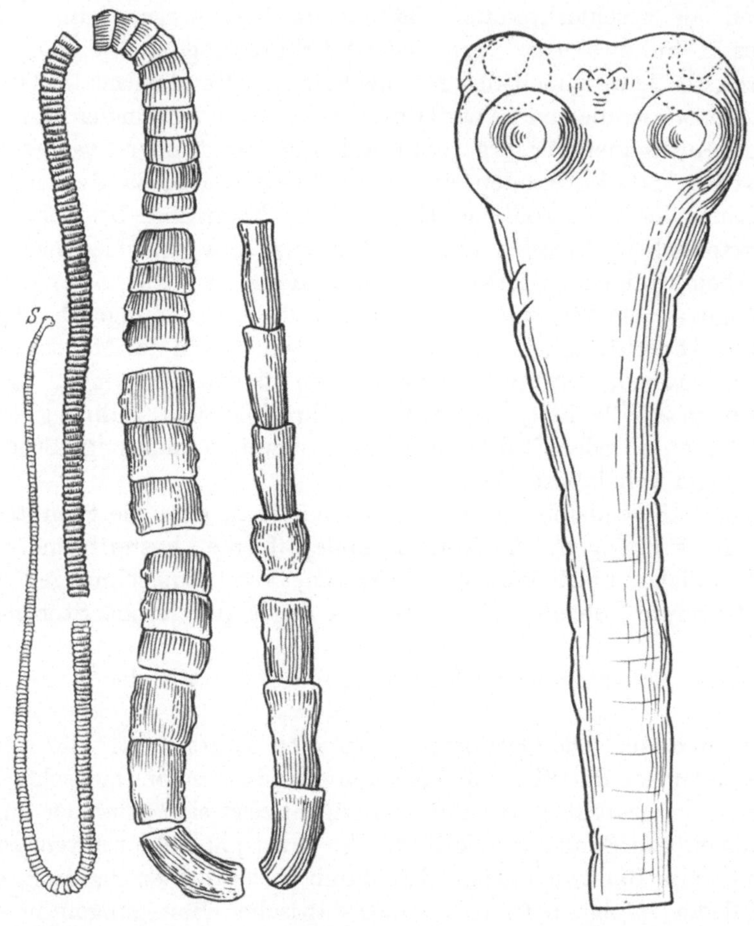

Abb. 111. *Teile einer Bandwurmkette (Scolex [S] und Proglottiden) vom Rinderbandwurm (Taenia saginata)*. Natürliche Größe. Nach LEUCKART.

Abb. 112. *Kopf (Scolex) und Halsteil vom Rinderbandwurm (Taenia saginata)*. Beachte das Fehlen eines Hakenkranzes. In 20facher Vergrößerung.

Aber was die Häufigkeit seines Vorkommens anbetrifft, so steht er an erster Stelle. Er ist 4—10 m lang. Der Scolex ist *birnenförmig* und hat einen Durchmesser von 1—2 mm. *Rostellum und Haken fehlen ihm*. Die 4 Saugnäpfe sind *elliptisch*. Der längliche Hals ist meist halb so breit wie der Kopf (Abb. 112). Die ersten Glieder sind kurz und bleiben einen großen Teil der Kette hindurch breiter als lang. Die reifen Proglottiden sind länger als breit. Ihre Länge beträgt 16—20 mm, ihre Breite 5—7 mm. Die seitenständigen Genitalöffnungen *wechseln rechts und links unregelmäßig ab*. Die 15—30 Verästelungen des Uterus, die nach Behandlung mit Essigsäure sichtbar werden, sind *eng* und *dichotom verzweigt*.

Die reifen Glieder lösen sich *einzeln* ab, können kriechende Bewegungen ausführen und verlassen, *unabhängig von der Stuhlentleerung*, den Darm aktiv durch die Afteröffnung. Der Kranke findet die Proglottiden in seinen Kleidern oder in seinem Bett. *Es kann ihm nicht entgehen, daß er einen Bandwurm beherbergt.*

Biologie. Der Rinderbandwurm lebt wie der vorhergehende meistens allein im Dünndarm. Er ist Kosmopolit und der *in Deutschland und Frankreich am häufigsten vorkommende Bandwurm*.

Die *Eier* oder richtiger Embryophoren werden nicht im Darm abgelegt. Sie sind noch ausgesprochener eiförmig und weniger undurchsichtig als diejenigen des Schweinebandwurms. Ihre Länge beträgt 30—40 μ, ihre Breite 20—30 μ.

Die *Finne* ist ein Cysticercus, der *Cysticercus bovis* genannt wird. Der Zwischenwirt ist das *Rind* oder in bestimmten Ländern andere Boviden, wie das *Zebu* oder der *Büffel*. Vorzugsweise sitzen die Finnen im fettigen Bindegewebe, welches die quergestreifte Muskulatur des Herzens umgibt. Es ist sehr schwierig, die Finnen zu finden, einerseits ihrer geringen Anzahl wegen, andererseits infolge ihrer Ähnlichkeit mit den Fettkügelchen, in die sie eingebettet sind. Die vollkommen entwickelte *Rinderfinne* ist *unbewaffnet* und etwas kleiner als die Schweinefinne, die, wie wir gesehen haben, mit Haken versehen ist.

Durch den Genuß von rohem oder noch ungarem Rinderfleisch, in dem sich lebende Finnen befinden, infiziert sich der Mensch mit dem Rinderbandwurm.

Pathogene Bedeutung. Der geschlechtsreife Rinderbandwurm verursacht, wenn er im Darm des Menschen vorhanden ist, eine *Täniose*, deren Symptome die gleichen sind wie die vom geschlechtsreifen Schweinebandwurm hervorgerufenen, und die wir dort bereits besprochen haben.

III. Hundewurm (Echinococcus granulosus).

Der *Hundewurm (Echinococcus granulosus)* ist im geschlechtsreifen Stadium nicht Parasit des Menschen, sondern lebt im Darm des *Hundes*[1]. Wir erwähnen aber den Hunde(band)wurm, weil der Mensch,

---

[1] Im Darm der Katze kommt der Hundewurm nur ganz ausnahmsweise vor. Demzufolge kommt die Katze als Infektionsquelle für die Echinokokkenkrankheit praktisch nicht in Frage. [Vgl. A. ERHARDT: Arch. d. Ver. d. Freunde d. Naturg. i. Mecklbg. N. F. **15**, 13—17 (1940).]

wie übrigens viele Tiere, seine Finnen, die sog. *Hülsenwürmer, Hydatiden*
oder *Echinokokkenblasen* beherbergen kann. Die Finnen bewirken eine Erkrankung beim Menschen, die unter dem Namen
cystische Echinokokkenkrankheit bekannt ist.

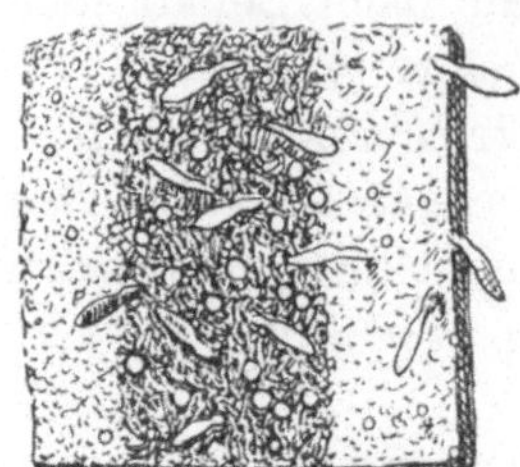

Morphologie. So groß die beiden Bandwürmer
sind, von denen wir soeben gesprochen haben,
so klein ist der Hundewurm (Abb. 113). Seine
Länge schwankt zwischen 3 und 6 mm. Der
Scolex ist mit einem vorstülpbaren Rostellum
und einem doppelten Hakenkranz versehen.
Die Länge der Haken schwankt zwischen 20
und 40 μ. Der Hals ist kurz, und die Kette
besteht nur aus 3—4 Gliedern, von denen nur
das letzte zur Reife gelangt. Es ist ungefähr
2 mm lang und 0,6 mm breit. Die Genital-

Abb. 113. *Teil der Darm-*
schleimhaut eines experimen-
tell infizierten Hundes mit
zahlreichen Hundewürmern
(Echinococcus granulosus).
Natürliche Größe.

öffnungen liegen *abwechselnd* auf der linken und rechten Seite (Abb. 114).

Biologie. Man findet diesen kleinen Hundebandwurm zahlreich im
Darm des Hundes. Da sein Scolex zwischen den Darmzotten haftet,
sieht man nur die beiden letzten Proglottiden daraus
hervorragen. Er ist ein kosmopolitischer Parasit.

Das *Ei* (Embryophore) ist 32—36 μ lang, 21—30 μ
breit und von annähernd eiförmiger Gestalt. Als
Zwischenwirte kommen in Frage: der *Mensch*, zahlreiche Säugetiere, besonders das *Rind*, das *Schaf* und
das *Schwein*. Wird das Ei von einem solchen Zwischenwirt verschluckt, so löst sich die Schale im Magen auf,
und die *Sechshakenlarve* schlüpft aus. Sie durchbohrt
die Magen- oder Dünndarmwand und gelangt in die
Lymph- oder Blutbahn. Der Durchmesser der Oncosphaera beträgt 20—25 μ, aber sie kann sich derartig

strecken, daß sie überall dort hindurchkommt, wo
noch ein rotes Blutkörperchen hindurchgehen kann.
Viele Sechshakenlarven gelangen in die Pfortader und

Abb. 114. *Hunde-*
wurm (Echinococcus
granulosus). (Ver-
größert.)

kommen so in die Leber, wo sie sich festsetzen. Eine bestimmte Anzahl
passiert aber die Capillaren der Leber und gelangt mit dem Blutstrom
in die rechte Herzkammer. Von dort kommen die Sechshakenlarven
in den Lungenkreislauf und setzen sich in der Lunge fest. Andere endlich passieren auch die Lungencapillaren, gelangen in die linke Herzkammer und dadurch in den großen Körperkreislauf. Auf diese Art
und Weise können sie an sehr verschiedene Körperstellen gelangen und
sich überall festsetzen.

An ihrem Bestimmungsort angelangt, verwandelt sich die Sechshakenlarve in eine *Finne*, die *Hydatide, Echinokokkenblase, Hülsenwurm*

oder *Blasenwurm* genannt wird. Sie ist mit einer Flüssigkeit angefüllt, wächst langsam heran und erreicht in einigen Monaten bisweilen eine beträchtliche Größe, z. B. die Kopfgröße eines erwachsenen Menschen. Es ist seltsam, daß einer der kleinsten bekannten Bandwürmer eine Finne besitzt, die an Größe die Finnen fast aller anderen Bandwurmarten übertrifft. Der Unterschied zwischen einer Hydatide (Echinococcus) und einem Cysticercus beruht darauf, daß erstere eine be-

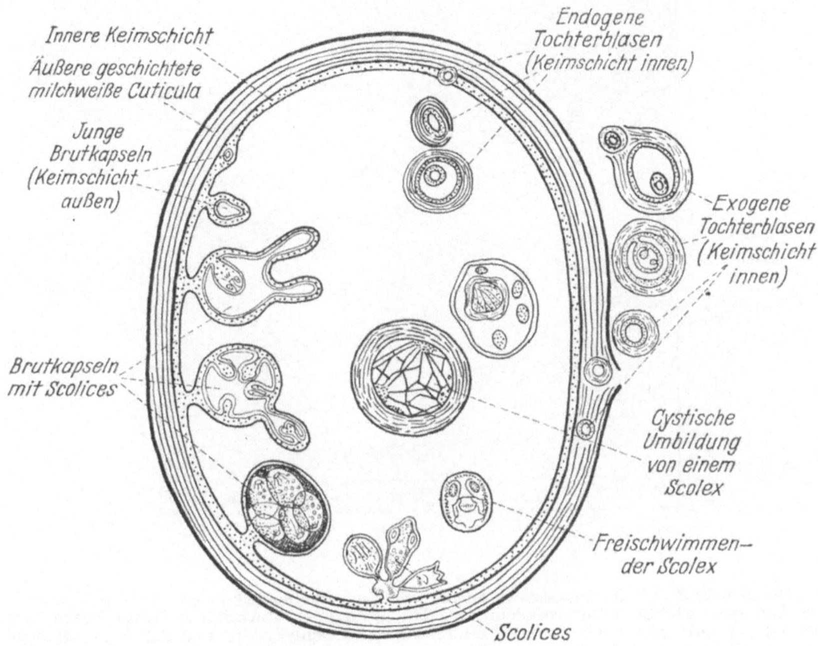

Abb. 115. *Echinokokkenblase oder Hydatide* aus dem Finnenbalg (Cystenmembran) herauspräpariert. Schema. Nach R. BLANCHARD.

trächtliche Anzahl von Scolices hervorbringt, während der Cysticercus niemals mehr als einen Kopf enthält.

Die Hydatiden werden vom Hunde und von einigen anderen Raubtieren beim Fraß von Eingeweiden infizierter herbivorer Haustiere verschluckt. Aus den Hydatiden entwickeln sich immer in sehr großer Anzahl die Hundewürmer, denn jeder in der Echinokokkenblase enthaltene Scolex verwandelt sich in einen geschlechtsreifen Bandwurm.

Bau der Echinokokkenblase. Die zur vollen Entwicklung gelangte Hydatide oder Echinokokkenblase oder Mutterblase besteht aus 6 Teilen (Abb. 115 u. 116), die folgende Bezeichnungen haben:

1. eine *äußere* geschichtete, milchweiße *Cuticula;*

2. eine mit Kalkkörperchen und Kernen versehene *innere Keimschicht;*

3. die *Hydatidenflüssigkeit*, die klar wie Bergwasser ist;

4. die *Brutkapseln*, die aus der Keimschicht entstehen, und die ihrerseits durch Knospung im Durchschnitt 10—30 Scolices oder Band-

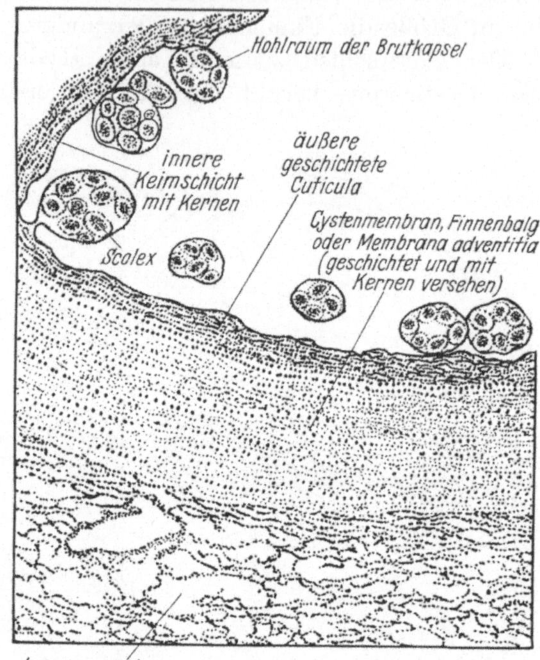

Abb. 116. *Schnitt durch die Lunge eines Schafes mit einer Echinokokkencyste.* Innerhalb des Finnenbalges befindet sich die Echinokokkenblase, Hydatide oder Mutterblase (Echinococcus cysticus fertilis oder veterinorum), die auch als *Hülsenwurm* bezeichnet wird und das *Finnenstadium des Hundewurmes* (*Echinococcus granulosus*) darstellt.

wurmköpfe in ihrem Innenraum erzeugen. Die Brutkapseln sind mit bloßem Auge erkennbar, und ihr Durchmesser schwankt zwischen 258 μ und 300 μ. Entleert man den Inhalt einer Mutterblase, die man in diesem

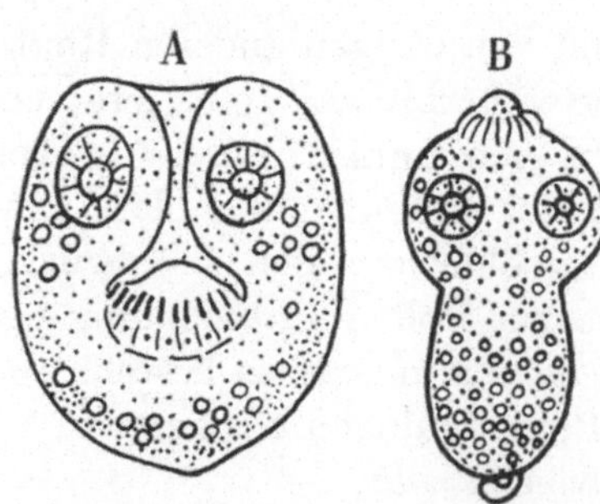

Abb. 117. *Kopf oder Scolex vom Hundewurm* (*Echinococcus granulosus*). *A* eingestülpt, *B* ausgestülpt. Stark vergrößert.

Fall als *Echinococcus cysticus fertilis* bezeichnet, in ein Glas, so fallen die Brutkapseln auf den Grund und bilden einen sandähnlichen Satz, den sog. Hydatidensand;

5. die meist eingestülpten *Scolices* (Abb. 117) erscheinen als eiförmige Masse mit einem in ihrer Mitte gelegenen Kranz von 30—40 lichtbrechenden Haken. Diese Haken sind kleiner als beim geschlechtsreifen Hundewurm;

6. die *Tochterblasen*, die sich nach den klassischen Autoren folgendermaßen bilden: Kleine Keimschichtinseln können zwischen den Schichten der äußeren Cuticula eingeschlossen sein. Aus diesen Inselchen bilden sich Blasen von demselben Bau wie die Mutterblase. Je nachdem diese Tochterblasen in das Innere der großen Mutterblase oder nach außen durchbrechen, hat man *endogene* oder *exogene* Tochterblasen vor sich. Letztere liegen dann zwischen der Mutterblase und der vom Wirt gebildeten bindegewebigen Cystenmembran.

Außerdem können bestimmte Scolices durch regressive Blasenmetamorphose sich in Tochterblasen mit einer geschichteten Cuticula verwandeln. Nach einigen Autoren ist diese cystische Umbildung der normale Entstehungsmodus der endogenen Tochterblasen.

Bestimmte Hydatiden entwickeln sich weiter und können sogar einen beträchtlichen Umfang erreichen, ohne daß sich ein Scolex bildet. Sie bleiben steril, und man nennt sie *Acephalocysten*. Andererseits können aus Tochterblasen auch *Enkelblasen* entstehen.

Die soeben beschriebenen Teile werden von der Finne bzw. vom geschlechtsreifen Hundewurm gebildet. Außerdem ist die Echinokokkenblase im Wirt aber noch von einer mehr oder weniger dicken, geschichteten und mit Kernen versehenen fibrösen Kapsel, der sog. Cystenmembran, umgeben. Diese Cystenmembran wird vom infizierten Organ gebildet, das die Fähigkeit zur Kapselbildung besitzt. Die Cystenmembran trägt die Bezeichnung *Finnenbalg* oder *Membrana adventitia*. Sie wird also vom Wirt gebildet und gehört nicht zum Parasiten. Die Hydatide und der sie umgebende Finnenbalg werden zusammen als *Echinokokkencyste* bezeichnet.

Pathogene Bedeutung. Die Bildung einer Echinokokkencyste im menschlichen Organismus ist die Ursache der Erkrankung, die man gewöhnlich als *Echinokokkose* oder *cystische Echinokokkenkrankheit* bezeichnet. (Vgl. G. Hosemann, E. Schwarz, J. C. Lehmann u. A. Posselt: Neue Deut. Chir. 40, 1928.)

Man findet die Echinokokkencysten etwa zu 65% aller Fälle in der Leber und zu 10% in der Lunge. Viel seltener treten sie in anderen Organen auf. Die primären Echinokokkencysten kommen beim Menschen im allgemeinen einzeln vor. Die Infektion findet in diesem Falle durch Aufnahme der Oncosphaera per os statt.

Die Symptome schwanken je nach dem Sitz des Parasiten beträchtlich.

Die Echinokokkose ist eine kosmopolitische Krankheit, jedoch werden bestimmte Gegenden stärker von ihr heimgesucht als andere, so kommt sie in Deutschland besonders häufig in Mecklenburg und Pommern vor. Stark verbreitet ist sie ferner in Island, Argentinien, Uruguay und Australien.

Die *sekundäre Echinokokkose* ist eine Erkrankung, die durch sog. *Keimaussaat* hervorgerufen wird. Diese Keimaussaat kommt dadurch zustande, daß im Organismus durch spontane, traumatische oder operative Öffnung primärer Echinokokkencysten die Scolices frei werden. *Diese Scolices können sich durch regressive Blasenmetamorphose in vermehrungsfähige Mutterblasen* mit Brutkapseln und Scolices *verwandeln.*

Man bezeichnet als *alveoläre Echinokokkenkrankheit* einen Wurmtumor, der gewöhnlich in der Leber sitzt. Er besteht aus einer bindegewebigen Grundsubstanz, die von vielen kleinen Bläschen durchfurcht ist. Letztere enthalten gelatinöse Füllmasse. Man hat lange Zeit behauptet, daß diese Krankheit von der Finne eines sehr nahe verwandten, aber doch artlich verschiedenen Hundewurmes hervorgerufen würde. Mehrere Autoren vertreten aber heute die Ansicht, daß die verschiedenen Formen der Echinokokkenkrankheiten von einem einzigen Erreger verursacht werden.

IV. Zwergbandwurm (Hymenolepis nana).

Morphologie. Der *Zwergbandwurm (Hymenolepis nana)* ist sehr klein, wie es sein Name bereits andeutet. Er ist 10—25 mm lang und 0,55—0,70 mm breit. Der Scolex (Abb. 118) besitzt ein kurzes, einziehbares Rostellum mit einem einfachen Hakenkranz. Die Haken sind 14—18 μ lang. Der Hals hat eine ziemliche Länge. Die ersten Glieder sind sehr kurz und nehmen allmählich an Länge und Breite zu. Die Genitalöffnungen münden alle an derselben Seite des Wurmes, randständig in jedem Glied, sie sind also *unilateral* (Abb. 119).

Biologie. Der Zwergbandwurm lebt normalerweise in dem letzten Teil des Ileum des Menschen, und man findet die Würmer dort meist in großer Zahl. Der Zwergbandwurm ist besonders ein Parasit der Kinder.

Die *Eier* sind elliptisch mit einer äußeren 40—50 μ langen

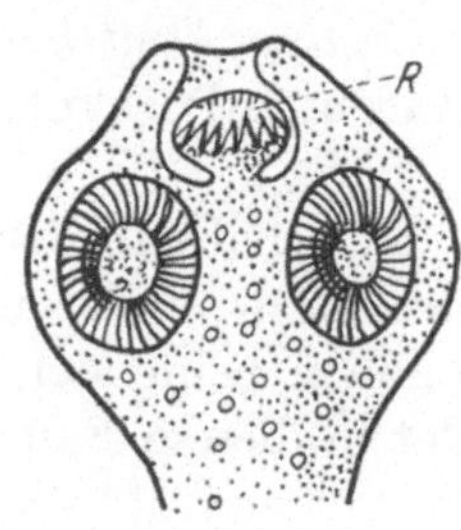

Abb. 118. *Kopf oder Scolex vom Zwergbandwurm (Hymenolepis nana) mit eingezogenem Rostellum (R).* Nach R. BLANCHARD.

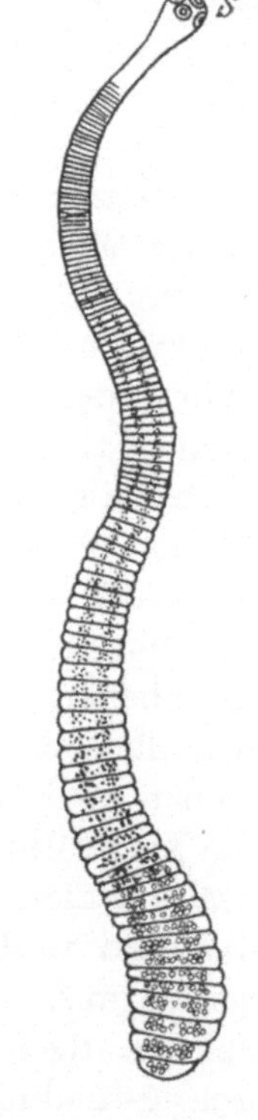

Abb. 119. *Zwergbandwurm (Hymenolepis nana). S* Scolex oder Kopf. In 12 facher Vergrößerung. Nach LEUCKART.

Hülle (Eischale) und einer länglichen inneren Hülle (Embryonalschale), die 29—30 μ lang ist und an jedem Ende eine deutliche Verdickung trägt (Abb. 3). Die abgestoßenen Glieder werden im Darm zum Teil verdaut.

und die Eier gelangen dadurch in das Darmlumen. *Man kann demnach die frei gewordenen Eier im Kot der Kranken finden.*

Die *Finne* (Abb. 120) ist ein *Cystercoid* und lebt innerhalb der Zotten des Dünndarmes des *Menschen*, der für den ersten Teil des Entwicklungscyclus als Zwischenwirt dient. Der Mensch wird später auch Endwirt, wenn die 5—6 Tage alten, reifen Cystercoide die Darmzotten durchbrechen und die Bandwürmer geschlechtsreif im Darmlumen werden. Aus diesem Grunde kann *Autoinfektion* stattfinden, woraus sich die Fälle von außerordentlich starkem Massenbefall erklären. Die Autoinfektion entsteht, wenn der Mensch seine mit Bandwurmeiern verunreinigte Hand an den Mund führt und die Eier verschluckt, die dann die Cystercoide ergeben. Den gleichen Infektionsweg haben wir bereits bei den Oxyuren besprochen.

Experimentell hat man festgestellt, daß sich die Cystercoide des Zwergbandwurms bei zwei *Mehlkäferarten* entwickeln, nämlich bei *Tenebrio molitor* und *T. obscurus.* Bei diesen Zwischenwirten erreichen die Cystercoide einen größeren Umfang als in den Darmzotten des Menschen.

Pathogene Bedeutung. Wenn die Zwergbandwürmer im menschlichen Darm sehr zahlreich vorhanden sind, beobachtet man alle Erscheinungen der Helminthose.

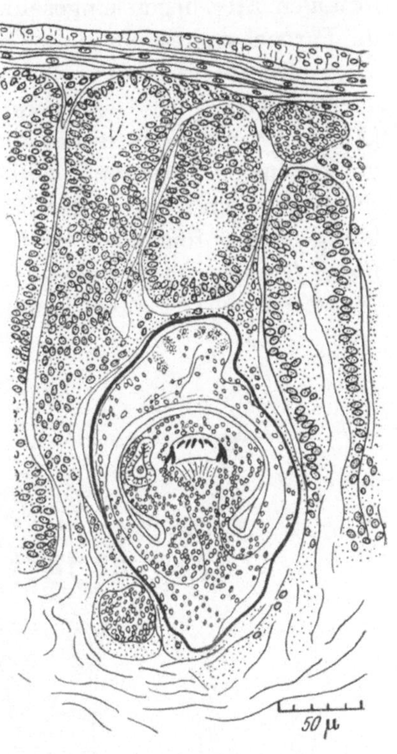

Abb. 120. *Cysticercoid (Finne) vom Zwergbandwurm (Hymenolepis)* in einer Darmzotte.

V. Gurkenkernbandwurm (Dipylidium caninum).

Morphologie. Der *Gurkenkernbandwurm (Dipylidium canium)* ist 15 bis 40 cm lang und höchstens 2—3 mm breit. Der Scolex (Abb. 121 u. 122) ist klein. Er besitzt ein Rostellum, das mit 4 Hakenkränzen versehen ist. Die Haken sind rosendornenförmig und je nach dem Kranz, zu dem sie gehören, 5—15 μ lang. Der Hals ist kurz und dünn. Die anfänglich sehr kurzen Glieder sind später trapezförmig und am Ende länger als breit. Die reifen Proglottiden gleichen Gurkenkernen. Auf diese Ähnlichkeit ist der Name des Bandwurms zurückzuführen. Die Genitalöffnungen sind *bilateral,* es befinden sich also zwei an jedem

Glied (Abb. 123), und zwar je eine in der Mitte des rechten und linken Seitenrandes.

Biologie. Der Gurkenkernbandwurm ist ein häufiger Parasit des Dünndarmes von Katzen und Hunden. Gelegentlich findet man ihn auch bei Kindern.

Die mehr oder weniger kugelförmigen *Eier* liegen eingeschlossen in Parenchymkapseln und haben einen Durchmesser von 35—40 μ.

Die *Finne* ist ein *Cystercoid* (Abb. 124) und lebt in der Leibeshöhle einiger Insekten. Die Zwischenwirte sind, nach der Häufigkeit geordnet, folgende: der *Hundefloh* (*Ctenocephalus canis*), der *Menschenfloh* (*Pulex irritans*) und

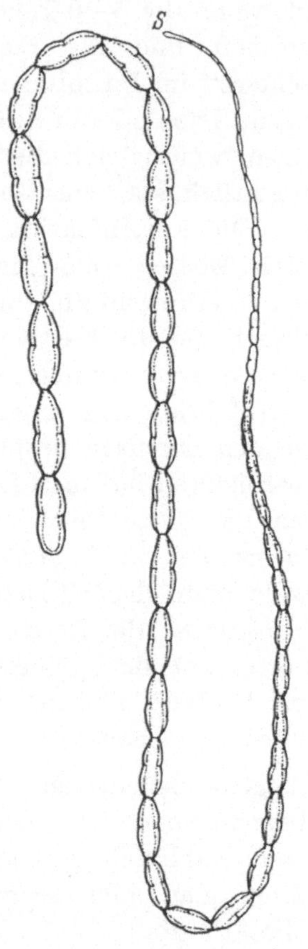

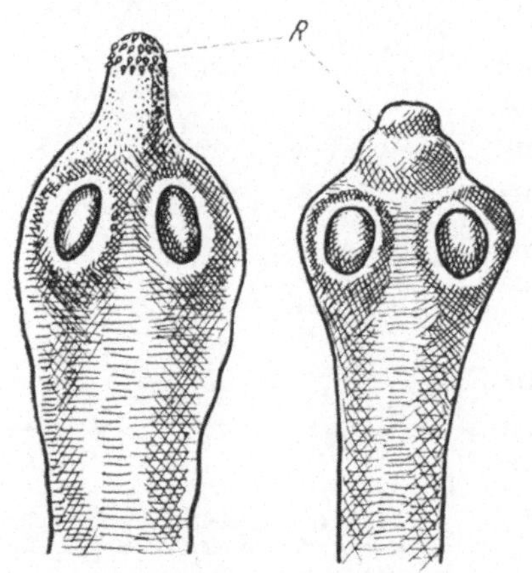

Abb. 121. *Kopf vom Gurkenkernbandwurm (Dipylidium caninum) mit ausgestülptem Rostellum (R).* In 50facher Vergrößerung.

Abb. 122. *Kopf vom Gurkenkernbandwurm (Dipylidium caninum) mit eingezogenem Rostellum (R).* In 50facher Vergrößerung.

Abb. 123. *Gurkenkernbandwurm (Dipylidium caninum).* S Scolex oder Kopf. Natürliche Größe.

der *Hundehaarling* (*Trichodectes canis*), der fälschlicherweise oft *Hundelaus* genannt wird. Ist der Zwischenwirt ein Floh, so kann die Infektion dieses Insektes nie im geschlechtsreifen Stadium stattfinden, denn der geschlechtsreife Floh ist unfähig, das Ei eines Gurkenkernbandwurmes zu verschlucken, da der Eidurchmesser größer ist als der Durchmesser des Flohrüssels. Aus diesem Grunde muß es die Floh-*Larve* sein, die die Eier des Wurmes verschluckt, da sie sich von festen Nahrungsteilchen ernährt. Die Sechshakenlarve bleibt in der Larve und der Puppe des Flohes unverändert und entwickelt sich erst beim geschlechtsreifen Floh zur Finne.

Kinder infizieren sich, indem sie zufälligerweise infizierte Flöhe verschlucken, die in Speisen gefallen sind.

Pathogene Bedeutung. Die Anwesenheit des Gurkenkernbandwurmes im Darm eines Kindes kann die gewöhnlichen Symptome der Helminthose hervorbringen.

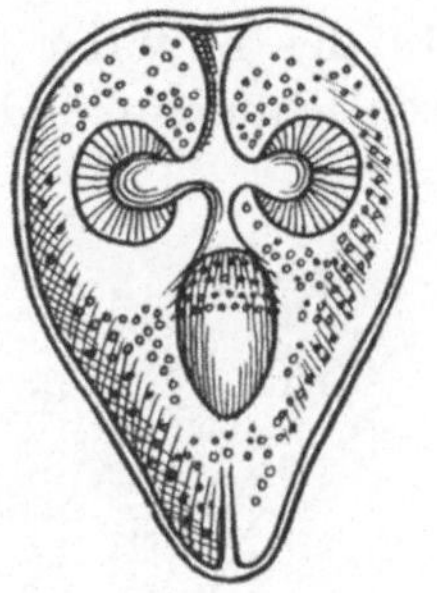

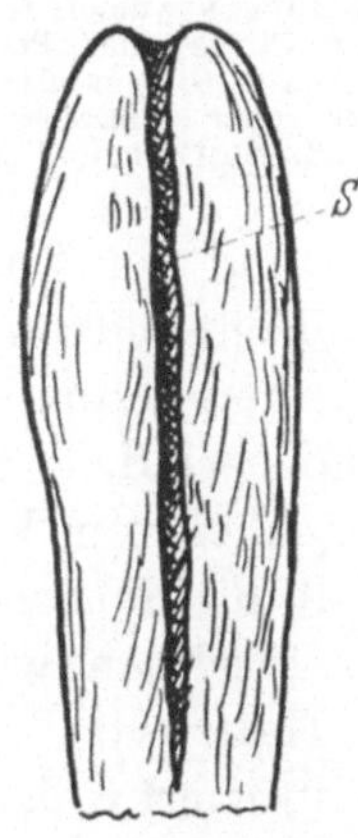

Abb. 124. *Reifes Cysticercoid (Finne) vom Gurkenkernbandwurm (Dipylidium caninum)*, sog. *Cryptocystis*. In 60fach. Vergrößerung. Nach VILLOT.

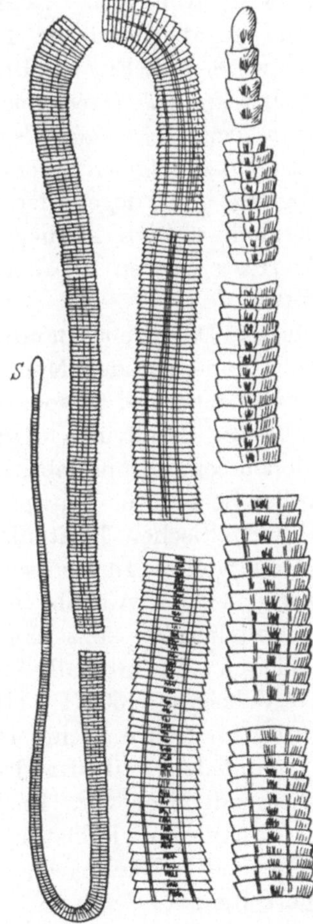

Abb. 125. *Teile einer Bandwurmkette [Scolex (S) und Proglottiden] vom Fischbandwurm (Diphyllobothrium latum)*. Natürliche Größe. Nach LEUCKART.

VI. Fischbandwurm (Diphyllobothrium latum).

Morphologie. Der *Breite Bandwurm* oder *Fischbandwurm* (*Diphyllobothrium latum*) ist ebenso lang, ja sogar länger als die beiden großen

Abb. 126. *Kopf oder Scolex vom Fischbandwurm (Diphyllobothrium latum). S* Sauggrube.

Tänien des Menschen (Abb. 125). Er ist im Durchschnitt 2—8, wird aber auch 10—12 m lang und besteht aus 3000—4000 Gliedern. Seine Farbe ist rötlichgrau. Der Scolex (Abb. 126) hat eine Länge von 1 bis 5 mm und weist zwei längliche Spalten auf, die sog. *Sauggruben*, von

denen die eine ventral, die andere dorsal liegt. Die Drehung des Halses
läßt sie lateral erscheinen. Die ersten Glieder sind nicht deutlich abgetrennt, die folgenden treten schärfer hervor und sind breiter als lang.
In der hinteren Hälfte der Kette erlangen die Proglottiden die Geschlechtsreife und zeigen im Mittelpunkt einen schwarzen, gelappten

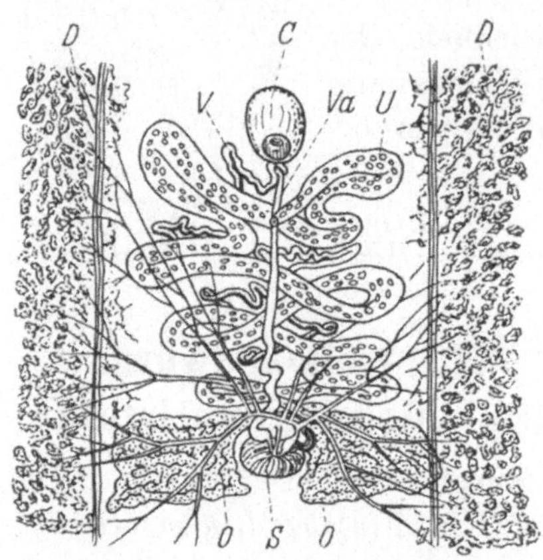

Abb. 127. *Ventralseite (sog. weibliche Seite)
eines reifen Gliedes (Proglottis) vom Fischbandwurm (Diphyllobothrium latum).* D Dotterstöcke. V Samengang (Vas deferens). C Cirrusbeutel, der den Cirrus oder Penis enthält.
Va Vagina. U Uterus. O Ovar oder Keimstock.
S Schalendrüse oder MEHLISscher Körper
(Ootyp). Nach SOMMER und LANDOIS.

Flecken, der durch die Anhäufung
der Eier im Uterus entstanden ist.
Die Genitalöffnungen, die Ausmün-
dungsstelle des Vas deferens und der
Vagina, liegt *median auf der Bauchseite.* Etwas tiefer darunter befindet
sich die Uterusöffnung, die der Eiablage dient (Abb. 127). Denn im
Gegensatz zu den anderen Band-
würmern werden die Eier des Breiten
Bandwurms *in den Darm abgelegt,*
und *man kann sie daher bei der
Kotuntersuchung finden.* Wenn die
Eier abgelegt sind, degenerieren die
Proglottiden, werden kleiner, und
ihre Überreste werden mit dem Kot
abgestoßen.

Biologie. Der Breite Bandwurm
lebt im Dünndarm des Menschen,
des Hundes und der Katze. Ein Mensch kann mehrere, ja sogar sehr
zahlreiche Fischbandwürmer beherbergen. Dieser Bandwurm wird nur
in den Gegenden gefunden, wo Fische, in denen seine Finne lebt, reichlich vorhanden sind, d. h. in der Nähe großer Seen. Für Europa sind
die hauptsächlichsten Verbreitungsherde die Baltischen Küstenländer
(Ostpreußen), die Schweizer Seen und das Donaudelta. In Deutschland
kommt der Fischbandwurm besonders häufig bei den Anwohnern des
Kurischen Haffs vor. Hier sind durchschnittlich 5—20% der Bevölkerung infiziert. Den prozentual höchsten Wurmbefall fanden
DEMBROWSKI und SZIDAT [Veröff. a. d. Geb. d. Volksgesdh. 50, H. 5 (1938)]
in dem Fischerdorf Pillkoppen auf der Kurischen Nehrung mit 44,3%
Bandwurmträgern. Außer in Ostpreußen kommt der Breite Bandwurm
in Deutschland nur noch am Starnberger See endemisch vor. In Asien
findet man den Parasiten in Turkestan, Japan und Palästina. In
Afrika kommt er in Uganda, am N'gami-See und in Madagaskar vor;
in Nordamerika wird er in Minnesota angetroffen.

Das *Ei* ähnelt demjenigen des Leberegels, es ist ellipsenförmig, mit
einem Deckel versehen, 70 μ lang und 45 μ breit (Abb. 3 u. 128, 1). Es
entwickelt sich im Wasser. Hier bildet sich in der Eihülle langsam die

Sechshakenlarve (Abb. 128, 2). Aus dem Ei schlüpft eine Wimperlarve, *Coracidium* genannt (Abb. 128, 3). Diese Wimperlarve schwimmt einige Tage im Wasser umher und muß dann nacheinander *zwei Zwischenwirte* passieren, ehe sie zu ihrem Endwirt gelangt. Die freien Wimperlarven werden von kleinen Krebschen, sog. *Copepoden* oder *Hüpferlingen* gefressen, unter anderen von *Cyclops strenuus* (Abb. 128, 4) und *Diaptomus gracïlis* (Abbildung 209 B). Die aus der Wimperhülle schlüpfende Sechshakenlarve dringt nun in die Leibeshöhle der Hüpferlinge ein und verwandelt sich in ein *Procercoid* (Abb. 128, 5, 6, 7). Letzteres ist das erste Finnenstadium des Breiten Bandwurms. Das herangewachsene Procercoid ist 500 μ lang. Wenn die Procercoide mitsamt ihrem Wirt von jungen Fischen verschluckt werden, durchbohren sie die Darmwand der letzteren und encystieren sich in verschiedenen Organen. Hier entwickeln sie sich zu *Plerocercoiden*. Diese stellen das zweite Finnenstadium des Breiten Bandwurms dar. Die Plerocercoide werden in den Eingeweiden und Muskeln bestimmter Fische angetroffen, besonders in solchen aus der Familie der Salmoniden: *Lachs, Forelle, Blaufelchen, Maräne, Äsche* (Abb. 210), aber auch in solchen aus anderen Familien:

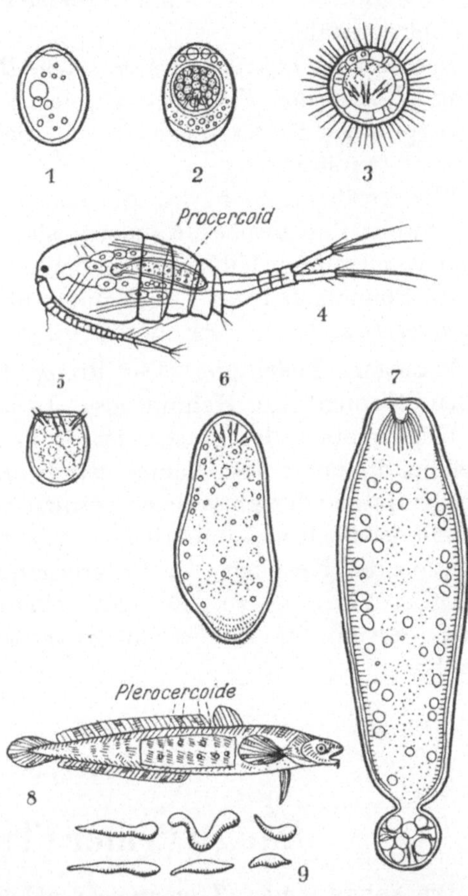

Abb. 128. *Entwicklungscyclus vom Fischbandwurm (Diphyllobothrium latum).* 1. Das mit einem Deckel versehene, im menschlichen Darm abgelegte Ei besitzt noch keinen Embryo bzw. Larve. 2. Nach 3—4 Wochen entwickelt sich im Freien innerhalb der Eischale eine bewimperte Sechshakenlarve oder Oncosphaera. 3. Diese Wimperlarve schlüpft im Wasser aus dem Ei und schwimmt als *Coracidium* frei umher. Sie stirbt jedoch im Wasser nach einigen Stunden, falls sie nicht in einen *Hüpferling*, z. B. *Cyclops strenuus* (4) eindringt, wo sie sich weiter entwickelt. 5. In der Leibeshöhle des Hüpferlings (Copepoden) verliert das Coracidium sein Wimperkleid und wächst heran (6). Nach 20 Tagen erreicht es seine größte Länge und wird als *Procercoid* (erstes Finnenstadium) bezeichnet (7). Wenn die Proceroide zusammen mit den Hüpferlingen, in denen sie parasitieren, von einem Fisch (8) gefressen werden, wachsen sie in einigen Wochen in dem Fisch zu *Plerocercoiden* (zweites Finnenstadium) heran (9). Mensch, Hund und Katze infizieren sich durch den Genuß derartig befallener, nicht richtig zubereiteter Fische. — Die einzelnen Zeichnungen sind in sehr verschiedenen Vergrößerungen wiedergegeben.

Hecht, Quappe (Abb. 128, 8), *Flußbarsch, Kaulbarsch.* Die Fische werden als Hilfs- oder Transportwirte bezeichnet. Das Plerocercoid kann man leicht mit bloßem Auge erkennen. Es kann eine Länge von 1—2 cm und eine Breite von 2—3 mm erreichen (Abb. 128, 9). Das Plerocercoid ist infektionsfähig.

Der Mensch infiziert sich mit dem Breiten Bandwurm, indem er ungenügend gekochten Fisch genießt, der die lebenden Plerocercoide enthält. In Ostpreußen findet die Infektion besonders durch den Genuß von Fischsalaten statt.

Wir erwähnen noch, daß die *jungen* Plerocercoide, solange sie noch im Gewebe des Fisches wandern, sich auch dann weiter entwickeln, wenn sie mit ihrem Hilfswirt von einem anderen Fisch gefressen werden. Dieses Phänomen trägt den Namen *Refixation, Wiederfestsetzung* oder *Wiederverkapselung.* Der zweite Fisch wird als *Wartewirt* bezeichnet.

Pathogene Bedeutung. Der Breite Bandwurm bewirkt die verschiedenen Störungen der Helminthose. In bestimmten Gegenden, besonders im Küstengebiet der Ostsee, ist er häufig die Ursache einer ernsten Anämie, die unter dem Namen *Bandwurmanämie* bekannt ist. Sie trägt alle Symptome der klassischen perniziösen Anämie. Die Ätiologie dieser Anämie ist noch viel umstritten. Man schreibt sie der schlechten Konstitution des Kranken, der Unterernährung oder auch dem Fehlen bestimmter Vitamine zu. Es wird behauptet, daß der Genuß der rohen Leber bestimmter Fische eine zuverlässige, prophylaktische Wirkung ausübt.

Fünfter Abschnitt.

Saugwürmer (Trematodes).

Die **Saugwürmer (Trematodes)** gehören zu den *Plathelminthes* oder *Plattwürmern.* Der Körper ist unsegmentiert. Die Saugwürmer besitzen Saugnäpfe und einen Darmkanal ohne Afteröffnung. Im allgemeinen sind sie Hermaphroditen.

Sammeln. Um die Saugwürmer, die in den Gallengängen leben und als *Leberegel* bezeichnet werden, zu sammeln, schneidet man die Leber in kleine Scheiben. Diese quetscht man mit den Fingern zusammen und drückt auf diese Weise die Parasiten heraus. Auch die Gallenblase muß geöffnet werden, weil sie oft Leberegel enthält. Die im Darmkanal lebenden, großen *Darmegel* sind leicht zu sammeln. Handelt es sich aber um sehr kleine Arten, so muß man den Darm in Stückchen schneiden und diese heftig in physiologischer Kochsalzlösung hin und her schütteln. Die meisten Würmer lösen sich dabei ab und fallen in die Flüssigkeit.

Die Lungen untersucht man auf Cysten vom *Lungenegel* und die Blutgefäße, besonders die großen Bauchvenen, auf geschlechtsreife *Pärchenegel* oder *Bilharzien*.

Um die *Cercarien* zu sammeln, bringt man die den Saugwürmern
als Zwischenwirte dienenden *Schnecken* in ein sehr feinmaschiges Netz,
das in ein mit Wasser gefülltes, konisch zugespitztes Glas oder einfach
in eine Röhre getaucht wird. Die Cercarien bestimmter Arten sinken
auf den Grund, während die Cercarien der Bilharzien, die leichter sind
als Wasser, an die Oberfläche steigen.

Untersuchung. Die Untersuchung ist sehr einfach. Wenn die Saugwürmer klein sind, legt man sie, so wie sie aus den Organen genommen
sind, zwischen Objektträger und Deckgläschen; sind sie groß, zwischen
zwei gläserne Objektträger. Die gewöhnlich abgeflachte Körperform
dieser Würmer erleichtert die Untersuchung bedeutend. Will man die
Präparate aufbewahren, so fixiert man die Saugwürmer, die man zuvor
zwischen Objektträger und Deckgläschen leicht zusammengedrückt hat,
in Formol. Hierauf entwässert man sie in Alkohol, führt sie durch
Xylol und bettet in Canadabalsam ein.

Die Cercarien untersucht man am besten lebendfrisch zwischen
Objektträger und Deckgläschen.

Morphologie. Äußerlich ist der Körper des Saugwurmes mehr oder
weniger abgeplattet, blattförmig, entweder glatt oder mit kleinen
Stacheln besetzt. Er besitzt Saugnäpfe und mehrere Öffnungen
(Abb. 129). Bei den medizinisch interessanten Saugwürmern findet man
zwei Saugnäpfe: der eine, am Vorderende des Körpers befindliche,
enthält den Mund, es ist der *Mundsaugnapf*, der andere liegt ventral,
mehr oder weniger vom ersten entfernt und heißt *Bauchsaugnapf*.
Letzterer ist ein Organ zum Festhalten ohne Öffnung. In der Nähe
dieses zweiten Saugnapfes, davor, dahinter oder seitlich, befindet sich
die Genitalöffnung und am Hinterende des Körpers die Exkretions-
öffnung.

Der *Darmkanal* besteht aus einem muskulösen, bulbusartigen Pharynx und einer kurzen Speiseröhre, von der zwei einfache oder verzweigte blind endende Darmschenkel ausgehen. Bei den Pärchenegeln
oder Bilharzien vereinigen sich die beiden Darmschenkel kurz vor dem
Ende und bilden dann einen einzigen blindgeschlossenen Gang.

Das *Exkretionssystem* beginnt mit kleinen Terminal- oder Trichter-
zellen, die blind geschlossen sind und je eine Wimperflamme enthalten.
Die Terminalzellen setzen sich als feine Röhrchen fort. Diese münden
in zwei longitudinale Kanäle, die sich in der Nähe des Hinterendes zu
einer gemeinsamen Sammelröhre vereinigen. Letztere erweitert sich bisweilen zu einer Exkretionsblase und mündet mit dem Exkretionsporus aus.

Die *männlichen Geschlechtsorgane* bestehen aus *zwei* umfangreichen, kugelförmigen, gelappten oder verästelten *Hoden*. Jeder von ihnen ist

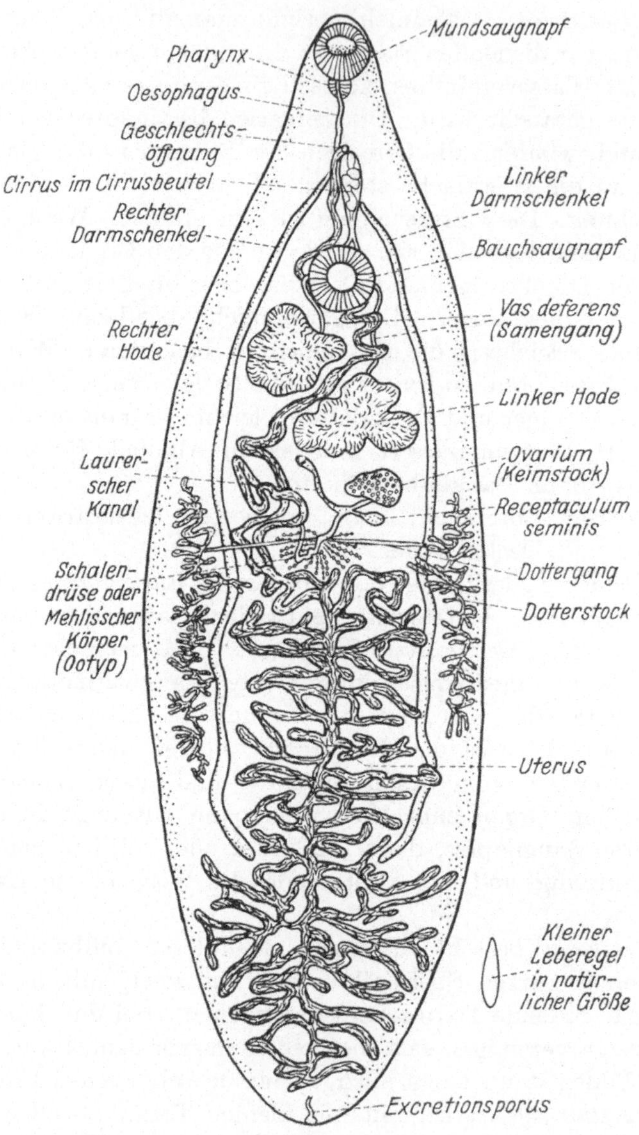

Abb. 129. *Kleiner Leberegel* (*Dicrocoelium dendriticum*). In 20facher Vergrößerung.

mit einem Vas oder Canalis efferens versehen. Die beiden Kanäle vereinigen sich zu einem gemeinsamen Kanal, dem Vas deferens. Letzteres kann von einem Beutel umgeben sein, dem *Cirrusbeutel*, der das

Begattungsorgan, den *Cirrus* oder *Penis* enthält. Der Cirrusbeutel ist jedoch nicht immer vorhanden.

Die *weiblichen Geschlechtsorgane* umfassen ein *Ovarium* (*Keimstock*), das im allgemeinen klein ist und aus dem ein kurzer Keimleiter oder *Oviduct* entspringt. Bevor der Oviduct in den Uterus übergeht, nimmt er die beiden *Dottergänge* auf, durch die dem Ei das Produkt der *Dotterstöcke* zugeführt wird. Der Anfangsteil des Uterus (Ootyp) ist von zahlreichen Drüsenzellen umgeben, die in ihrer Gesamtheit *Schalendrüse* oder MEHLISsche *Drüse* genannt werden. Man nahm früher an, daß durch deren Funktion die Schale des Eies ausgeschieden würde. Es ist aber neuerdings die Herkunft des Schalenmaterials aus den Dotterzellen erwiesen (BRAUN). Später wird der *Uterus* mehr oder weniger gewunden und kann verschieden viel Eier enthalten. Endlich verbindet ein Kanal, dessen Funktionen rätselhaft sind, der LAURER-*sche Kanal*, den Oviduct mit der dorsalen Seite des Wurmes[1].

Biologie. Es ist nützlich, die Biologie und besonders die komplizierte Entwicklung der Saugwürmer zu kennen, denn sie zeigt uns die Infektionswege und weist uns daher auf die zu ergreifenden prophylaktischen Maßnahmen hin, um eine solche Infektion zu vermeiden.

Vorkommen. Die als Parasiten des Menschen in Betracht kommenden Saugwürmer finden sich in verschiedenen Organen: in dem Darm, der Leber, der Bauchspeicheldrüse, der Lunge, dem Gehirn und den Blutgefäßen. Durch ihre Saugnäpfe haften sie mehr oder weniger fest am Organ. Manche scheinen ziemlich leicht ihren Standort zu wechseln, andere bleiben lange an derselben Stelle und bewirken dort sehr klar erkennbare Verletzungen. Es ist wahrscheinlich, daß alle diese Würmer Blutsauger sind.

Vermehrung. Alle Saugwürmer, die Parasiten des Menschen sind, entwickeln sich nach dem gleichen Schema mit geringen Unterschieden, die wir zum Schluß besprechen. Wir wählen hier als Beispiel die wohlbekannte Entwicklung des *Großen Leberegels* (*Fasciola hepatica*) (Abb. 137).

Das mit einem Deckel versehene *Ei* ist im Augenblick der Ablage gefurcht, gelangt ins Freie und muß ins Wasser kommen, um seine Entwicklung fortzusetzen. Eine Wimperlarve oder Miracidium entwickelt sich im Ei und schlüpft nach einem sehr verschiedenen Zeitraum aus.

Das im Wasser frei gewordene *Miracidium* (Abb. 130) schwimmt vermöge seiner Wimpern umher und sucht bestimmte Süßwasserschnecken auf, nämlich *kleine Schlammschnecken* oder *Limnaeen*. Es dringt ins Atemloch der Schnecke ein, verliert seine Wimpern und verwandelt sich in einen unregelmäßig geformten Keimschlauch, der Sporocyste genannt wird und die erste Generation verkörpert.

---

[1] Vgl. ERHARDT, A., u. D. ORGEL: Ein neuer Fall von Mißbildung bei dem Katzenleberegel *Opisthorchis felineus* (Riv.). Zool. Anz. **106**, 157—161 (1934).

Die *Sporocyste* (Abb. 131) ist von verschiedener Form und enthält in ihrem Innern mehr oder minder große Keimballen. Ein Darmkanal fehlt. Aus den Keimballen bilden sich bald Organismen mit einem einfachen, nicht verzweigten Darmkanal. Sie heißen Redien oder Stablarven und stellen die zweite Generation dar.

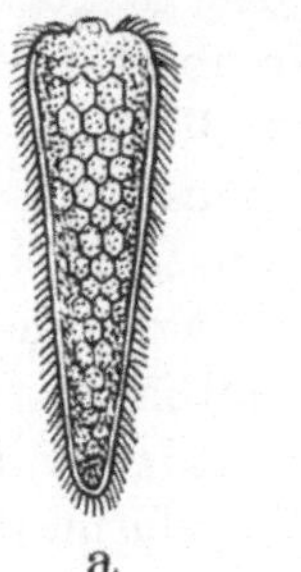
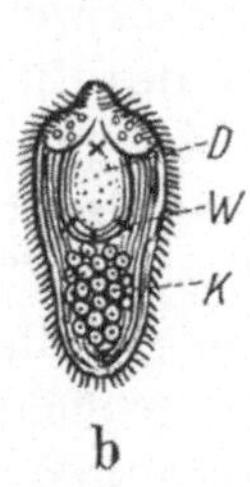

Abb. 130. *Wimperlarve oder Miracidium vom Großen Leberegel* (*Fasciola hepatica*). *a* ausgestreckt, *b* kontrahiert. *D* Darmanlage, *W* Wimperflamme (Excretionsorgan), *K* Keimballen. Nach LEUCKART.

Abb. 131. *Keimschlauch oder Sprozocyste vom Großen Leberegel* (*Fasciola hepatica*) mit Redien (*R*). Nach LEUCKART.

Die *Redien* (Abb. 132) verlassen die Sporocyste und dringen in die sog. Leber der Schnecke ein. Dort vergrößern sie sich bedeutend und ergeben je nach den klimatischen Verhältnissen entweder wieder Redien, die sog. *Tochterredien*, oder Cercarien, die auch Schwanzlarven genannt werden. Die

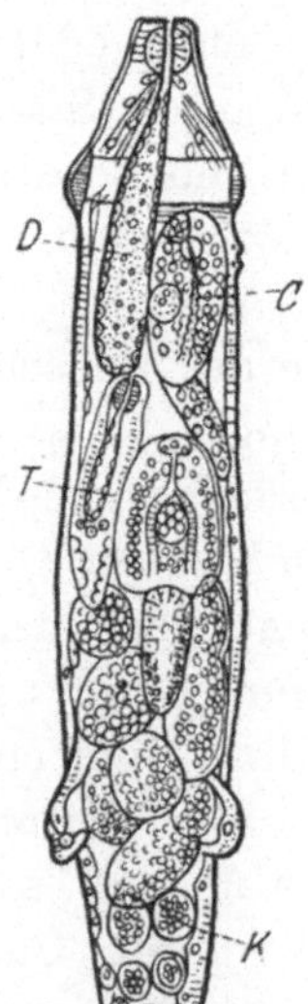

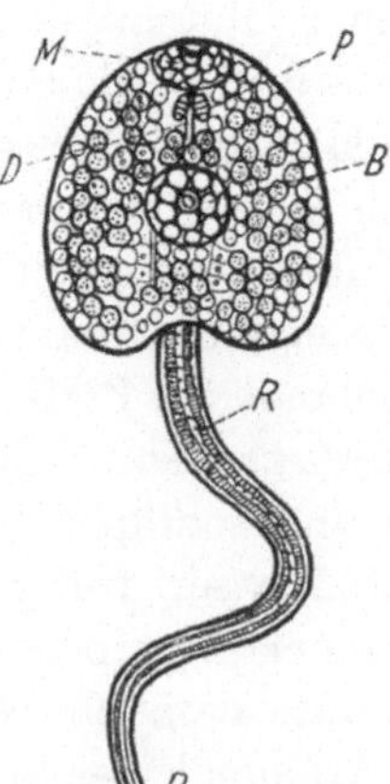

Abb. 132. *Stablarve oder Redie vom Großen Leberegel* (*Fasciola hepatica*) mit Tochterredien (*T*) und Schwanzlarven oder Cercarien (*C*). *D* Darm, *K* Keimballen. Nach THOMAS.

Abb. 133. *Schwanzlarve oder Cercarie vom Großen Leberegel* (*Fasciola hepatica*). Der Darm (*D*) ist durch die großen Hautdrüsen (Cystogenzellen) größtenteils verdeckt und daher nur zum Teil sichtbar. *M* Mundsaugnapf, *P* Pharynx, *B* Bauchsaugnapf, *R* Ruderschwanz. Nach THOMAS.

Tochterredien stellen die dritte Generation dar, während die Cercarien die Larven der Geschlechtsgeneration sind.

Die *Cercarien* (Abb. 133) unterscheiden sich von den Redien durch einen gegabelten Darm, zwei Saugnäpfe und einen Ruderschwanz. Sie sind etwa 300 μ lang und 230 μ breit. Diese Organismen, die winzigen Kaulquappen ähneln, verlassen ihren Wirt und schwimmen aktiv im Wasser umher, worin sie aber nur kurze Zeit bleiben.

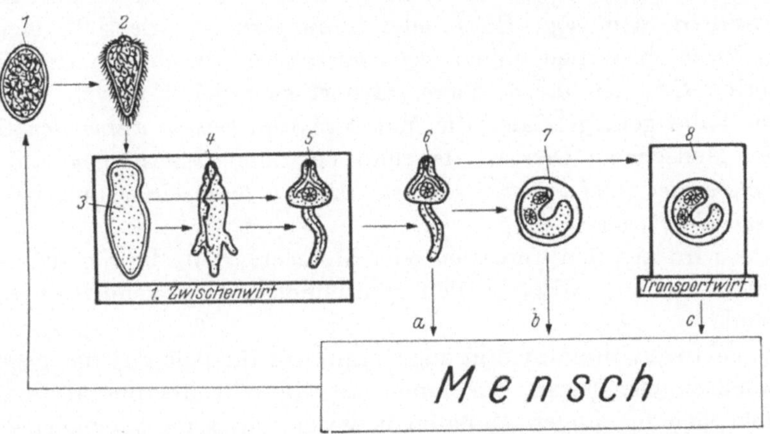

Abb. 134. *Schema der Trematodenentwicklung.* 1 Ei, 2 Wimperlarve oder Miracidium, 3 Keimschlauch oder Sporocyste, 4 Stablarve oder Redie (kann fortfallen), 5 Schwanzlarve oder Cercarie im 1. Zwischenwirt, 6 freischwimmende Cercarie, 7 an Wasserpflanzen usw. encystierte Metacercarie, 8 in einem Transportwirt encystierte Metacercarie. — Der Mensch infiziert sich mit Saugwürmern auf 3 verschiedenen Infektionswegen: a) mit freischwimmenden Cercarien (6) (*Schistosoma, Trichobilharzia*), b) mit an Wasserpflanzen usw. encystierten Metacercarien (*Fasciolopsis, Fasciola*) bzw. mit verschleimten Cercarien (*Dicrocoelium*), c) durch den Genuß von mit Metacercarien infizierten Transportwirten (*Opisthorchis, Paragonismus*). Nach F. SCHMID, verändert.

Die Weiterentwicklung der frei lebenden Cercarien, deren Gestalt übrigens sehr verschieden ist, verläuft je nach den Saugwurmarten, zu denen sie gehören, auf drei verschiedene Weisen (Abb. 134):

1. Die Cercarien schwimmen einige Zeit frei umher und dringen dann *aktiv durch die Haut* in ihren Endwirt ein. Dies ist bei den Cercarien der *Pärchenegel* oder *Bilharzien* (*Schistosoma*) der Fall[1].

---

[1] Durch das Eindringen der Cercarien in die Haut kann eine *Cercariendermatitis* hervorgerufen werden. Nahe verwandt mit den Bilharzien ist *Trichobilharzia ocellata*, deren Geschlechtstiere in den Bauchvenen von *Enten* vorkommen. Die Art ist über Europa verbreitet. Als Zwischenwirt dient die *Große Schlamm- oder Spitzhornschnecke* (*Limnaea stagnalis*), aus der die *Gabelschwanzcercarien* (*Cercaria ocellata*) schlüpfen. Diese Cercarien sind in der Lage, auch in die Haut von badenden Menschen einzudringen und hier die *Cercariendermatitis der Schwimmer* zu verursachen. *Cercaria ocellata* ist u. a. in verschiedenen norddeutschen Seen festgestellt worden. (Vgl. SZIDAT, L., u. R. WIGAND: Leitfaden der einheimischen Wurmkrankheiten des Menschen. Leipzig 1934, S. 72—76.)

2. Die Cercarien encystieren sich entweder im Wasser oder an Wasserpflanzen und werden so zu *Metacercarien*. Hierauf gelangen sie *passiv durch den Mund* in ihren Endwirt, wenn dieser infiziertes Wasser oder infizierte Pflanzenkost genießt. So verhalten sich die Cercarien vom *Darmegel* (*Fasciolopsis*) und vom *Großen Leberegel* (*Fasciola*). In diese Gruppe gehört auch der *Kleine Leberegel* (*Dicrocoelium*).

3. Die Cercarien encystieren sich wie die vorhergehenden und werden zu Metacercarien. Aber diese Encystierung geht in einem *zweiten Zwischenwirt*, dem sog. *Hilfs-* oder *Transportwirt*, vor sich, meistens einem *Fisch*, bisweilen einem *Süßwasserkrebs*. Durch den Genuß von infizierten Organen dieser Tiere infiziert sich der Endwirt. Auch in diesem Falle gelangen also die Metacercarien *passiv durch den Mund* in den Menschen. Dies ist der Fall bei dem *Chinesischen* und dem *Katzenleberegel* (*Opisthorchis sinensis* und *O. tenuicollis*) und bei dem *Lungenegel* (*Paragonimus*).

Was wird aus den Cercarien oder Metacercarien, die auf dem einen oder dem anderen Wege in den menschlichen Organismus eingedrungen sind?

Sie gelangen allmählich in das Organ, das für jede Art das gegebene ist, wachsen hier heran, bekommen den Geschlechtsapparat und verwandeln sich in einigen Monaten in geschlechtsreife Saugwürmer mit der Fähigkeit zur Eiablage.

Einteilung. Die Saugwürmer, die hauptsächlich als Parasiten des Menschen in Betracht kommen, sind *Distomeen*, d. h. Trematoden mit je einem Mund- und Bauchsaugnapf. Sie werden in eine bestimmte Anzahl Familien eingeteilt, deren Merkmale wir hier anführen.

Hermaphroditen	Genitalöffnung *vor* dem Bauchsaugnapf	Hoden u. Ovarium stark verästelt	**Fasciolidae**	*Darmegel* (*Fasciolopsis*) *Großer Leberegel* (*Fasciola*)
		Hoden *vor* dem Ovarium	**Dicrocoeliidae**	*Kleiner Leberegel* (*Dicrocoelium*)
		Hoden *hinter* dem Ovarium	**Opisthorchidae**	*Katzenleberegel* (*Opisthorchis tenuicollis*) *Chinesischer Leberegel* (*Opisthorchis sinensis*)
	Genitalöffnung *hinter* dem Bauchsaugnapf		**Troglotremidae**	*Lungenegel* (*Paragonimus*)
Getrenntgeschlechtlich			**Schistosomidae**	*Pärchenegel* (*Schistosoma*)

I. Darmegel (Fasciolopsis buski).

Morphologie. Der *Darmegel* (*Fasciolopsis buski*) (Abb. 135) ist ein großer, 3—7 cm langer und 14—15 mm breiter Egel. Der Mundsaugnapf ist halb so groß wie der Bauchsaugnapf. Der Körper ist dick,

grau und seitwärts pigmentiert, wo die Dotterstöcke liegen. Die Darmschenkel verlaufen wellenförmig, sind aber nicht verästelt wie bei dem
Großen Leberegel (*Fasciola*), dagegen sind es die
Hoden und das Ovarium. Der Uterus liegt im Vorderteil des Körpers.

Biologie. Im Fernen Osten kommt der Darmegel
sehr häufig im Dünndarm von Mensch und Schwein
vor. Manchmal findet man ihn auch im Magen.

Das dunkle, gedeckelte Ei ist 125 μ lang und 75 μ
breit. Es entwickelt sich im Wasser, und das daraus
hervorgehende Miracidium dringt in den Körper von
Tellerschnecken der Gattungen *Planorbis* (*P. coenosus*),
Segmentina (*S. hemisphaerula*) usw. ein. Dort wird

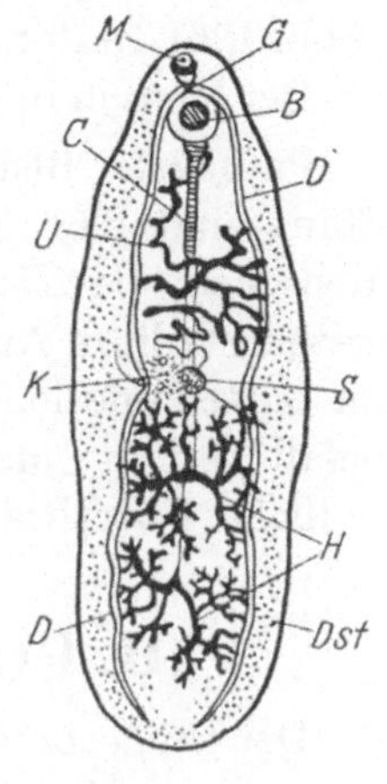

Abb. 135. *Darmegel* (*Fasciolopsis buski*). *M* Mundsaugnapf, *G* Geschlechtsöffnung (Genitalporus), *B* Bauchsaugnapf, *C* Cirrusbeutel, *D* Darmschenkel, *U* Uterus, *K* Keimstock oder Ovar, *S* Schalendrüse oder Mehlisscher Körper, *H* Hoden, *Dst* Dotterstock. Nach ODHNER.

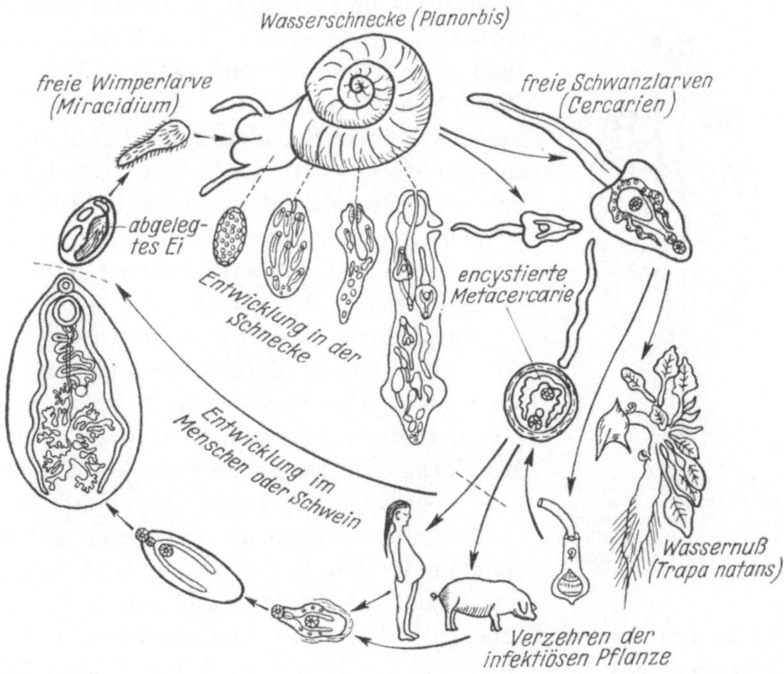

Abb. 136. *Entwicklungsschema des Darmegels* (*Fasciolopsis buski*). Rechts sieht man die Überträgerin.
die *Wassernuß* (*Trapa natans*), auf der sich die infektionsfähigen, encystierten Metacercarien befinden.
Nach E. C. FAUST, etwas verändert.

es zur Sporocyste, die nur eine Redie erzeugt. Diese wandert in die
Leber der Schnecke und erzeugt entweder Tochterredien oder Cercarien.

Die ins Freie gelangten Cercarien encystieren sich an Wasserpflanzen und werden zu infektionsfähigen Metacercarien, die man in großer Menge an den Blättern und Früchten der *Wassernuß* (*Trapa natans*) (Abb. 136) findet.

Der Mensch infiziert sich *per os* durch Genuß von infizierten Pflanzen.

Pathogene Bedeutung. Der Darmegel ist in Indien, Siam, Indochina, China und dem Malaiischen Archipel verbreitet. Er verursacht beim Menschen die *Darmdistomatose*, deren Merkmale folgende sind: im ersten Stadium Anämie und Asthenien, im zweiten langwierige Diarrhöe, im dritten endlich ausgedehnte Ödeme und Ascitis. Wenn es zu Massenbefall kommt (mehrere 1000 Exemplare), tritt eine schwere, bisweilen tödliche Enteritis auf.

II. Großer Leberegel (Fasciola hepatica).

Der *Große Leberegel* (*Fasciola hepatica*) ist ein *verhältnismäßig seltener Parasit des Menschen.* Dagegen ist er in unseren Gegenden beim Schaf, beim Rind und anderen Pflanzenfressern sehr verbreitet. So gingen z. B. in Bayern im Jahre 1925 durch den Großen Leberegel zugrunde: 60000 Schafe, 18000 Rinder und 3000 Ziegen, was etwa einem Schaden von 10 Millionen RM. entspricht. (Vgl. W. STEMPELL: Die tierischen Parasiten des Menschen. Jena 1938.) Wir erwähnen ihn hier hauptsächlich als heimisches Beispiel, da fast alle pathogenen Egel des Menschen exotische Arten sind.

Morphologie. Der Große Leberegel ist 2—3 cm lang, abgeplattet, blattförmig und vorn breiter als hinten. Das Vorderende verschmälert sich plötzlich zu einer konischen Spitze, die den Mundsaugnapf trägt. Der größere Bauchsaugnapf liegt 2—3 mm hinter dem ersteren.

Biologie. Der Große Leberegel lebt hauptsächlich in den Gallengängen und nährt sich von Blut. Er legt große, längliche Eier. Diese

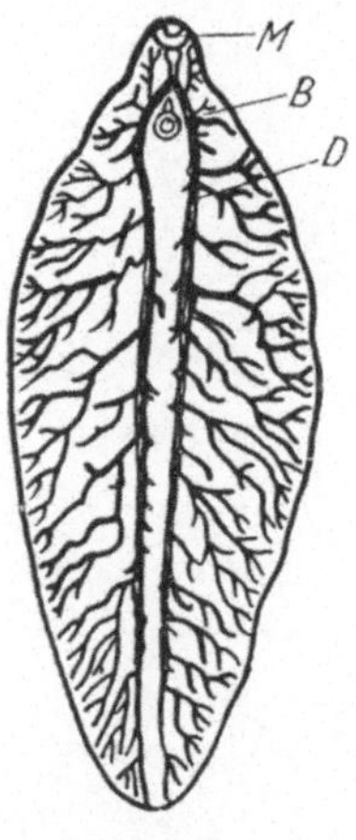

Abb. 137. *Großer Leberegel* (*Fasciola hepatica*). *M* Mundsaugnapf, *B* Bauchsaugnapf, *D* Darmschenkel mit Blindsäcken. In 2facher Vergrößerung. Nach LEUCKART.

sind von bräunlicher Farbe, gedeckelt, 140 μ lang, 80 μ breit (Abb. 4) und werden mit den Exkrementen befallener Tiere abgestoßen. In unseren Gegenden ist der Zwischenwirt eine *kleine Schlammschnecke* (*Limnaea truncatula*) (Abb. 214). Die Cercarien encystieren sich im Wasser oder an Wasserpflanzen. Die Infektion findet durch die encystierten Metacercarien mit dem Trinkwasser oder mit Pflanzennahrung statt.

Pathogene Bedeutung. Der Große Leberegel kommt für die Pathologie des Menschen kaum in Betracht. Die im Stuhl gefundenen Eier

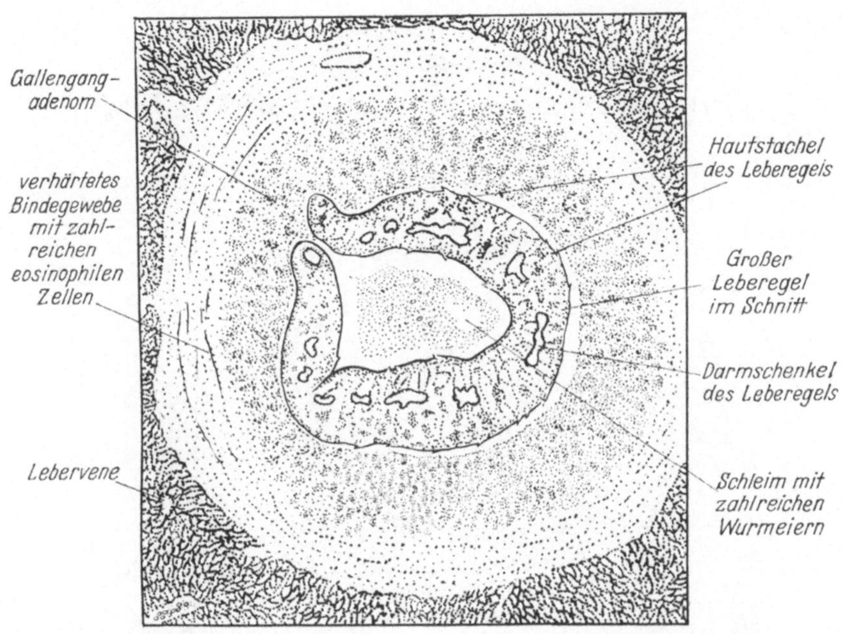

Abb. 138. *Gallengangadenom hervorgerufen durch den Großen Leberegel* (*Fasciola hepatica*). Schnitt durch die Leber eines Schafes. Im Lumen des Gallenganges befindet sich ein Großer Leberegel (im Schnitt).

dieses Egels stammen meistens nicht von im Menschen lebenden Parasiten her, sondern von Egeln, die mit infizierter Schafsleber genossen worden sind (Abb. 138).

III. Kleiner Leberegel (Dicrocoelium dendriticum).

Der *Kleine Leberegel* oder *Lanzettegel* (*Dicrocoelium dendriticum* [= *D. lanceatum*])· (Abb. 129) kommt wie der vorhergehende in unserer Gegend sehr häufig bei Pflanzenfressern vor, als *Parasit des Menschen* dagegen nur *ganz ausnahmsweise*. Wir erwähnen ihn hier nur, weil man ihn sich leicht verschaffen und seinen Bau bequem untersuchen kann, da er durchsichtig ist.

Morphologie. Der Körper ist lanzettenförmig, 5—12 mm lang und 1,5—2,5 mm breit. Der Mundsaugnapf ist etwas kleiner als der Bauchsaugnapf. In der Durchsicht erkennt man alle Organe. Die Hoden liegen vor dem Ovarium, und der Uterus ist mit beinahe schwarzen Eiern angefüllt. Die Geschlechtsöffnung liegt vor dem Bauchsaugnapf.

Biologie. Der Kleine Leberegel lebt allein oder zusammen mit dem Großen Leberegel in den Gallengängen des Schafes und anderer Pflanzenfresser. Die Eier sind klein, auf der einen Seite flachgedrückt, nur

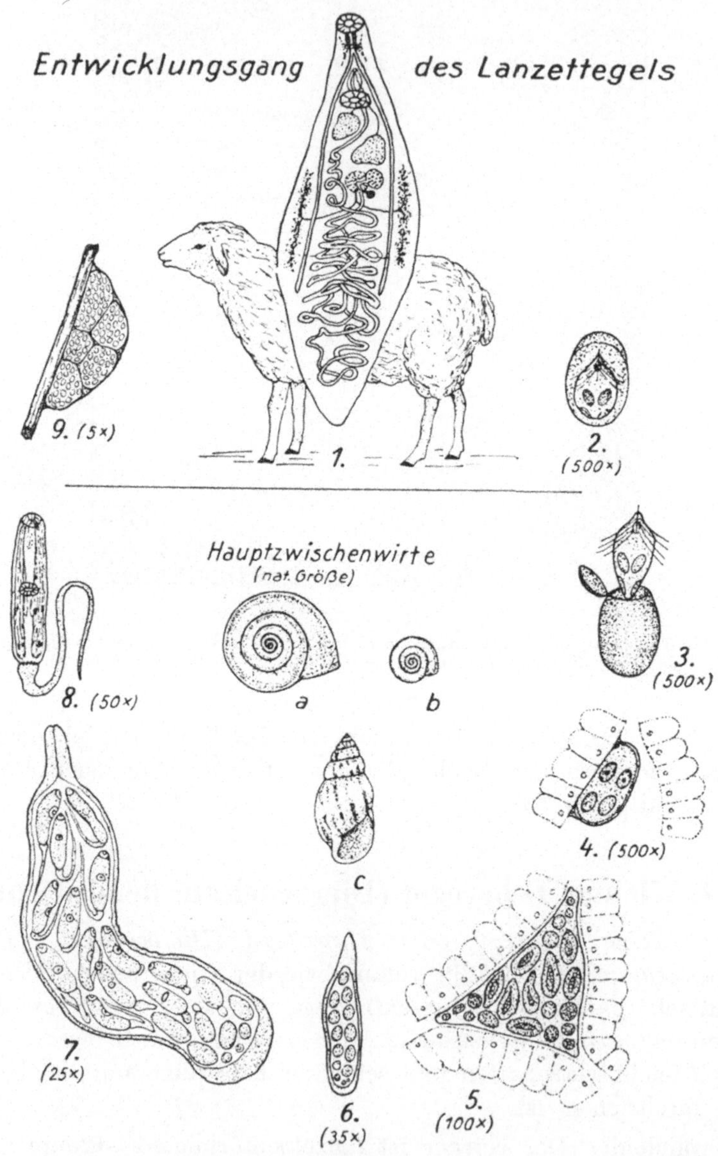

Abb. 139. *Schematische Darstellung des Entwicklungsganges des Kleinen Leberegels* (*Dicrocoelium dendriticum*). 1. Geschlechtsreifer Egel, 2. Miracidium innerhalb der Eikapsel, 3. ausschlüpfendes Miracidium, 4. Miracidium kurz nach der Festsetzung am Epithel der Mitteldarmdrüse, 5. heranwachsende Sporocyste I. Ordnung mit Keimballen und ganz jungen Sporocysten II. Ordnung, 6. junge Sporocysten II. Ordnung, 7. erwachsene Sporocyste II. Ordnung, 8. Cercarie, 9. encystierte Cercarien. a) *Helicella ericetorum*, b) *Helicella candidula*, c) *Zebrina detrita*. Nach MATTES.

38—45 μ lang und 22—30 μ breit (Abb. 4). Sie enthalten im Augenblick der Ablage bereits ein Miracidium und werden von ihren Zwischenwirten verschluckt. Letztere sind auf der Erde lebende, kalkliebende Lungenschnecken der Gattungen *Helicella* (*Heideschnirkelschnecke*) (Abb. 139a, b und 213a, b, c) und *Zebrina* (*Turmschnecke*) (Abb. 139c u. 213d, e). Im Darm dieser Schnecken schlüpft aus dem Ei das Miracidium, setzt sich am Epithel der Mitteldarmdrüse fest und wächst zur Sporocyste I. Ordnung (Muttersporocyste) heran. Diese erzeugen in ihrem Innern zahlreiche Sporocysten II. Ordnung, in welchen die Cercarien entstehen. Die Cercarien wandern in die Atemhöhle der Schnecke und sammeln sich hier in großer Menge an, bis zu 6000 Exemplaren. Hunderte von Cercarien hüllen sich dann mit ihrem eigenen Sekret und dem der Schnecke ein und bilden so einen großen Schleimballen. Derartige miteinander verklebende Schleimkugeln stößt die Schnecke aus, die *Schleimballen* haften an Pflanzen fest und werden von Schafen oder anderen Pflanzenfressern gefressen, die sich auf diese Weise infizieren. Der Mensch infiziert sich ebenfalls *per os*. Die Cercarie ist schon lange unter dem Namen *Cercaria vitrina* bekannt, der Entwicklungscyclus ist aber erst seit kurzem aufgeklärt (Abb. 139). [Vgl. O. MATTES: Sitzgsber. Ges. Naturwiss. Marburg 72, H. 2 (1937).]

Pathogene Bedeutung. Die Bedeutung des Kleinen Leberegels ist für die Pathologie des Menschen sehr gering. Die im Stuhl gefundenen Eier rühren meistens von Parasiten her, die, wie es beim Großen Leberegel der Fall ist, mit infizierter Schafsleber verschluckt worden sind.

IV. Chinesischer Leberegel (Opisthorchis sinensis).

Morphologie. Der *Chinesische Leberegel* (*Opisthorchis* [= *Clonorchis*] *sinensis*) (Abb. 140a u. b) hat ziemlich dieselbe Gestalt wie der Kleine Leberegel, ist aber ein wenig größer. Er ist 10—20 mm lang und 2—4 mm breit. Der Mundsaugnapf ist größer als der Bauchsaugnapf. Der Körper ist fast durchsichtig, und man kann erkennen, daß die Hoden hinter den weiblichen Geschlechtsorganen liegen und *verästelt* sind. Bei dieser Art liegt der bräunliche Uterus ziemlich in der Mitte des Körpers und dehnt sich nicht bis zum Hinterende aus, wo sich die Hoden befinden. Die Genitalöffnung liegt vor dem Bauchsaugnapf.

Biologie. Der Chinesische Leberegel lebt in den Gallengängen des Menschen und einiger Säugetiere im Fernen Osten. Bei Massenbefall kann die Infektion sich auf die Bauchspeicheldrüse, seltener auf den Zwölffingerdarm erstrecken.

Das längliche, mit vorspringendem Deckel versehene Ei hat am entgegengesetzten Pol einen kleinen Fortsatz. Es ist 26—30 μ lang und

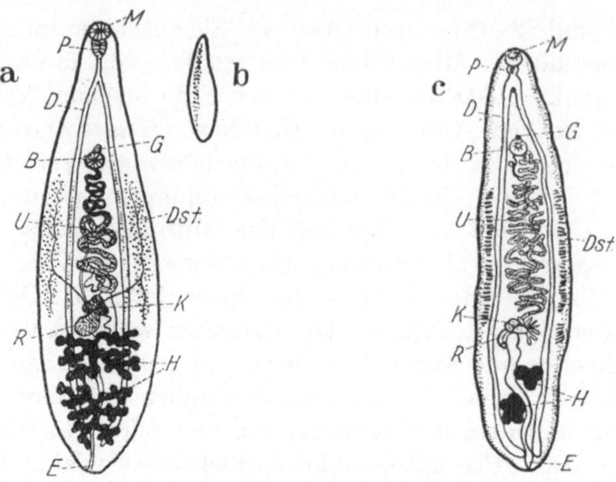

Abb. 140a und b. *Chinesischer Leberegel (Opisthorchis [= Clonorchis] sinensis).* a in 4facher Vergrößerung, b in natürlicher Größe. c *Katzenleberegel (Opisthorchis tenuicollis = O. felineus)* in 4facher
Vergrößerung. *M* Mundsaugnapf, *P* Pharynx, *D* Darmschenkel, *B* Bauchsaugnapf, *G* Geschlechtsöffnung (Genitalporus), *U* Uterus, *Dst* Dotterstock, *K* Keimstock oder Ovar, *R* Receptaculum seminis,
H Hoden, *E* Exkretionsporus. Nach MANSON.

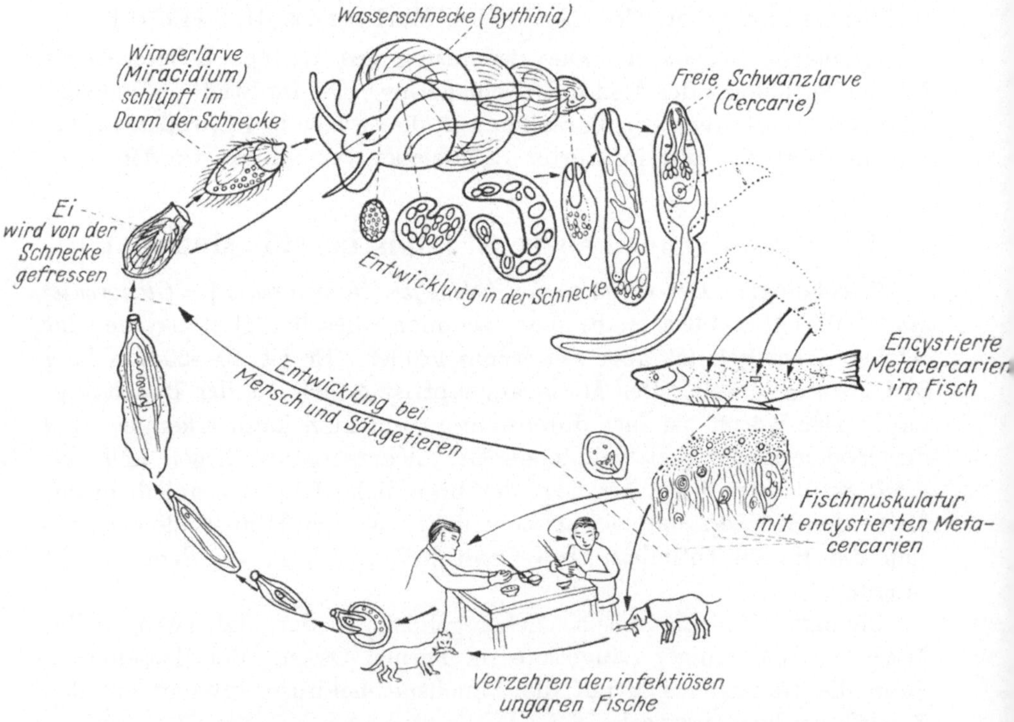

Abb. 141. *Entwicklungsschema des Chinesischen Leberegels [Opisthorchis [=Clonorchis] sinensis).* Rechts
sieht man den zweiten Zwischenwirt, einen Fisch, der die infektionsfähigen, encystierten Metacercarien beherbergt. Nach E. C. FAUST, etwas verändert.

15—17 μ breit (Abb. 4). Seine Entwicklung geht im Wasser vor sich wie bei den meisten Saugwürmern (Abb. 141). Der Chinesische Leberegel hat *zwei aufeinanderfolgende Zwischenwirte*. Der erste ist eine kleine, mit einem Deckel versehene *Wasserschnecke*, nämlich die *Japanische Sumpfdeckelschnecke (Bythinia striatula japonica)* (Abb. 217), der zweite ein *Fisch*. Die Fische, die die Fähigkeit besitzen, die Metacercarien des Chinesischen Leberegels zu beherbergen, sind sehr zahlreich und

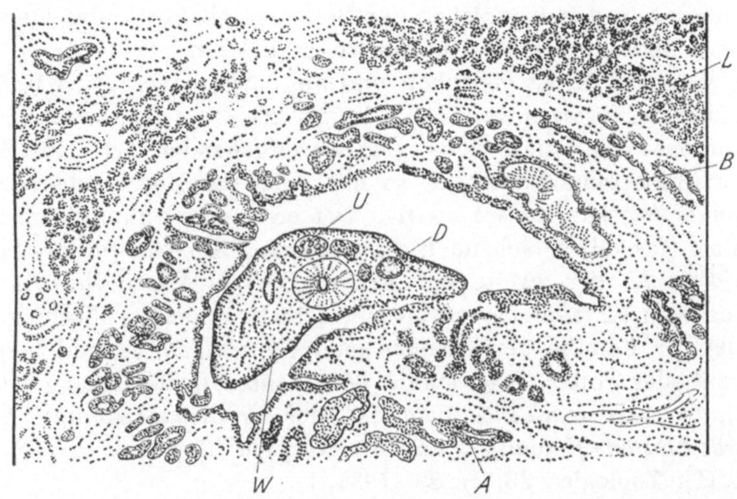

Abb. 142. *Durch den Chinesischen Leberegel (Opisthorchis [= Clonorchis] sinensis) hervorgerufene Verletzungen in der menschlichen Leber.* Schnittpräparat. *L* Lebergewebe, *B* verhärtetes Bindegewebe, *U* angeschnittener Uterus des Leberegels, angefüllt mit Eiern, *D* angeschnittener Darmschenkel des Parasiten, *W* Wurm im Schnitt, *A* Gallengangadenom.

gehören fast alle zur Familie der *Karpfen* oder *Cypriniden* (Abb. 211). Der gewöhnliche *Goldfisch (Carassius auratus)* ist einer dieser Zwischenwirte.

Die Cercarien, die die Schnecke verlassen, encystieren sich in den Muskeln und besonders unter den Schuppen der Fische und werden als encystierte Metacercarien infektionsfähig.

Die Infektion des Menschen findet *per os* statt, wenn er parasitierte Fische in rohem oder schwach gekochtem Zustande genießt.

Pathogene Bedeutung. Der Chinesische Leberegel ist in China, Indochina, Japan und Tonkin sehr verbreitet. Er verursacht eine ernste *Leberdistomatose* oder *Opisthorchiasis (Clonorchiasis)* mit Magen-Darmstörungen, Anämie, Ikterus, blutiger Diarrhöe, Nasenbluten, Ascites und Ödemen der unteren Gliedmaßen (Abb. 142). Die Krankheit kann sich langsam entwickeln. Bei Massenbefall sterben die Kranken an Kachexie. [Vgl. J. H. F. Otto: Über den Chinesischen Leberegel Opisthorchis sinensis. Arch. Schiffs- u. Tropenhyg. 41, H. 7 u. 8 (1937).]

V. Katzenleberegel (Opisthorchis tenuicollis).

Morphologie. Der *Katzenleberegel* (*Opisthorchis tenuicollis*[1] [= *O. felineus*]) (Abb. 140c) hat einen sehr durchsichtigen, lanzettenförmigen, rötlichen Körper und ist 7—12 mm lang und 2—2,5 mm breit. Die Hoden liegen hinter den weiblichen Geschlechtsorganen und sind nicht verästelt wie bei dem Chinesischen Leberegel, sondern *gelappt*.

Biologie. Der Katzenleberegel lebt in den Gallengängen der Leber und bisweilen in den Kanälchen der Bauchspeicheldrüse des Menschen, der Katze und des Hundes in Europa und Asien.

Das längliche Ei ist gedeckelt und am entgegengesetzten Ende mit einem kleinen Fortsatz versehen. Es ist 26—30 μ lang und 11—15 μ breit und entwickelt sich wie bei den vorhergehenden Arten im Wasser. Wie der Chinesische Leberegel, so hat auch der Katzenleberegel *zwei aufeinander folgende Zwischenwirte*. Der erste ist ebenfalls eine kleine, mit einem Deckel versehene *Wasserschnecke*, die *Sumpfdeckelschnecke Bythinia leachi*, der zweite ein *Fisch*. Die als Wirte für die Metacercarien vom Katzenleberegel in Betracht kommenden Fische gehören ebenfalls zur Familie der *Karpfen* oder *Cypriniden*, es sind besonders der *Aland* oder *Tapar* (*Idus jeses* = [*I. melanotus*]), der *Plötz* (*Leuciscus rutilus*), die *Schleie* (*Tinca vulgaris*), der *Brachsen* (*Abramis brama*), die *Barbe* (*Barbus fluviatilis*) und der *Karpfen* (*Cyprinus carpio*). [Vgl. Vogel, H.: Zoologica **33**, H. 86 (1934).]

Die Infektion findet *per os* beim Genuß von parasitierten Fischen, in Ostpreußen besonders vom Fischsalat, statt.

Pathogene Bedeutung. Man findet den Katzenleberegel in Deutschland (Ostpreußen), Schweden, Holland, Frankreich, Italien, Rußland, Sibirien und Tonkin. In Ostpreußen kommt der Katzenleberegel vor allem im Gebiet des Memeldeltas vor. Im Durchschnitt ist hier die Bevölkerung zu 5,6% infiziert. Der höchste Befall ist für das Dorf Skirwieth mit 18,2% *Opisthorchis*-Trägern nachgewiesen (Dembowski und Szidat: a. a. O.). Die Stärke der Infektion beträgt beim Menschen in Ostpreußen höchstens mehrere 1000 Würmer, während in Sibirien in einer Leiche über 25000 Exemplare gefunden wurden. In dem Dorfe Karkeln am Ostufer des Kurischen Haffs sind 87,8% der Katzen infiziert. Über die Hälfte dieser infizierten Katzen beherbergt mehr als 100 Würmer, der Höchstbefall beträgt rund 1000 Katzenleberegel je Katze (Erhardt, A.: Die Verbreitung von *Opisthorchis felineus* (Riv.) und anderen Katzenhelminthen in Ostpreußen. Z. Parasitenkde **7**, 121 bis 124 (1934)].

---

[1] Vgl. A. Erhardt: Systematik und geographische Verbreitung der Gattung *Opisthorchis* R. Blanchard 1895, sowie Beiträge zur Chemotherapie und Pathologie der Opisthorchiasis. Z. Parasitenkde **8**, 188—225 (1935).

Der Katzenleberegel verursacht wie der Chinesische Leberegel eine *Leberdistomatose* oder *Opisthorchiasis*.

VI. Lungenegel (Paragonimus ringeri).

Morphologie. Der *Lungenegel (Paragonimus ringeri)* (Abb. 143) ist dicker als die vorhergehenden Arten und hat die Form und Größe einer Kaffeebohne von bräunlichroter Farbe. Er ist 8—16 mm lang, 4—8 mm breit und 3—4 mm dick. Die beiden Saugnäpfe sind annähernd gleich groß. Die Hoden liegen hinter den weiblichen Geschlechtsorganen. Die Geschlechtsöffnung befindet sich hinter dem Bauchsaugnapf.

Biologie. Im Fernen Osten trifft man diesen Egel bisweilen sehr zahlreich in der Lunge des Menschen an. Die eiförmigen, gedeckelten und bräunlich-roten Eier sind 85—100 μ lang und 50—67 μ breit (Abb. 4).

Die Eier werden mit dem Auswurf des Kranken ausgeschieden oder mit seinem Kot, wenn er die vorher in die Mundhöhle gelangten Eier verschluckt hat. In beiden Fällen sind sie entwicklungsfähig, wenn sie ins Wasser kommen. Der Lungenegel entwickelt sich ebenfalls bei

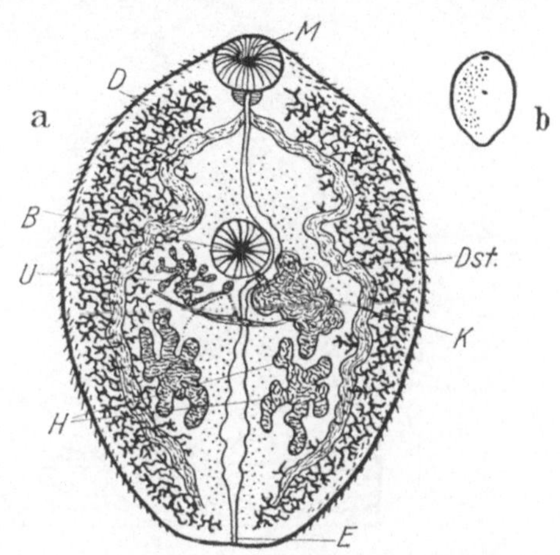

Abb. 143. *Lungenegel (Paragonimus ringeri). a* in 5facher Vergrößerung, *b* in natürlicher Größe. *M* Mundsaugnapf, *D* Darmschenkel, *B* Bauchsaugnapf, *U* Uterus, *Dst* Dotterstock, *K* Keimstock oder Ovar, *H* Hoden, *E* Exkretionsporus. Nach MANSON.

zwei Zwischenwirten, zuerst in einer mit einem Deckel versehenen Süßwasserschnecke, einer sog. *Kronenschnecke* der Gattung *Melania* (Abb. 219), dann bei verschiedenen Krebsen, und zwar entweder bei *Süßwasserkrabben* der Gattungen *Potamon, Sesarma* (Abb. 212) und *Eriocheir* (*Wollhandkrabbe*) oder beim *Japanischen Flußkrebs* (*Astacus* [*Cambaroides*] *japonicus*). Bei diesen Krebsen encystieren sich die Cercarien in der Rumpfmuskulatur, nur selten in der Leber oder an den Füßen. Die Metacercarien werden erst 42—54 Tage nach ihrer Encystierung infektionsfähig.

Der Mensch infiziert sich *per os*, indem er die Krebse, von denen wir soeben gesprochen haben, in rohem oder wenig gekochtem Zustande genießt. Tierversuche haben ergeben, daß die verschluckten Metacercarien ihre Cyste verlassen, die Wand des Darmkanals durchbohren und von der Bauchhöhle durch das Zwerchfell in die Brusthöhle gelangen, wo sie sich eine bestimmte Zeit hindurch aufhalten. Hierauf

passieren sie die Pleura und setzen sich paarweise in den Bronchiolen
der Lunge fest. Diese hypertrophieren, und die Parasiten verursachen
so die Cystenbildung (Abb. 144).

Pathogene Bedeutung. Der Lungenegel ist der Erreger der *Lungen-
distomatose* oder *-paragonimiasis*, die auch *parasitäre Hämoptysis* oder
Bluthusten genannt wird. Diese Krankheit ist in China, Korea, Formosa, auf den Philippinen, in Indochina und Japan weit verbreitet.

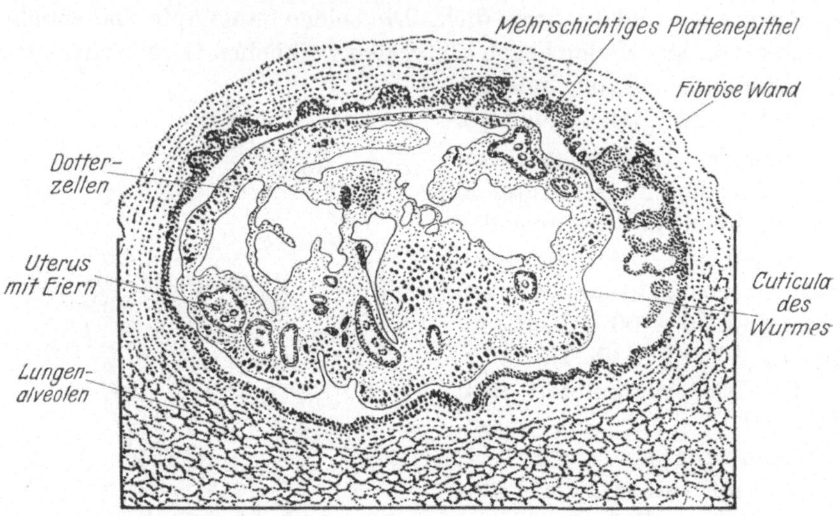

Abb. 144. *Schnitt durch eine Cyste vom Lungenegel* (*Paragonimus*). In der Mitte der Cyste befindet
sich der Parasit, der durch seine Gegenwart die Bildung des mehrschichtigen Plattenepithels hervorgerufen hat.

Die Krankheit äußert sich anfänglich durch Husten, blutigen Auswurf und bisweilen durch Blutspucken. Später wird der Husten chronisch und ist morgens beim Aufstehen besonders heftig; nach den Husten-
anfällen zeigt sich *rostbrauner Auswurf* ähnlich wie bei einer Lungen-
entzündung. In diesem Stadium wird das Blutspucken häufiger und
tritt bisweilen so heftig auf, daß es das Leben des Kranken bedroht.

Eine schwere Komplikation dieser Krankheit ist die *cerebrale Distomatose* oder *Paragonimiasis*. Sie entsteht durch die Anwesenheit des
Lungenegels im Gehirn. Es treten dann epileptiforme Anfälle auf, wie
man sie bei verschiedenen parasitären Erkrankungen beobachtet.

VII. Pärchenegel (Schistosoma).

Die *Pärchenegel* oder *Bilharzien* sind Trematoden der Gattung
Schistosoma oder *Bilharzia*. Bei dieser Gattung sind die Geschlechter
getrennt. Die beiden Darmschenkel vereinigen sich hinten zu einem
unpaaren blindgeschlossenen Gang. Der LAURERsche Kanal ist beim

Weibchen nicht vorhanden. Die Eier besitzen keinen Deckel und werden abgelegt, bevor das Miracidium ausgebildet ist. Die Bildung des letzteren erfolgt erst nach 3—4 Tagen während der Wanderung des Eies durch das Gewebe.

Die geschlechtsreifen Bilharzien leben in den Blutgefäßen (Abb. 148, 1). Bei ihrer Passage durch die verschiedenen Gewebe verursachen die Eier mannigfache Störungen.

Drei wichtige Arten von Pärchenegeln sind Parasiten des Menschen:

Schistosoma haematobium verursacht die *Blasen- oder Urogenital- bilharziose.*

Schistosoma mansoni ist der Erreger der *Darmbilharziose.*

Schistosoma japonicum bildet die Ursache der *Gefäß- oder chinesisch- japanischen Bilharziose oder Katayamakrankheit.*

1. Schistosoma haematobium.

Morphologie. Das Männchen ist weiß, 10—15 mm lang und 1 mm breit. Der Körper ist abgeplattet wie bei den Leberegeln, erscheint

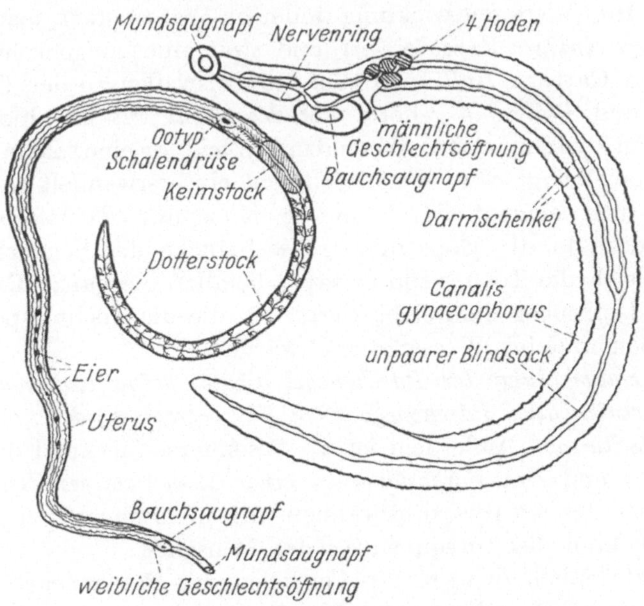

Abb. 145. *Pärchenegel (Schistosoma haematobium).* Links Weibchen, rechts Männchen. In 22 facher Vergrößerung. Nach MANSON-BAHR und FAIRLEY.

aber infolge der Einrollung seiner Seitenränder zylinderförmig. Die ein- gerollten Körperränder bilden so einen Kanal, den *Canalis gynaecophorus,* in dem das Weibchen liegt. Beim Männchen finden sich 4—5 große Hoden, und die beiden Darmschenkel vereinigen sich sehr weit hinten (Abb. 145).

Das Weibchen ist zylinderförmig und länger als das Männchen. Es ist 15—20 mm lang und verbreitert sich regelmäßig von vorn nach hinten, so daß es vorn 100 μ und hinten 200 μ breit ist. Durch den schwarz gefärbten, in der Durchsicht leicht erkennbaren Darm erhält es eine dunkle Färbung. Das Ovarium befindet sich in der hinteren Hälfte, die Dotterstöcke liegen im letzten Viertel des Körpers. Der Uterus enthält normalerweise *mehrere unreife Eier* gleichzeitig (Abb. 145).

Biologie. Diese Würmer leben gewöhnlich im Venensystem des Menschen, besonders im Blut der Pfortader und ihrer Verästelungen. Man findet sie dort im allgemeinen paarweise vereint (Abb. 148, 3), aber nach der Begattung verlassen die Weibchen die Männchen. Letztere bleiben gewöhnlich in den großen Gefäßen, die Weibchen aber wandern in die kleineren Gefäße, wo sie ihre Eier ablegen.

Das besonders charakteristische Ei (Abb. 4) ist mit einem *endständigen Stachel* versehen. Es ist 150 μ lang, 60 μ breit und enthält im Augenblick der Ablage noch kein Miracidium.

Die Eier durchbrechen die *Capillaren der Blase*, gelangen in das Lumen des Organs und werden mit dem Urin des Kranken ins Freie befördert. Ihre Weiterentwicklung findet im Wasser statt, jedoch haben sie nur *einen einzigen Zwischenwirt*, und zwar eine Lungenschnecke, die meistens zur Gattung *Bullinus* (Abb. 215), bisweilen zu den Gattungen *Physopsis* und *Planorbis* gehört. *Bullinus contortus* ist einer der gewöhnlichsten Zwischenwirte. Wenn das *Miracidium* eine solche Schnecke getroffen hat, dringt es in ihr Integument ein, verwandelt sich in eine *Sporocyste* und erzeugt durch innere Knospung *Tochtersporocysten*. Diese wandern in die Hepatopankreasschläuche der Schnecke. Dort verlängern sich die Tochtersporocysten, befallen die ganze Drüse vollständig und erzeugen zahlreiche *Cercarien*, die die Tochtersporocysten durchbrechen und ins Wasser ausschwärmen[1].

In der Entwicklung der Pärchenegel gibt es keine Rediengeneration.

Die Cercarien aller Pärchenegel sind Furcocercarien, d. h. sie besitzen einen Gabelschwanz. Außerdem ist als besonderes Merkmal das *Fehlen des Pharynx* und *das Vorhandensein einer Reihe kleiner Bohrstacheln* am Vorderteil des Körpers zu erwähnen. Die Bohrstacheln ermöglichen das Durchbohren des Integumentes des Menschen.

Denn tatsächlich dringen die Cercarien der Pärchenegel aus dem Wasser *durch die Haut* in unseren Körper ein.

Die freischwimmenden Cercarien sind 500 μ lang. Sobald sie in Berührung mit der Haut kommen, verlieren sie ihren Schwanz und dringen im Laufe von 10 Minuten in die Haut ein. Hierauf gelangen sie in die Venen, wo sie in etwa 2—3 Monaten geschlechtsreif werden.

---

[1] Es ist interessant, daß alle Cercarien, die aus ein und demselben Ei hervorgegangen sind, demselben Geschlecht angehören.

Eine Infektion per os ist möglich, aber in diesem Fall müssen die Cercarien die Mundschleimhaut durchbohren und sich dann genau so benehmen, als wären sie durch die Haut eingedrungen.

Pathogene Bedeutung. Dieser Pärchenegel verursacht die *Blasen- oder Urogenitalbilharziose*, die auch unter dem Namen *ägyptische Hämaturie, Hämaturie vom Kap der Guten Hoffnung, Bilharzia-Hämaturie* und *Schistosomiasis* bekannt ist. Diese Krankheit ist in Südafrika, in dem gesamten tropischen Teil dieses Kontinents und in bestimmten Punkten Nordafrikas und Ostasiens verbreitet. Man findet sie sogar an einigen Stellen Südeuropas, z. B. in Portugal.

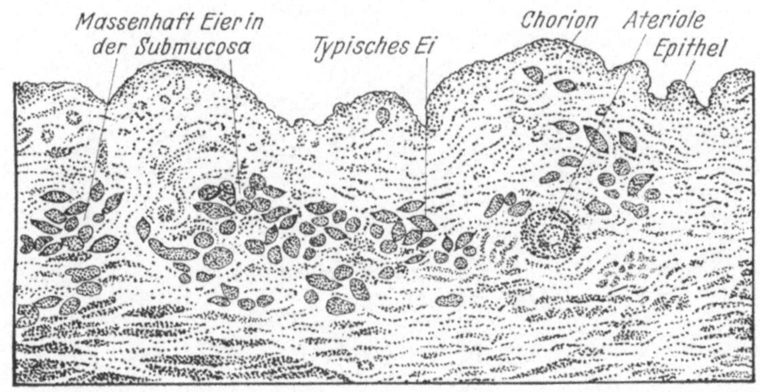

Abb. 146. *Schnitt durch eine Harnblase mit Eiern vom Pärchenegel (Schistosoma haematobium).*

Wenn die Eier in den Geweben der Harnblase vorhanden sind, so rufen sie Entzündungen hervor, die entweder in Geschwüre oder Hyperplasien (Wucherungen) übergehen (Abb. 146).

Die Hauptsymptome der Krankheit sind *Blutharnen* und *Schmerzen*. Beim Blutharnen kommt es zum häufigen Wasserlassen. Das Blut findet sich in der Endportion des ausgeschiedenen Urins. Die Blutmenge schwankt dabei zwischen einigen Tropfen und einigen Kubikzentimetern. Diese Blutungen verstärken sich bei Ermüdung oder nach dem Genuß von Speisen, die die Blase reizen. Meist leidet der Kranke während des Harnens an einem Gefühl des Brennens und der Schwere in der Gegend des Schambeins und Dammes.

Komplikationen können von seiten der Blase und der Nieren entstehen. In bestimmten Gegenden ist häufig anormalerweise das Rectum an der Erkrankung beteiligt[1].

---

[1] A. E. FISCHER hat im Rectum afrikanischer Eingeborener Eier gefunden, die denjenigen von *S. haematobium* ähneln. Er hält die geschlechtsreifen Tiere für eine besondere Art: *S. intercalatum,* die als Zwischenwirt *Physopsis africana* besitzt.

2. Schistosoma mansoni.

Morphologie. Diese Art ist von gleicher Größe wie die vorhergehende und unterscheidet sich von ihr nur durch einige Merkmale, die man mit bloßem Auge unmöglich erkennen kann. Statt 4 oder 5 Hoden besitzt das Männchen deren 8, und die Darmschenkel ergeben nach ihrer Vereinigung einen einheitlichen Blinddarm, der länger ist als bei *Schistosoma haematobium*. Das Weibchen besitzt in den beiden hinteren Dritteln des Körpers Dotterstöcke. Der Uterus ist verhältnismäßig kurz und enthält immer nur *ein einziges Ei* (Abb. 147).

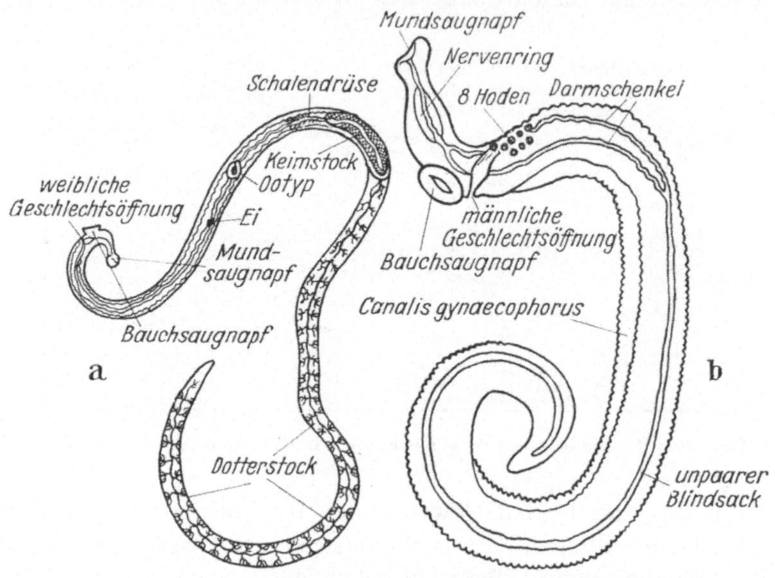

Abb. 147. *Schistosoma mansoni*. *a* Weibchen, *b* Männchen. In 22 facher Vergrößerung. Nach MANSON-BAHR und FAIRLY.

Biologie. Diese Art lebt wie die vorhergehende im geschlechtsreifen Stadium in der Pfortader und ihren Verästelungen, und die beiden Geschlechter sind dort im allgemeinen paarig vereint anzutreffen (Abb. 148, 3). Die begatteten Weibchen wandern nicht in die Blase, sondern in die Leber und die *kleinen Gefäße, die vom Dickdarm abgehen*, und legen dort ihre Eier ab. Im Augenblick der Ablage ist das Ei halb so groß wie im Stadium der Reife.

In den Eiern (Abb. 148, 2) bildet sich das Miracidium erst 4 Tage nach der Ablage während der Wanderung in den Gefäßen oder Geweben. Die Eier sind eiförmig, 112—162 μ lang und 60—70 μ breit und besitzen einen umfangreichen *seitenständigen Stachel*, der eine Länge von 20 μ erreichen kann (Abb. 4). Die Cercarien haben ebenfalls einen Gabelschwanz (Abb. 149).

Nur die ein Miracidium enthaltenden Eier durchbohren die Wände des Dickdarmes und werden mit dem Kot, worin sie leicht zu finden sind, ausgeschieden.

Die weitere Entwicklung ist derjenigen von *Schistosoma haematobium* fast völlig gleich. Nur die Zwischenwirte sind verschieden. Am häufig-

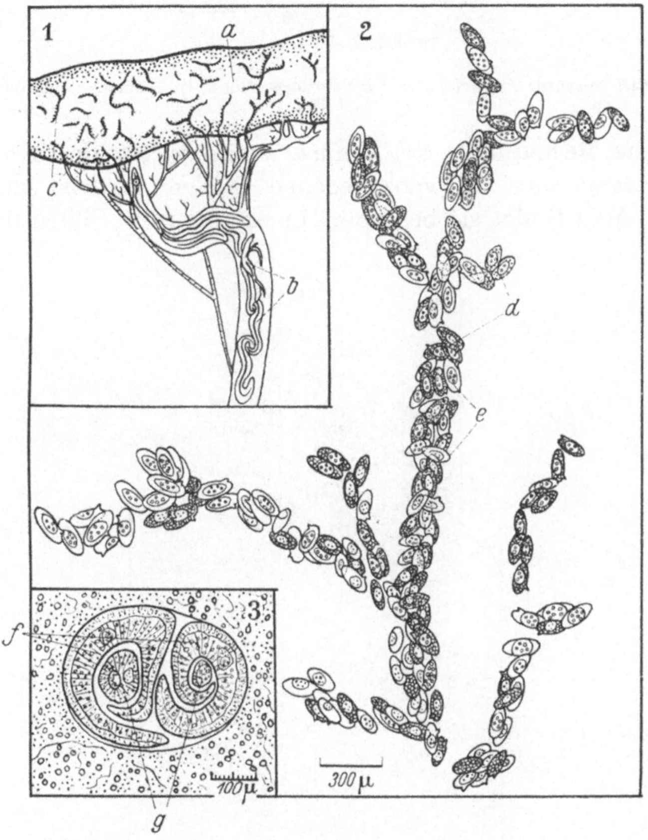

Abb. 148. *Schistosoma mansoni.* *1* Ein Stück eines Darmes (*a*) einer experimentell infizierten Maus, *b* geschlechtsreife Pärchenegel in einer sich verzweigenden Darmvene, *c* mit Eiern angefüllte (obliterierte) Capillaren. *2* Capillaren der vorhergehenden Figur vollgestopft mit Eiern von *Schistosoma mansoni* bei stärkerer Vergrößerung, *d* soeben abgelegte Eier, *e* reife Eier mit Miracidien. *3* Schnitt durch ein Stück einer Leber mit 2 Paar Bilharzien, *f* Männchen, *g* Weibchen.

sten sind es *Tellerschnecken* der Gattung *Planorbis* (Abb. 216): *P. boissyi* in Ägypten, *P. pfeifferi* in Südafrika, *P. olivaceus* und *P. centimetralis* in Brasilien, *P. guadelupensis*, *P. antiguensis* und *P. cultratus* in Venezuela und auf den Antillen. Wir fügen dieser Aufzählung noch *Physopsis africana* hinzu, die vielleicht die Miracidien von *S. mansoni* in Südafrika beherbergt.

Die frei schwimmenden Cercarien dieses Pärchenegels dringen ebenfalls *durch die Haut* in den Körper.

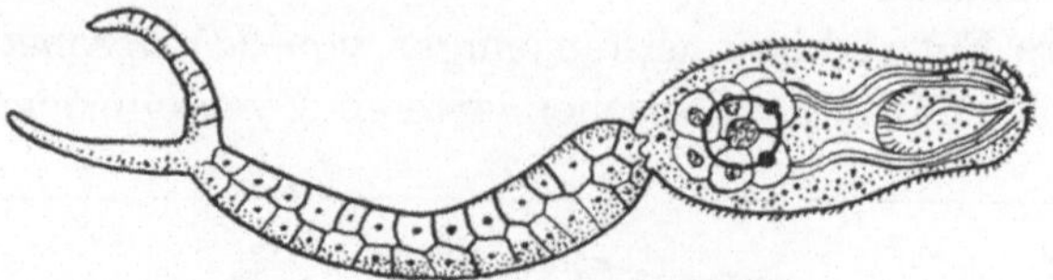

Abb. 149. *Gabelschwanzlarve (Cercarie) von Schistosoma mansoni.* In 150facher Vergrößerung. Nach
A. LUTZ.

Pathogene Bedeutung. *Schistosoma mansoni* ist der Erreger der
Darmbilharziose, einer an verschiedenen Stellen Afrikas verbreiteten
Krankheit. Man findet sie besonders in Ägypten, im Süden und Osten

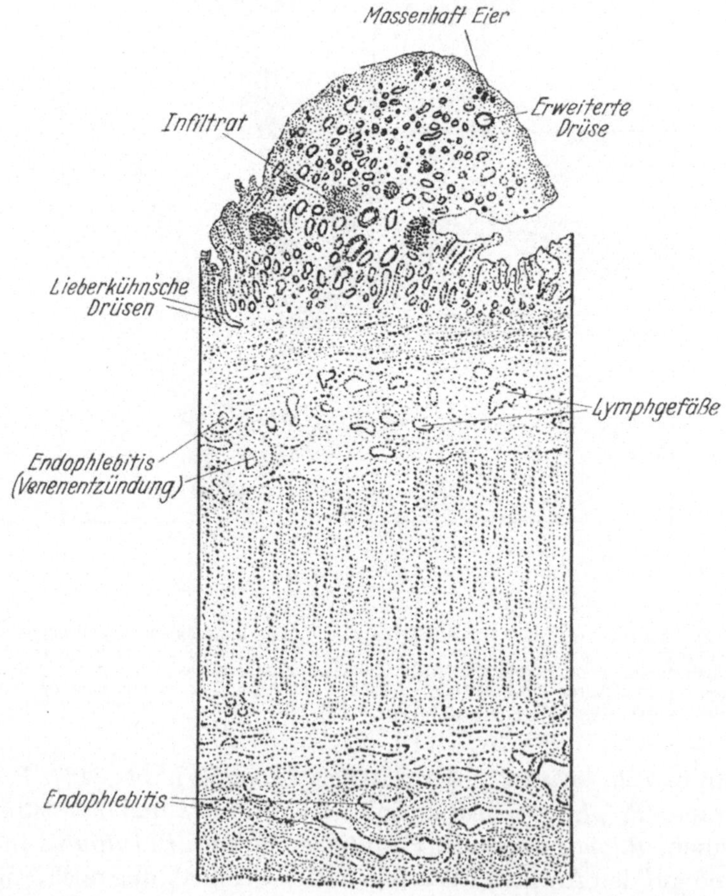

Abb. 150. *Schnitt durch einen Polypen des Rectums, hervorgerufen durch Schistosoma mansoni.*

des afrikanischen Kontinents. *Nur diese Art kommt auch in Amerika vor, aber nicht in Asien.*

Wenn sich die Eier in der Wand des Dickdarms ansammeln, rufen sie Geschwüre der Schleimhaut hervor, bisweilen lebhaft rot gefärbte, leicht blutende polypenartige Wucherungen (Abb. 150).

Bei den schweren Fällen, die übrigens nur selten sind, tritt chronische Diarrhöe mit Stuhlzwang, häufigem blutigem Stuhl und Fieber auf.

Die zuweilen vom Kreislauf in die Leber geführten Eier bewirken dort schwere Veränderungen. Lungenstörungen sind seltener.

Die ägyptische Splenomegalie (Milzvergrößerung) kommt im Nildelta häufig vor, ist sehr gefährlich und wird diesem Pärchenegel zugeschrieben.

3. Schistosoma japonicum.

Morphologie. Diese Art ist etwas kleiner als die beiden vorhergehenden. Das Männchen ist 9—12 mm lang und 0,5—1 mm breit. Es hat 6—8 Hodenlappen.

Das Weibchen ist 12—15 mm lang und 0,3 mm breit. Der Uterus enthält *mehrere hundert Eier*, die gleichzeitig abgelegt werden.

Biologie. *Schistosoma japonicum* lebt im Venensystem und den Lungenarterien des Menschen und verschiedener Tiere.

Die Eier sind 60—75 μ lang und 45—55 μ breit und mit einem kleinen, stumpfen Stachel versehen, der meistens nicht bemerkt wird (Abb. 4). Man unterscheidet sie leicht von den Eiern der anderen Pärchenegel. Das Ei wird in 4—5 Tagen in den Gefäßen oder den Geweben reif, doppelt so groß wie im Augenblick der Ablage und enthält dann das Miracidium.

Die Eiablage geschieht in den Blutgefäßen, und viele Eier bleiben in Organen oder Geweben liegen, wo sie dem Untergang verfallen sind. Nur für diejenigen, die die Darmwand erreichen, besteht die Möglichkeit, ins Freie zu gelangen und ihre Entwicklung fortzusetzen (Abb. 151). Letztere vollzieht sich im Wasser, und die verschiedenen Stadien sind die gleichen wie bei den anderen Pärchenegeln. Bei dieser Art sind die Zwischenwirte kleine gedeckelte *Schnecken* der Gattung *Oncomelania* (Abb. 218), die in Japan, auf Formosa und in bestimmten chinesischen Provinzen verbreitet sind. In Betracht kommen: *O. nosophora, O. formosana, O. hupensis* usw.

Die frei schwimmenden Cercarien dieser Art dringen, wie es bei den vorhergehenden Arten der Fall war, durch *die Haut* in den Körper ihres Wirtes ein.

Pathogene Bedeutung. Die Anhäufung von Eiern dieses Parasiten in den Geweben verursacht eine Erkrankung, die unter folgenden Namen bekannt ist: *Gefäßbilharziose, chinesisch-japanische Bilharziose* oder

Übersicht über die Entwicklung der wichtigsten parasitischen

Ordnungen	Im Endwirt (Mensch)		Im Freien	Im 1. Zwischenwirt
Nematoden	Ascaris, Trichuris, Enterobius	geschlechtsreif	Eier → embryonierte infektiöse Eier	→
	Ancylostoma, Necator	geschlechtsreif	Eier → rhabditiforme Larven → filariforme Larven → infektiöse „encystierte" filariforme Larven	→
	Strongyloides	Parthenogenetische Weibchen und Eier	Rhabditiforme Larven → infektiöse filariforme Larven *oder:* Rhabditiforme Larven → Männchen und Weibchen → Eier → rhabditiforme Larven → infektiöse filariforme Larven	→ →
	Dracunculus	geschlechtsreif	Freie Larven	Larven in Cyclops
	Wuchereria, Loa, Onchocerca	geschlechtsreif und Mikrofilarien	→	Mikrofilarien in blutsaugenden Insekten
	Trichinella	geschlechtsreif und Muskeltrichinen	→	→
Cestoden	Hymenolepis	Cysticercoid, geschlechtsreif, Eier	→	→
	Taenia	geschlechtsreif	Proglottiden → Eier	Finnen bei Schwein und Rind
	Diphyllobothrium	geschlechtsreif	Eier → Wimperlarven (Coracidien)	1. Finnenstadium (Procercoid) bei Cyclops usw.
Trematoden	Schistosoma	geschlechtsreif	Eier → Miracidien	Sporocysten → Tochtersporocysten → Cercarien bei Schnecken
	Fasciolopsis, Fasciola	geschlechtsreif	Eier → Miracidien	Sporocysten → Redien → Cercarien *oder:* Sporocysten → Redien → Tochterredien → Cercarien bei Schnecken
	Opisthorchis, Paragonimus	geschlechtsreif	Eier → Miracidium innerhalb des Eies	Sporocysten → Redien → Cercarien bei Schnecken

Würmer, die geschlechtsreif im Menschen vorkommen.

Im Freien	Im 2. Zwischenwirt	Infektionsweg
→	→	Passive Aufnahme mit verunreinigter Nahrung durch den Mund
→	→	Aktive Einbohrung durch die Haut
→	→	Aktive Einbohrung durch die Haut
→	→	
→	→	Passive Aufnahme mit verunreinigtem Wasser durch den Mund
→	→	Übertragung auf die Haut durch Insekten, aktive Einbohrung durch dieselbe
→	→	Passive Aufnahme mit trichinösem Fleisch durch den Mund
→	→	Passive Aufnahme mit verunreinigter Nahrung durch den Mund
→	→	Passive Aufnahme mit rohem finnigen Schweine- oder Rindfleisch durch den Mund
→	2. Finnenstadium (Plerocercoid) bei Fischen	Passive Aufnahme mit rohen, infizierten Fischen (Fischsalat)
Frei schwimmende Cercarien	→	Aktive Einbohrung durch die Haut
Frei schwimmende Cercarien → encystierte Metacercarien im Wasser oder an Wasserpflanzen	→	Passive Aufnahme mit verunreinigter Nahrung durch den Mund
Frei schwimmende Cercarien	Encystierte Metacercarien bei Fischen oder Krebsen	Passive Aufnahme mit infizierten rohen Fischen oder Krebsen durch den Mund

Katayamakrankheit. Die letztere Bezeichnung hat sie erhalten nach dem Namen einer japanischen Ortschaft, wo sie besonders heftig auf-

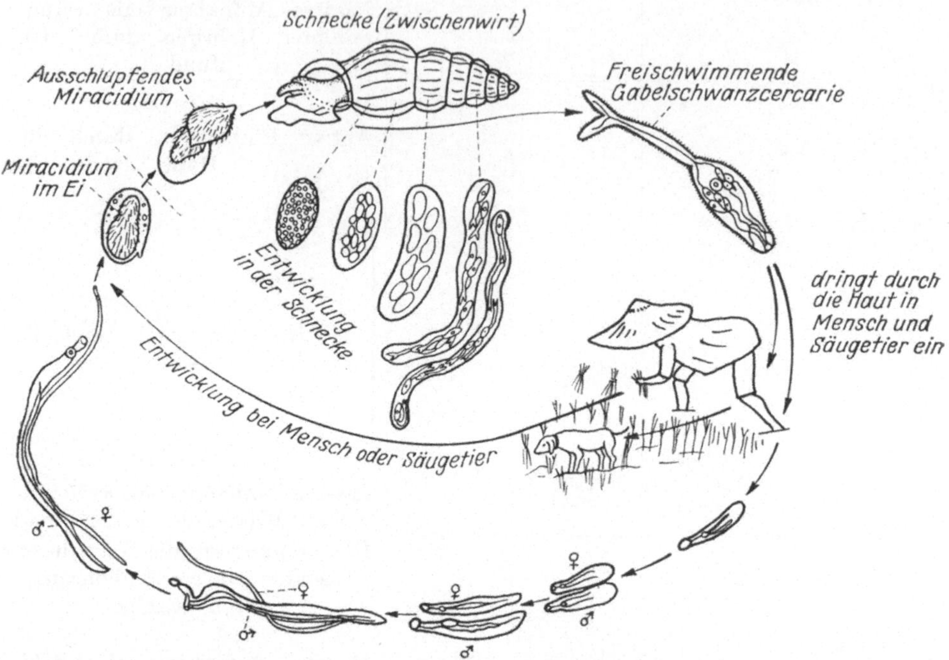

Abb. 151. *Entwicklungsschema des Japanischen Pärchenegels (Schistosoma japonicum)*. Die infektionsfähigen freien Gabelschwanzlarven (Cercarien) schwimmen im Wasser und sind besonders häufig im Wasser der Reisfelder anzutreffen. Nach E. C. FAUST, etwas verändert.

tritt. Diese Krankheit wird durch eine von starker Eosinophilie begleitete fieberhafte Anfangsperiode gekennzeichnet. Weitere Symptome sind Hypertrophie der Leber und Milz, ruhrartige Störungen, Abmagerung und Anämie.

Sechster Abschnitt.

Wimperinfusorien (Ciliata), Geißeltierchen (Flagellata).

Die **Wimperinfusorien (Ciliata)** sind *Protozoa* oder *Urtierchen*, die als charakteristisches Merkmal eine mehr oder minder große Anzahl *Wimpern* oder *Cilien* auf der Körperoberfläche tragen. Außerdem sind sie durch die besondere Struktur ihrer beiden Kerne gekennzeichnet. Man unterscheidet einen Makronucleus oder vegetativen Kern (Stoffwechselkern) und einen Mikronucleus oder Geschlechtskern.

Je nach der Anordnung der Wimpern auf der Oberfläche des Körpers teilt man die Wimperinfusorien in 4 Ordnungen ein, von denen nur die *Heterotrichen* unsere Aufmerksamkeit verdienen, denn zu ihnen gehört das einzige Infusor, das ein wirklicher Parasit des Menschen ist, nämlich *Balantidium coli*, der Erreger der Balantidienruhr.

Die **Geißeltierchen** (**Flagellata** oder **Mastigophora**) sind *Protozoen*, die mit einer oder mehreren *Geißeln* oder *Flagellen*, bisweilen auch mit einer undulierenden Membran versehen sind und die ihnen als Fortbewegungsorgane dienen. Sie besitzen nur einen Kern, Chromatinkörperchen und manchmal stützende Elemente, sog. Achsenfäden.

Vom rein medizinischen Standpunkt aus teilen wir die Geißeltierchen in zwei Gruppen ein:

1. *Darmflagellaten* mit den Gattungen: *Trichomonas*, *Chilomastix* und *Giardia*.

2. *Blut- und intracelluläre Flagellaten* mit den Gattungen: *Trypanosoma* und *Leishmania*.

I. Der Erreger der Balantidienruhr (Balantidium coli).

Untersuchung. Die Untersuchungsmethoden der im Darm parasitierenden Infusorien sind im zweiten Abschnitt des Allgemeinen Teiles, der der Koprologie gewidmet ist, angegeben (S. 32—37).

Morphologie. *Balantidium coli* (Abb. 152) ist ein annähernd eiförmiges Infusorium, 30—200 μ lang und 20—70 μ breit. Die den Körper umgebende Pellicula ist längsgestreift. Die schlagenden Wimpern sitzen an den Streifen. Am Vorderteil des Körpers befindet sich eine Spalte, die sich in einer trichterförmigen Vertiefung oder Infundibulum fortsetzt. Man nennt dies Organell das *Mundfeld* oder *Peristom*, das von starken adoralen Wimpern umgeben ist. Am Grunde des Peristoms liegt der *Zellmund* oder das *Cytostom*. Ein Darmkanal ist nicht vorhanden, und die in das Endoplasma eingeführten Nahrungspartikelchen werden nach der Verdauung durch einen am Hinterende gelegenen *Zellafter* oder *Cytopyge* ausgeschieden. Vorhanden sind zwei *contractile Vakuolen*, ein ei- oder sackförmiger *Makronucleus* und ein *Mikronucleus*, der in einer ventralen Vertiefung des Makronucleus liegt. Außerdem findet man im Endoplasma Fremdkörper, besonders Stärkekörnchen, bisweilen auch Blutkörperchen.

Biologie. Diese Infusorien finden sich als Parasiten im Dickdarm des Schweines, ihres normalen Wirtes, aber auch im Dickdarm des Menschen und einiger Affen. Sie sind Kosmopoliten.

Balantidium coli vermehrt sich durch Querteilung. Unter besonderen Umständen beobachtet man die *Kopulation*, d. h. die vollständige Verschmelzung zweier Individuen. Unter bestimmten Einflüssen encystieren sich die Infusorien endlich. Der Durchmesser der Cysten beträgt 50—60 μ. Sie sind sehr lange Zeit hindurch lebensfähig und sichern die Verbreitung des Parasiten (Abb. 152).

Der Mensch infiziert sich, indem er Balantidiumcysten genießt.

Pathogene Bedeutung. *Balantidium coli* ist der Erreger einer *Darmentzündung*, die manchmal in *Balantidienruhr* übergeht. Diese Ruhr

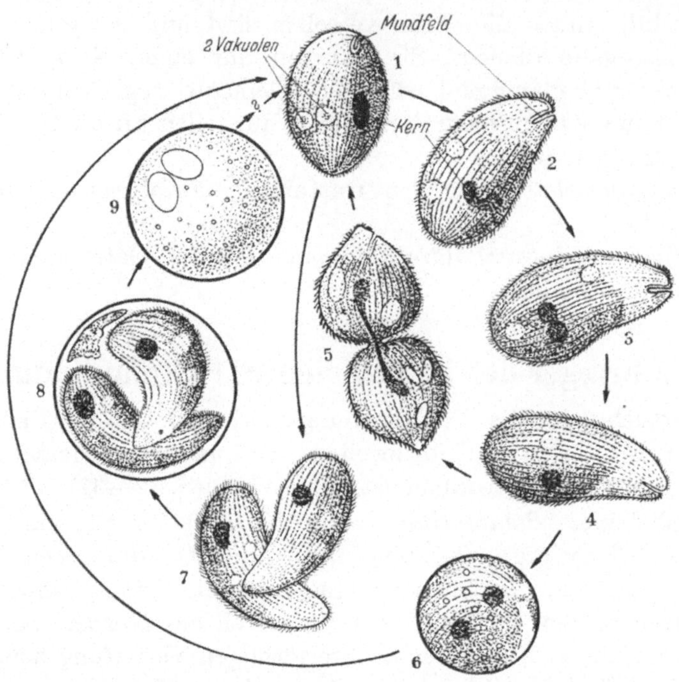

Abb. 152. *Fortpflanzung von Balantidium coli*: *1—5* ungeschlechtliche Vermehrung durch Querteilung, *6* encystiertes Individuum, *7* beginnende Kopulation zweier Balantidien, *8* die Tiere umgeben sich mit einer Cyste, *9* vollständige Verschmelzung beider Tiere (Kopulation) innerhalb einer Cyste. Der weitere Verlauf der Entwicklung (?) muß noch erklärt werden.

ist chronisch und kann jahrelang dauern. Die Balantidien dringen in die Wand des Dickdarms ein, entfernen sich oft weit von den erzeugten Geschwüren und gelangen sogar bis in die Lymph- und Blutgefäße.

II. Darmflagellaten (Trichomonas, Chilomastix, Giardia).

Untersuchung. Die Darmflagellaten können in frischem Zustande oder als feucht fixierte Ausstriche untersucht werden. Die Nachweismethoden für die Cysten sind im zweiten Abschnitt des Allgemeinen Teils S. 34 angegeben.

Morphologie. Der Körper der Darmflagellaten ist im allgemeinen von einer dünnen plasmatischen Hautschicht, dem *Periplast*, begrenzt und zeigt oft vorn eine Vertiefung, *Zellmund* oder *Cytostom* genannt, durch welche feste Nahrungsteilchen in den Körper eindringen. Die Darmflagellaten sind mit Geißeln versehen, deren Zahl verschieden ist, und besitzen zuweilen eine undulierende Membran. Ihre Protoplasmamasse enthält einen Kern und mehrere Chromatinkörperchen: den *Parabasalkörper*, *Blepharoplast*, *Kinetonucleus*, bisweilen auch einen *Achsenstab*.

Biologie. Man findet die Darmflagellaten im allgemeinen im Dickdarm des Menschen.

Sie vermehren sich gewöhnlich durch Längsteilung und besitzen unter bestimmten Bedingungen die Fähigkeit der Encystierung. *Mit diesen Cysten infiziert sich der Mensch, wenn er sie verschluckt.*

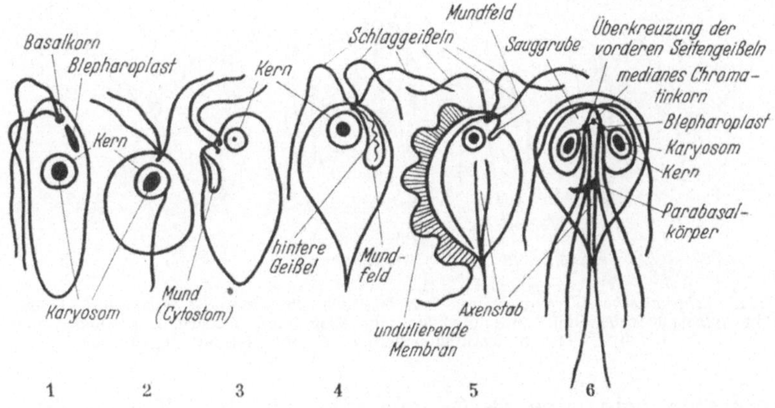

Abb. 153. *Schematische Darstellung verschiedener Darmflagellaten.* *1* Bodo, *2* Enteromonas, *3* Embadomonas, *4* Chilomastix, *5* Trichomonas, *6* Giardia (Lamblia).

Pathogene Bedeutung. Diese Flagellaten werden oft sehr gut vom Darm vertragen. In bestimmten Fällen jedoch können sie Enterocolitis und verschiedene andere Darmstörungen verursachen.

Von den im Darm angetroffenen Arten nennen wir nur die drei folgenden, bilden aber außerdem noch drei weitere ab (Abb. 153).

Trichomonas intestinalis (Abb. 153) ist 10—15 μ lang und 7—10 μ breit, besitzt 3, 4 oder 5 vordere und 1 hintere Geißel, die am Körper anliegt und mit einer undulierenden Membran versehen ist.

Chilomastix mesnili (Abb. 153) ist im Durchschnitt 14 μ lang und 5—6 μ breit und besitzt nur 3 vordere, sehr dünne Geißeln. Die undulierende Membran ist rudimentär.

Giardia (= *Lamblia*) *intestinalis* (Abb. 153) ist birnenförmig, nach hinten zu sehr dünn, 10—20 μ lang und 6—10 μ breit. Sie besitzt zwei sehr deutliche Kerne und eine nierenförmige, ventral gelegene Vertiefung, um die herum 6 nach rückwärts gerichtete Geißeln angeordnet sind. Außerdem befindet sich ein Geißelpaar am Hinterende des Körpers.

III. Trypanosomen (Trypanosoma).

Untersuchung. Die Untersuchungstechnik der Trypanosomen ist im dritten Abschnitt des Allgemeinen Teils, S. 38—44, geschildert, das die Parasiten des Blutes behandelt.

Morphologie. Die Trypanosomen sind spindelförmige Organismen, an den Enden zugespitzt, im Durchschnitt 20 μ lang und 2—3 μ breit. Sie sind also viel länger als der Durchmesser der roten Blutkörperchen und infolgedessen unter ihnen leicht zu erkennen. Durch Färbung kann man im Inneren des Körpers zwei Chromatinkörperchen feststellen, einen großen, meist zentral gelegenen Kern und einen kleinen, meist am Hinterende gelegenen *Blepharoplasten* oder *Geißelkern*. Vom Ble-

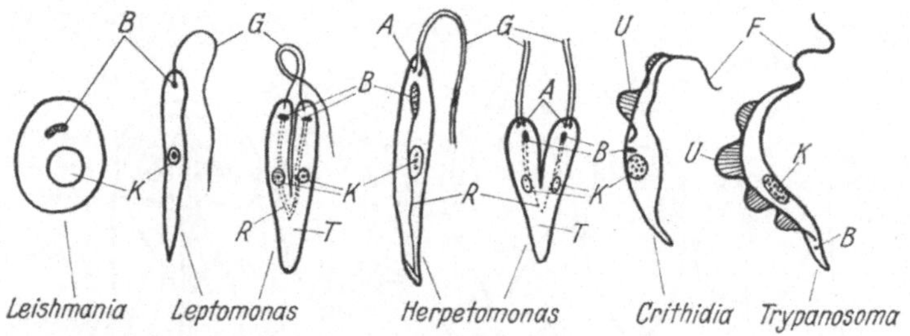

Abb. 154. *Schematische Wiedergabe von verschiedenen Trypanosomengattungen.* *A* Basalkörner, *B* Blepharoplast, *F* freies Geißelende, *G* Geißel oder Flagellum, *K* Kern, *R* Rhizostyl oder Achsenfaden, *T* Tier in Teilung begriffen, *U* undulierende Membran.

pharoplasten geht eine *Geißel* aus, die mit dem Körper durch eine *undulierende Membran* verbunden ist. Das Vorderende der Geißel tritt jedoch im allgemeinen frei hervor (Abb. 154), an der Basis befindet sich ein Basalkorn.

Biologie. Die Trypanosomen leben im Blut, bisweilen in verschiedenen Geweben von Wirbeltieren. Im Laufe ihrer Entwicklung wandern sie in den Darmkanal verschiedener blutsaugender Wirbelloser.

Pathogene Bedeutung. Zwei Arten der Trypanosomen, *Trypanosoma gambiense* und *T. rhodesiense* sind die Erreger der *Schlafkrankheit* in Afrika. Eine dritte, viel weniger wichtige Art, *T. cruzi*, verursacht eine amerikanische Trypanosomiasis (Trypanose), die unter dem Namen *Chagaskrankheit* bekannt ist.

1. Die Erreger der Schlafkrankheit (Trypanosoma gambiense und rhodesiense).

Eine besondere Beschreibung dieser Trypanosomenarten erscheint unnötig, da sie in ihrem Bau mit der oben gegebenen, allgemeinen Charakteristik übereinstimmen.

Man findet *Trypanosoma gambiense* (Abb. 155) im Blut, in der Lymphe und im Liquor cerebrospinalis derjenigen Personen, die von der Schlafkrankheit befallen sind. Dies ist in den meisten Gegenden Afrikas der Fall, wo die Krankheit endemisch ist.

Das Trypanosom vermehrt sich im Blut des Menschen durch Längsteilung und nimmt im Organismus seines Überträgers, der *Tsetsefliege Glossina palpalis*, besondere Formen an, die *Crithidia* genannt werden (Abb. 154). Diese sind durch einen Blepharoplasten, der *vor* dem zentralen Kern liegt, gekennzeichnet.

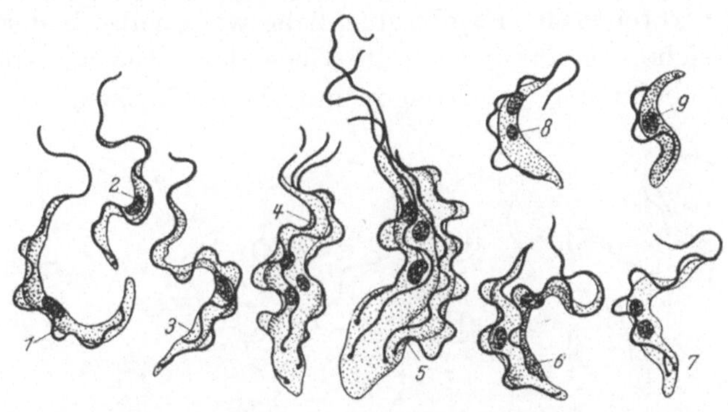

Abb. 155. *Trypanosomen (Trypanosoma gambiense, Erreger der Schlafkrankheit) im Blut einer Ratte.*
1 und *2* schlanke Formen, *3*, *6*, *7* und *8* verschiedene Stadien der Zweiteilung, *4* und *5* Stadien der Vielteilung, *9* kurze Form ohne freies Geißelende.

Die von einer Tsetsefliege aufgesogenen Trypanosomen setzen sich zuerst in dem hinteren Ende des Mitteldarmes fest, wo eine starke Vermehrung der Trypanosomaform stattfindet. Hierauf erscheinen schlanke Formen, die in den Proventrikel wandern, wo sie sich in Crithidiaformen verwandeln. Diese Crithidiaformen begeben sich in den Rüssel und Speicheldrüsengang, hierauf in die Speicheldrüsen, wo sie sich an den Wänden festsetzen. Sie vermehren sich weiter und ergeben endlich *infektionsfähige metacyclische Trypanosomen.*

Durch den Stich einer auf diese Weise infektiös gewordenen Glossina zieht man sich die Schlafkrankeit zu.

Der hauptsächliche Überträger von *T. gambiense* ist *Glossina palpalis* in bewaldeten und feuchten Gegenden. In den trockeneren Savannen des äquatorialen Afrika ist es ohne Zweifel eine verwandte Art, *G. tachinoides.*

Trypanosoma rhodesiense (Abb. 156), das sich von der vorhergehenden Art kaum unterscheidet, wird in Rhodesien und an verschiedenen Stellen Ostafrikas bei Personen, die an Schlafkrankheit leiden, in denselben Organen angetroffen wie *T. gambiense.*

Es vermehrt sich ebenfalls im Blut des Menschen durch Längsteilung und entwickelt sich in gleicher Weise bei seinem Überträger.

Aber dieser Überträger gehört anderen Arten an. In den meisten Fällen ist es *Glossina morsitans*, bisweilen *G. swynnertoni*.

Wie im vorhergehenden Falle infiziert sich der Mensch durch den Stich infektiöser Glossinen.

Schlafkrankheit. Die beiden Trypanosomenarten haben die gleiche pathogene Bedeutung, und sowohl die eine als auch die andere Art verursacht im menschlichen Organismus eine gefährliche, ausschließlich afrikanische Krankheit: die *Schlafkrankheit*. Man darf jedoch nicht glauben, daß diese Krankheit gleichmäßig über den ganzen afrikanischen Kontinent verbreitet ist. Es gibt glücklicherweise selbst in der tropischen Zone zahlreiche von ihr verschonte Gegenden. Die am stärksten gefährdeten Gebiete sind das Kongo- und Ugandabecken.

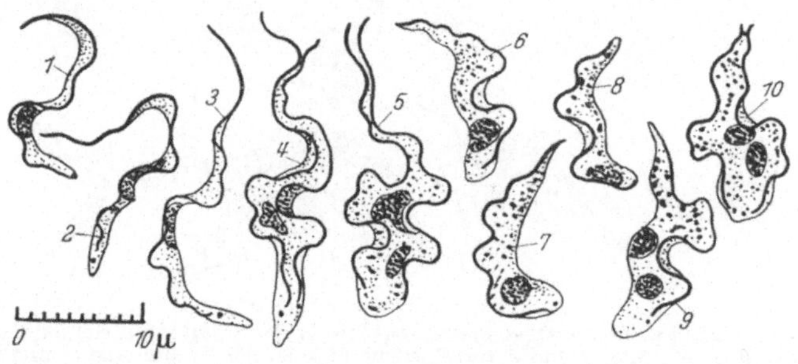

Abb. 156. *Trypanosoma rhodesiense (Erreger der Schlafkrankheit)*. Diese Trypanosomenart ist sehr vielgestaltig (polymorph). *1—5* schlanke Formen, davon *4* und *5* in Teilung; *6—10* kurze Formen, davon *9* und *10* in Teilung.

Die Schlafkrankheit ist eine chronische Erkrankung. Sie beginnt mit einer Fieberperiode von verschieden langer Dauer, auf die verschiedene nervöse Störungen folgen, die von Entzündungen des Gehirns und seiner Häute herrühren. Man findet die Trypanosomen nur in der ersten Periode im peripheren Blut der Kranken und auch dann nur in geringer Anzahl. Im vorgeschritteneren Stadium sitzen die Parasiten im Nervensystem und im Liquor cerebrospinalis, aus dem man sie nur durch Zentrifugieren anreichern kann.

Die Krankheit entwickelt sich langsam, oft durch Jahre hindurch, und die nichtbehandelten Fälle sind meist tödlich.

Hat die Infektion durch *Trypanosoma rhodesiense* stattgefunden, so entwickelt sich die Krankheit im allgemeinen schneller, und man beobachtet plötzliche Todesfälle, deren Ursache wahrscheinlich eine Verletzung der Herzmuskulatur durch dies Trypanosom ist.

Sowohl die weiße als auch die schwarze Rasse können von dieser Krankheit befallen werden.

2. Der Erreger der Chagaskrankheit (Trypanosoma cruzi).

Trypanosoma (= *Schizotrypanum*) *cruzi* (Abb.157) ist von den beiden vorhergehenden Arten morphologisch verschieden Die Größenverhältnisse sind zwar ziemlich die gleichen, aber der Körper ist gedrungener, die undulierende Membran weniger gefaltet und der Blepharoplast viel umfangreicher

Dieses Trypanosom findet sich übrigens in verschiedenen Formen im peripheren Blut und in den Zellen der Organe von Menschen und von einer bestimmten Anzahl von Säugetieren, die als Virusreservoir dienen.

Die Art vermehrt sich auf ganz besondere Weise. Bei den Wirbeltieren teilen sich die Trypanosomen nicht im Blut, vielmehr wandern

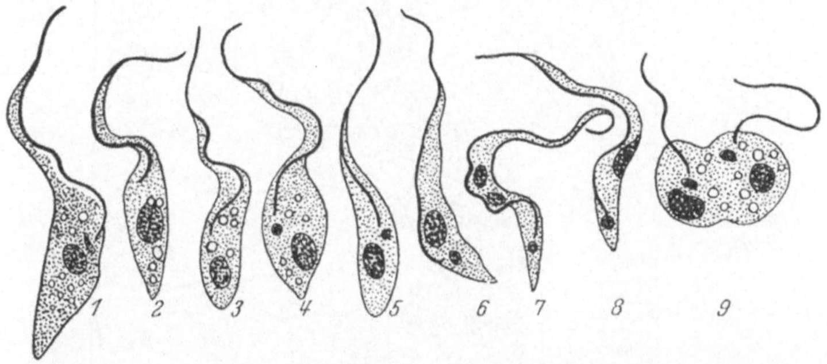

Abb. 157. *Trypanosoma cruzi* (*Erreger der Chagas-Krankheit*). Entwicklung in der *Wanze* (Überträger). Formen aus dem Enddarm, die mit dem Wanzenkot herausgekommen sind. *1 Crithidia*stadium, *2—6* Übergangsformen zwischen dem Crithidiastadium und den metacyclischen Trypanosomen (*8*). *7* anormales Trypanosom mit 2 Kernen. *9* Form aus dem Mitteldarm, die ebenfalls mit dem Wanzenkot herausgekommen ist. In 1800facher Vergrößerung.

die Trypanosomen des Blutes in die Gewebe, nämlich in die Fasern der Muskeln und in die Herzmuskelfasern, in die Nervenzellen usw. Dort nehmen sie eine besondere, annähernd eiförmige Form ohne Geißel an, die *Leishmania*-Form (Abb. 158). Diese Stadien vermehren sich in den Geweben durch wiederholte Zweiteilung und nehmen dann wieder die Trypanosoma-Form an. Diese Umwandlung findet gleichzeitig bei allen *Leishmania*-Formen statt. Hierauf passieren die Trypanosomen die Gewebe und gelangen schubweise in das Blut.

Bei ihren wirbellosen Zwischenwirten, großen südamerikanischen *Raubwanzen*, verwandeln sich die aufgesogenen Trypanosomen zuerst in *Crithidia*-Formen und nehmen hierauf im Magen die *Leishmania*-Form an. Die *Leishmania*-Formen vermehren sich, gehen in den Mitteldarm und verwandeln sich wieder in *Crithidia*-Formen, wobei sie sich immer weiter vermehren. Die letzten Formen werden endlich *infektionsfähige metacyclische Trypanosomen*, die den Dickdarm der Überträger in großer Menge bevölkern.

Überträger sind mehrere *Raubwanzen* Südamerikas, besonders *Triatoma megista* in Brasilien und *Rhodinus prolixus* in Kolumbien und Venezuela. *Besonders der Kot dieser Insekten ist ansteckend.* Wird der Kot auf geritzte oder feuchte Haut oder Schleimhaut abgelegt, so dringen

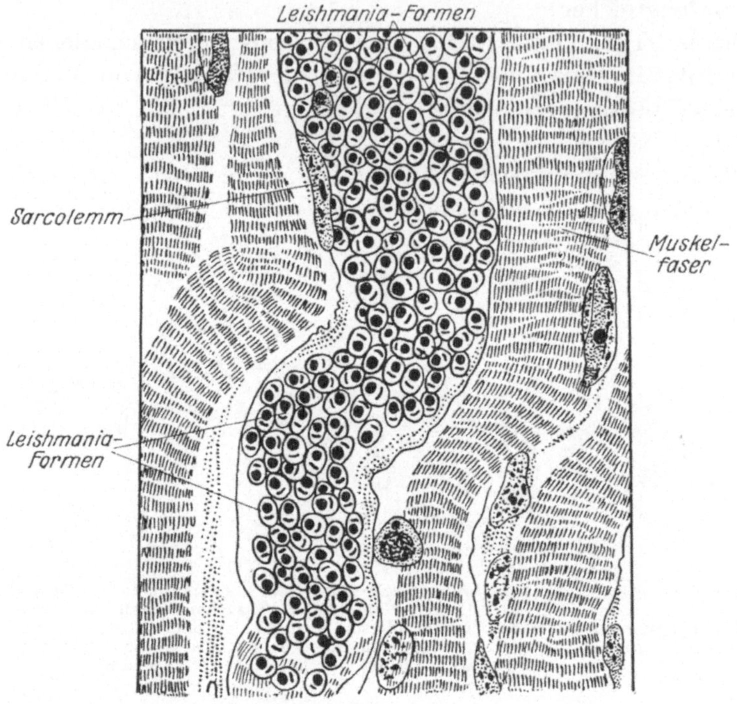

Abb. 158. *Trypanosoma cruzi*. Muskel einer Ratte, der mit *Leishmania*-Formen befallen ist. In 1000 facher Vergrößerung.

die zahlreich darin enthaltenen infektionsfähigen Trypanosomen aktiv durch die Haut in den Körper ein. Die Infektion durch Stich ist eine Ausnahme.

Chagaskrankheit. Man beobachtet die Erkrankung an einigen Stellen Südamerikas. Ihr Erreger ist *Trypanosoma cruzi*, ihre Überträger sind die obenerwähnten blutsaugenden *Raubwanzen*.

IV. Leishmanien (Leishmania).

Untersuchung. Um die in tiefliegenden Organen oder in der Haut sitzenden Leishmanien zu untersuchen, macht man Ausstriche von den betreffenden Organen oder den Hautgeschwüren. Handelt es sich um letztere, so wäscht man erst die Wunde, trocknet sie und schabt mit

einem Präpariermesser den Rand oder die Mitte der Geschwüre ab,
so daß man kein Blut, sondern Bestandteile der entzündeten Gewebe
erhält. Die Technik der Färbung ist dieselbe wie bei den Blutaus-
strichen. Sie ist in dem dritten Abschnitt des Allgemeinen Teils
S. 39—43, behandelt.

Morphologie. Die Leishmanien (Abb. 154), die man im menschlichen Organismus findet, sind eiförmig und 2—6 μ lang. Ihr Cytoplasma

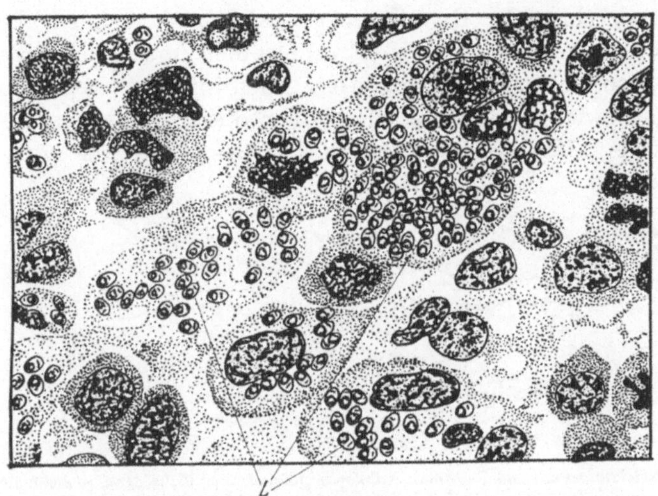

Abb. 159. *Leishmania infantum.* Schnitt durch die Milz eines Hundes aus Tunis, der spontan an
seiner Leishmanieninfektion gestorben ist. *L* Leishmanien. Fall von M. LANGERON. In 1500facher
Vergrößerung.

umschließt einen runden *Kern* und einen stäbchenförmigen *Blepharoplasten*, von dem ein *Rhizoplast* ausgeht. Es ist das ein geißelähnlicher
Strang, der bis zu einem Pol der Körperoberfläche-reicht. In Kulturen
gezüchtet ergeben diese Protozoen mit Geißeln versehene, sehr bewegliche
Formen vom *Leptomonas*-Typ, Formen, die man auch im Darmkanal
der Insekten findet, die als Überträger in Frage kommen.

Biologie. Die Leishmanien (Abb. 159) leben im allgemeinen als
Zelleinschlüsse in den Endothelzellen der Capillaren, seltener in den
Leukocyten des peripheren Blutes. Sie vermehren sich durch Teilung
im menschlichen Körper. Ihre weitere Entwicklung findet in bestimmten *Gnitzen* oder *Phlebotomen* statt, die in ihrem Darmkanal *Leptomonas*-
formen beherbergen (Abb. 154 u. 160). *Wird man von einem solchen
Insekt gestochen oder zerdrückt man es auf der Haut, so findet die Infektion statt.*

Pathogene Bedeutung. Die Vermehrung dieser Protozoen im
menschlichen Körper verursacht Erkrankungen, die unter dem Namen

Leishmaniasen bekannt sind. Man teilt diese Erkrankungen in zwei Gruppen ein, nämlich:

1. *Hautleishmaniasen* mit der *Orientbeule* und der *amerikanischen Hautleishmaniase*;

2. *Eingeweideleishmaniasen* mit der *Kala-Azar* und der *Kinderleishmaniase*.

Orientbeule. Die Orientbeule oder auch Biskra-, Gafsa-, Nil- oder Aleppobeule usw. genannt, ist in warmen und trockenen Gegenden der Alten Welt verbreitet. Den Erreger, *Leishmania tropica*, findet man oft in großen Mengen in den Epithelzellen und den großen mononucleären Leukocyten, ausnahmsweise auch im peripheren Blut. Es ist neuerdings bewiesen, daß die Überträger dieser Leishmaniase folgende *Gnitzen* sind: *Phlebotomus papatasi* in Biskra, Syrien und Palästina

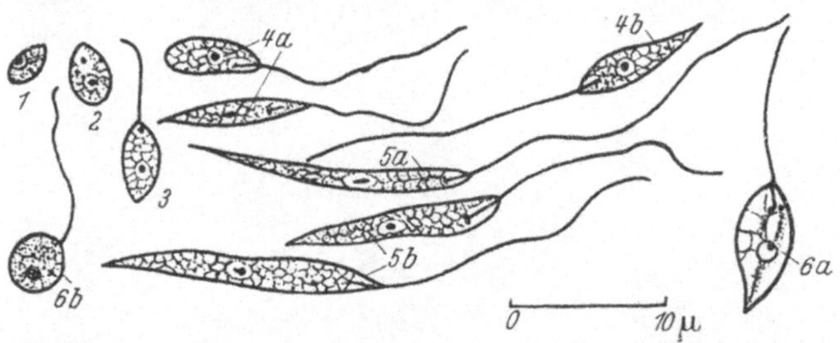

Abb. 160. *Entwicklungskreis von Leishmania donovani (Erreger der Kala-Azar) in der Kultur. 1* Parasit des Menschen; *2—5 b* Formen, die in den ersten 5 Tagen in der Kultur angetroffen werden; die Formen *5 b* sind wahrscheinlich infektionsfähig, sie sind die gleichen, die man in den *Phlebotomen (Gnitzen)* findet; *6a* und *6 b* sind degenerierte Formen. Nach CHRISTOPHERS, SHORTT und BARRAUD.

und *Phlebotomus sergenti* in Bagdad. Die Infektion kann aber auch von Mensch zu Mensch durch direkte Überimpfung erfolgen.

Amerikanische Hautleishmaniase. Diese Leishmaniase wird auch Bahiabeule, Baurugeschwür, Espundia, Waldleishmaniase usw. genannt. Man findet sie von Mexiko bis zum nördlichen Argentinien. Besonders häufig ist sie in heißen und bewaldeten Gegenden. Der Erreger ist *Leishmania brasiliensis*. Morphologisch ist er dem vorhergehenden völlig gleich, aber in den von ihm verursachten Haut- und Schleimhautgeschwüren weniger zahlreich vorhanden als *Leishmania tropica*. *Leishmania brasiliensis* lebt normalerweise in einigen Säugetieren. Beim Menschen befällt er im Gegensatz zu *Leishmania tropica* die Schleimhäute. Aus verschiedenen Beobachtungen ergibt sich, daß *Phlebotomus intermedius* der Überträger ist, aber es ist wahrscheinlich, daß auch andere *Phlebotomus*-Arten diese Krankheit in Gegenden, wo sie herrscht, übertragen können.

Kala-Azar. Die tropische Splenomegalie oder Kala-Azar, d. h. schwarze oder tödliche Krankheit, kommt als endemische Erkrankung an verschiedenen Stellen im tropischen Asien, China und im ägyptischen

Sudan vor. Sie befällt gewöhnlich alle Bewohner eines Hauses oder eines Häuserblockes und tritt im allgemeinen in einer Entfernung von einigen hundert Metern nicht mehr auf. Der Erreger, den man morphologisch nur schwer von den vorhergehenden Arten unterscheiden kann, ist *Leishmania donovani.* Der Parasit ist immer in Zellen eingeschlossen und zwar in mononucleären Leukocyten, in Makrophagen des Bindegewebes, in Endothelzellen, selten in polynucleären Leukocyten. Die überall im Organismus vorkommenden Parasiten sind besonders zahlreich in den Endothelzellen der Lymph- und Blutgefäße der Milz, der Leber, des Knochenmarks, der Lungen, der Hoden, der Niere und der Eingeweide. Bei Fieberanfällen findet man die Parasiten in den Leukocyten des peripheren Kreislaufes.

Leishmania donovani vermehrt sich im menschlichen Körper durch Zweiteilung oder durch multiple Teilung. Die Weiterentwicklung findet bei verschiedenen *Gnitzen* statt, insbesondere bei *Phlebotomus argentipes* in Indien, bei *P. chinensis* und verschiedenen Unterarten von *P. sergenti* in China.

Auch diese Krankheit zieht sich der Mensch zu, wenn er infektiöse Phlebotomen auf der Haut zerdrückt oder von ihnen gestochen wird.

Kinderleishmaniase. Die Krankheit, die auch *Kinder-Kala-Azar* genannt wird, kommt in Nordafrika und in Südeuropa, besonders in den Mittelmeerländern vor. Sie ist bei Kindern und Hunden sehr häufig. Der *Hund* kann als Virusreservoir betrachtet werden. Der Erreger ist *Leishmania infantum*, der morphologisch mit *L. donovani* identisch ist. Der Parasit ist stets eingeschlossen, und zwar manchmal in großer Zahl, in den Zellen des Reticuloendothels oder in mononucleären Leukocyten, aber seltener in polynucleären Leukocyten des peripheren Blutes. Die Vermehrung geschieht durch eine Reihe wiederholter Zweiteilungen im Innern der infizierten Zellen, die über 100 Parasiten beherbergen können.

Diese Leishmaniase wird wie die vorhergehenden durch *Gnitzen* übertragen, die überall dort vorkommen, wo man bei Kindern und Hunden Kinder-Kala-Azar beobachtet. Als besonders gefährlicher Überträger gilt *Phlebotomus perniciosus.*

Südamerikanische Kala-Azar. Man hat Fälle dieser Leishmaniase im Norden von Brasilien beobachtet, aber man weiß nicht, ob diese Form von Kala-Azar in Südamerika heimisch ist oder ob europäische bzw. asiatische Einwanderer sie aus Gegenden mitgebracht haben, wo *Leishmania infantum* bzw. *L. donovani* herrscht.

Man hat den Erreger *Leishmania chagasi* genannt. Den Überträger kennt man nicht, aber man gibt zu, daß bestimmte wild lebende *Nagetiere* als Virusreservoir in Betracht kommen können.

Siebenter Abschnitt.

Sporentierchen (Sporozoa), Wurzelfüßler (Rhizopoda), Spirochäten (Proflagellata), Barlonellen (Bartonella), Rickettsien (Rickettsia).

Die **Sporentierchen (Sporozoa)** sind *Protozoen*, denen differenzierte Bewegungs- und Saugapparate fehlen. Sie vermehren sich im allgemeinen durch Sporen, die der Verbreitung der Art dienen, und sind immer Parasiten der Zellen oder Gewebe. Man teilt die Sporentierchen in mehrere Ordnungen ein, von denen nur zwei, und auch die in sehr verschiedenem Maße, den Arzt interessieren:

1. *Coccidien (Coccidiaria)*, die nur ausnahmsweise Parasiten des Menschen sind;

2. *Hämosporidien (Haemosporidia)*, zu denen die *Malariaerreger* gehören und die daher für die menschliche Pathologie von ganz außerordentlicher Bedeutung sind.

Die **Wurzelfüßler (Rhizopoda)** sind *Protozoen*, die, soweit sie als Parasiten in Frage kommen, immer aus einer nackten Zelle bestehen. Die Zelle besitzt die Fähigkeit, auf ihrer Oberfläche Protoplasmafortsätze, sog. *Pseudopodien* oder *Scheinfüßchen*, auszustrecken und wieder einzuziehen. Die *Amöben* *(Amoebina)* sind die einzigen Wurzelfüßler, die als Parasiten des Menschen zu erwähnen sind.

Die **Spirochäten (Proflagellata)**, deren systematische Stellung noch rätselhaft ist, sind spiralenförmige Organismen mit dünnem, biegsamen Körper und der Fähigkeit, sich aktiv zu bewegen. Einige von ihnen sind pathologisch sehr wichtig.

Die **Bartonellen (Bartonella)** sind Organismen, deren verwandtschaftliche Stellung ebenfalls sehr unsicher ist. Sie sind vielgestaltig, oft kugelförmig, besitzen zuweilen chromatische und stäbchenförmige Granula und sind Parasiten innerhalb der roten Blutkörperchen.

Die **Rickettsien (Rickettsia)**, deren systematische Einordnung viel umstritten ist, sind sehr kleine Organismen ohne deutliche Hülle, sehr vielgestaltig, im allgemeinen abgerundet, oft stäbchen- oder fadenförmig, bisweilen hantelförmig. Da sie für die menschliche Pathologie sehr wichtig sind, müssen sie erwähnt werden.

I. Coccidien (Coccidiaria).

Untersuchung. Man kann die Coccidien in parasitierten Organen finden, wenn man das Epithel in physiologischer Kochsalzlösung zerzupft. Ferner macht man Organausstriche. Wenn es sich um die

Leber handelt, untersucht man vorzugsweise die *Coccidienknoten*. Endlich ergeben gefärbte Schnittpräparate von fixierten Darm- oder Leberstückchen ausgezeichnete Resultate. Die Oocysten dagegen sucht man in den Exkrementen nach dem Verfahren, das im zweiten Abschnitt des Allgemeinen Teils S. 34—37 behandelt ist.

Morphologie. Die Coccidien sind kleine ei- oder kugelförmige Organismen, die mit einem Kern versehen sind. Im jugendlichen Stadium sind sie kaum größer als ein rotes Blutkörperchen, aber sie können eine Länge von 30—50 μ und eine Breite von 15—30 μ erreichen, wenn sie ihre vollständige Größe erlangt haben.

Biologie. Diese Protozoen treten gewöhnlich als Parasiten der Epithelzellen auf. Sie vermehren sich auf zweierlei Arten, nämlich durch

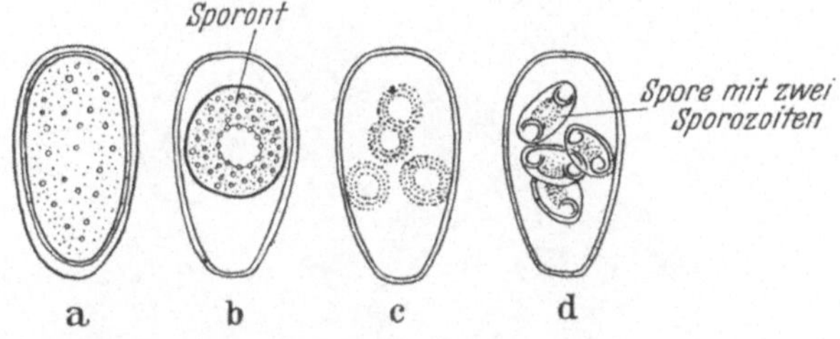

Abb. 161. *Bildung der Sporen in einer Oocyste von Eimeria stiedai.* a—c unreife Oocysten; d reife, sporulierte Oocyste mit 4 Sporen, letztere enthalten je 2 Sporozoiten. Nach R. Blanchard.

ungeschlechtliche Vermehrung oder *Schizogonie* und geschlechtliche Fortpflanzung oder *Sporogonie*.

Die *Schizogonie* ist eine Vermehrungsweise der Coccidien, die eintritt, wenn sie ihr Wachstum beendet haben, d. h. wenn der *Sporozoit* zum *Schizonten* herangewachsen ist. Der Kern des Schizonten teilt sich durch multiple Teilung, und jeder Tochterkern umgibt sich mit Protoplasma. Die Organismen, die so entstehen, heißen *Merozoiten*. Sie werden frei und infizieren neue Epithelzellen. Auf diese Weise vermehrt sich der Parasit bei seinem Wirt. Die Schizogonie kann sich sehr oft wiederholen.

Die *Sporogonie* scheint dann aufzutreten, wenn die Fähigkeit zur Schizogonie bei bestimmten Individuen erschöpft ist. Es bilden sich dann einerseits *Mikrogametocyten*; sie ergeben männliche Gameten oder *Mikrogameten*. Andererseits entstehen *Makrogametocyten*, die zu weiblichen Gameten oder *Makrogameten* werden. Die Befruchtung findet statt, und es entsteht eine *Zygote* oder *Oocyste*, die sich mit einer Membran umgibt. Der Inhalt der *Oocyste*, der *Sporont*, teilt sich und ergibt die *Sporocysten* oder *Sporen*; in letzteren bilden sich die *Sporozoiten*. Die Oocysten gelangen ins Freie und dienen der Verbreitung des Parasiten außerhalb seines Wirts. *Durch die im Freien vorkommenden reifen* (*sporulierten*) *Oocysten der Coccidien wird die Coccidiose auf den Menschen übertragen, wenn er die Oocysten verschluckt.* Die Sporozoiten verlassen dann die Sporen und die Oocyste, dringen in die Epithelzellen ein und ergeben junge Coccidien, die heranwachsen und sich durch Schizogonie vermehren. Somit ist der Entwicklungskreis geschlossen.

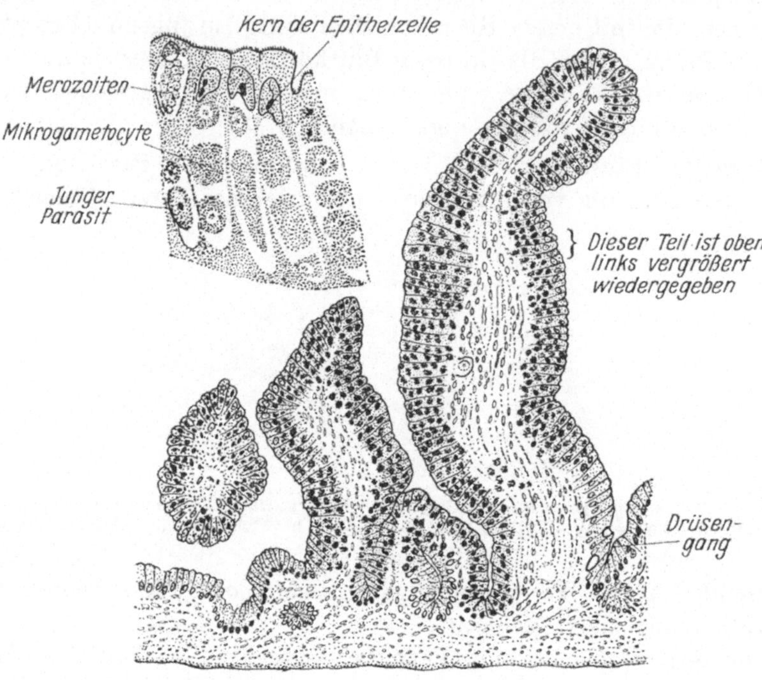

Abb. 162. *Darmcoccidiose eines Kaninchens.* Schnittpräparat, oben links in stärkerer Vergrößerung. Beachte die enorme Hypertrophie der Darmzotten!

Einteilung. Die Coccidien, die Parasiten des Menschen sind, gehören zwei Gattungen an: Es sind dies:

1. die Gattung *Isospora*, bei der sich in der Oocyste *2 Sporen* entwickeln, von denen jede *4 Sporozoiten* enthält;

2. die Gattung *Eimeria* (Abb. 161), bei der sich in der Oocyste *4 Sporen* bilden, deren jede *2 Sporozoiten* enthält.

Pathogene Bedeutung. Die Coccidiose spielt in der Pathologie des Menschen nur eine völlig untergeordnete Rolle und wird meistens nur zufällig bei der Autopsie entdeckt. Trotzdem erwähnen wir *Isospora belli*, die die *Darmcoccidiose* verursachen kann, und *Eimeria stiedai*, gewöhnlich Parasit des Kaninchens (Abb. 162), die man in einigen Fällen von *Leber-Coccidiose* beim Menschen beobachtet hat.

II. Die Erreger der Malaria (Plasmodium).

Untersuchung. Schon die Untersuchung von frischem Blut eines Malariakranken ergibt wertvolle Aufklärungen und ermöglicht es, die Bewegungen von lebenden Malariaerregern, den *Plasmodien* (*Plasmodium*), zu beobachten. Daneben aber ist es ratsam, dünne Blutausstriche zu machen oder einen dicken Tropfen herzustellen nach den Verfahren, die im dritten Abschnitt des Allgemeinen Teils S. 38—44 angegeben sind.

Morphologie. Die Plasmodien sind Parasiten der roten Blutkörperchen. Ihr Protoplasma besitzt die Fähigkeit, amöboide Bewegungen auszuführen. Je nach dem Entwicklungsstadium wechselt ihre Größe und Form. Der Durchmesser beträgt 3—12 μ. Die Organismen sammeln in ihrem Protoplasma eine mehr oder weniger große Menge von schwarzem Pigment oder *Hämozoin* an, welches aus dem zerstörten Hämoglobin der parasitierten Blutkörperchen gebildet wird.

Die Färbung nach der oben S. 41—42 geschilderten panoptischen Methode läßt den Kern deutlich erkennen.

Biologie. Die Biologie der Plasmodien ist heute vollständig bekannt. Wir beschäftigen uns zuerst mit ihrem Vorkommen und dann mit ihrer verschiedenartigen Entwicklung.

Vorkommen. Wie bereits erwähnt, sind die Plasmodien Parasiten der roten Blutkörperchen. Sie leben im Inneren derselben, füllen allmählich das ganze Blutkörperchen aus und zerstören es. Aber sie verbringen nur einen bestimmten Abschnitt ihres Lebens im Blute des Menschen, denn sie sind darin sozusagen gefangen und würden mit ihrem Wirt zugrunde gehen, wenn sie nicht in einen Überträger gelangen könnten, der ihre weitere Ausbreitung und damit die Erhaltung der Art sicherte. Dieser Zwischenwirt[1] oder Überträger *ist immer eine Mücke der Gattung Anopheles*.

Vermehrung. Wie die Coccidien besitzen die Plasmodien zwei Vermehrungsweisen. Die ungeschlechtliche Vermehrung oder *Schizogonie* vollzieht sich im Blute des Menschen, die geschlechtliche Fortpflanzung oder *Sporogonie* beginnt im Menschen und endet in der Mücke *Anopheles* (Abb. 163).

Schizogonie. Das junge Plasmodium (der *Sporozoit* bzw. *Merozoit*), das soeben ein Blutkörperchen infiziert hat (Abb. 163, 2) enthält einen mit einem zentral gelegenen Binnenkörper (Karyosom, auch als Nucleolus bezeichnet) versehenen Kern. Der Parasit wächst heran (*3*), und es tritt in ihm Pigment auf (*4, 4'*). In diesem Stadium trägt er den Namen *Schizont*. Bald teilt sich sein Kern durch multiple Teilung (*4''*),

---

[1] Über die Anwendung der Bezeichnung „Zwischenwirt" vgl. S. 223 Anmerkung.

und jeder Tochterkern umgibt sich mit Protoplasma und bildet so je einen *Merozoiten* (*4'''*). Beim Fieberanfall werden die Merozoiten frei, gelangen in das Blutplasma, befallen gesunde rote Blutkörperchen (*1*), und der Entwicklungscyclus beginnt von neuem. Das zusammengeballte,

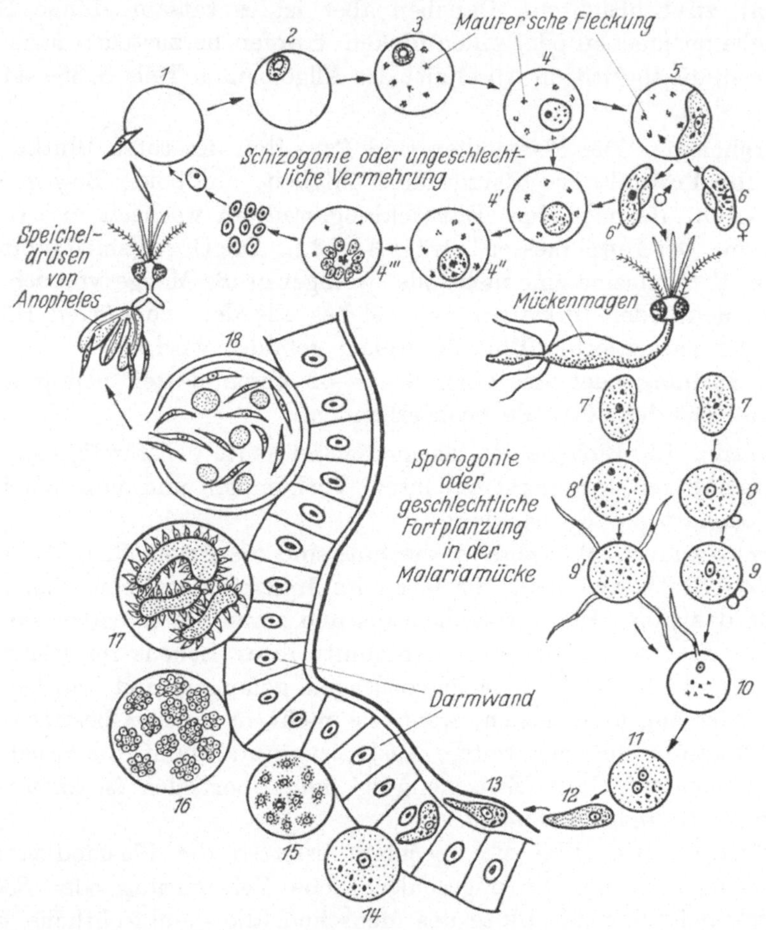

Abb. 163. *Entwicklung von Plasmodium falciparum* (*Erreger der Tropica*). *1—4''''* Schizogonie oder ungeschlechtliche Vermehrung im Blute des Menschen. *5—18* Sporogonie oder geschlechtliche Fortpflanzung, *5—6* im Blute des Menschen, *7—12* im Darmlumen der *Malariamücke Anonopheles*, *13—18* in der Darmwand von *Anopheles*. Weitere Erläuterungen siehe Text!

gleichzeitig mit den Merozoiten freigewordene Pigment, der sog. Rest-körper, wird mit dem Kreislauf in verschiedene Organe geführt oder durch Leukocyten, die schwarz werden, phagocytiert.

Den erwachsenen Schizonten, der im Begriff ist, sich zu teilen (*4'''*) bezeichnet man auch als Morula-, Maulbeeren-, Gänseblümchen- oder Margaritenform.

Sporogonie. In einem gegebenen Augenblick ihrer Entwicklung differenzieren sich bestimmte Plasmodien zu Geschlechtsformen oder Gameten. Die einen Gameten sind männlich, und zwar die *Mikrogametocyten* (*6′, 7′, 8′*). Sie bilden eine kleine Anzahl *Mikrogameten* (*9′, 10*), die fälschlicherweise gewöhnlich als Geißeln bezeichnet werden. Die anderen Gameten, die *Makrogametocyten* (*6, 7, 8*), sind weiblich und verwandeln sich in *Makrogameten* (*9, 10*), die aber erst im Magen von *Anopheles* befruchtet werden.

Die Mikro- und Makrogametocyten finden sich im Blut des Menschen, können sich aber nur im Magen von *Anopheles* weiterentwickeln. Es muß also die Mücke einen Malariakranken stechen und mit dem Blut die Parasiten einsaugen, damit sich in dem Mückenmagen aus den Gametocyten die Gameten entwickeln können. Ein Mikrogamet befruchtet nun einen Makrogameten (*10*), der dadurch dem befruchteten Ei der Metazoen entspricht. Er trägt nun den Namen *Ookinet* oder *Zygote* (*12*). Die Zygote ist beweglich, von „Würmchen“-artiger Gestalt und durchbohrt die Magenwand von *Anopheles*. Sobald sie an einen günstigen Punkt gelangt ist, rundet sie sich ab und heißt dann *Sporont*, *Malariacyste* oder *Oocyste* (*14, 15, 16, 17*). Ist die umgebende Temperatur günstig, so wächst die Oocyste schnell heran und wird im Durchschnitt 60 μ groß. In ihrem Inneren entstehen während dieser Zeit die sog. *Tochtercysten* oder *Sporoblasten*, in welchen sich kleine, bewegliche *Sichelkeime*, die *Sporozoiten*, bilden.

Die Sporozoiten werden, nachdem sie in etwa 14 Tagen herangereift sind, durch Platzen der Oocyste frei und gelangen in die Leibeshöhle (Lakuom) von *Anopheles* (*18*) und von dort hauptsächlich in die Speicheldrüsen. *Wenn der infektiöse Speichel einer infizierten Anopheles beim Stechen in das Blut des Menschen dringt, werden die Sporozoiten auf ihn übertragen.*

Sind die Sporozoiten in das Blut eines gesunden Menschen gelangt, so heften sie sich angeblich[1] an die roten Blutkörperchen, dringen in dieselben ein, und der Entwicklungscyclus, den wir soeben beschrieben haben[2], beginnt wieder von neuem.

---

[1] Neuerdings jedoch nimmt man an, daß die Sporozoiten nicht sofort direkt in die roten Blutkörperchen eindringen, sondern daß sie während der ersten Inkubationstage eine besondere *Zwischenentwicklung* durchmachen, bevor es zur eigentlichen Infektion kommt. (Vgl. KIKUTH, W., u. L. MUDROW: Dtsch. med. Wschr. **1941**, 85.)

[2] Man bezeichnet den Entwicklungsgang im Menschen auch als endogene Entwicklung und den in der Mücke als exogene. Ferner wird der gesamte Entwicklungscyclus auch in 3 Entwicklungskreise aufgeteilt, nämlich in die *Schizogonie* oder Zerfallsteilung der Agamonten, in die *Gamogonie* (Gametogonie) oder geschlechtliche Fortpflanzung der Gameten und in die *Sporogonie* (Sporulation) oder vegetative Zerfallsteilung der Sporonten. Die Schizogonie stimmt mit der oben gegebenen Darstellung überein, die Gamogonie beginnt mit der Bildung der Gametocyten und endet mit der des Sporonten, und die Sporogonie endlich stellt die Entwicklung der Sporozoiten in der Oocyste dar.

Einteilung. Die drei wichtigsten Plasmodienarten, die als Malariaerreger in Betracht kommen, sind sowohl vom morphologischen als auch vom biologischen Standpunkt aus verschieden. Diese drei Arten sind:

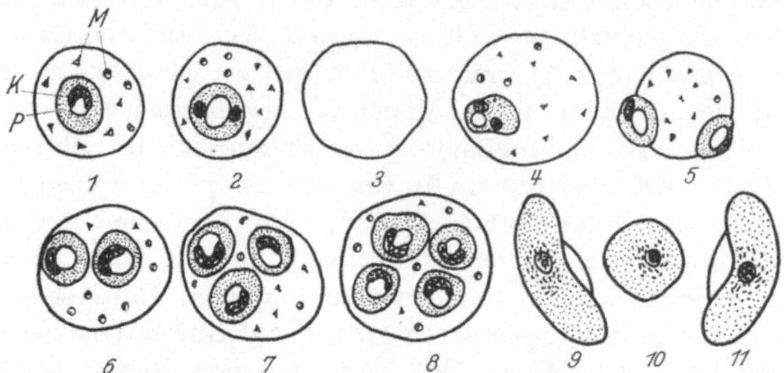

Abb. 164. *Plasmodium falciparum (Erreger der Tropica) im peripheren Blut. 3* normales rotes Blutkörperchen; *1, 2, 4—8* parasitierte rote Blutkörperchen mit MAURERscher bzw. STEPHENSscher und CHRISTOPHERSscher Fleckung *(M)*, *K* Kern, *P* Protoplasmaring; *9* und *11* Makrogametocyten oder Halbmonde; *10* rundliche Gametocyte.

Plasmodium falciparum (= *P. immaculatum* = *Laverania malariae*) (Abb. 164) ist der Erreger des *bösartigen Dreitagefiebers*, der *Tertiana*

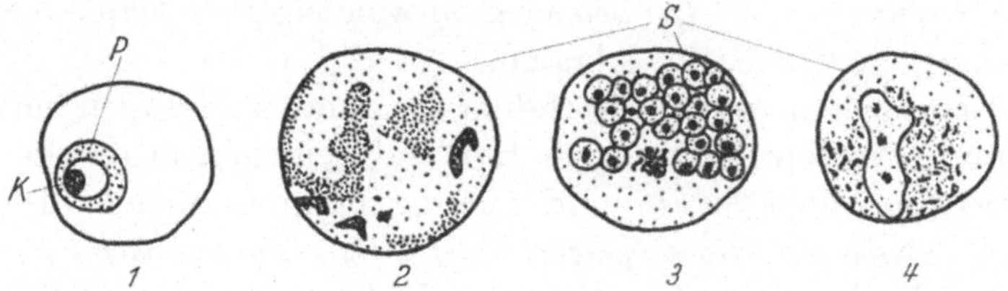

Abb. 165. *Plasmodium vivax (Erreger der Tertiana) im peripheren Blut. 1* Junger Schizont oder Ring, *2* Schizont, *3* Mérozoiten, *4* Gametocyte; die roten Blutkörperchen zeigen SCHÜFFNERsche Tüpfelung *(S)*. *K* Kern, *P* Protoplasmaring.

maligna, des *Sommerherbstfiebers*, der *Perniciosa* und des *Tropenfiebers* (*Tropica*).

Plasmodium vivax (Abb. 165) erregt das *gutartige Dreitagefieber* oder die *Tertiana benigna*.

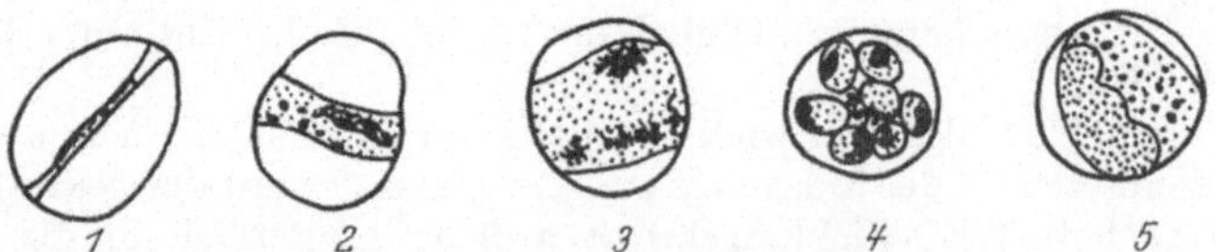

Abb. 166. *Plasmodium malariae (Erreger der Quartana) im peripheren Blut. 1* und *2* junge Schizonten, *3* Schizont, *4* Merozoiten (Gänseblümchenform), *5* Gametocyte.

Plasmodium malariae (Abb. 166) verursacht das *Viertagefieber* oder die *Quartana*.

Wir führen hier die charakteristischen Merkmale der drei[1] Plasmodienarten an:

Jugendform: klare Umrisse, sehr lebhafte amöboide Bewegungen bei *P. falciparum*.

Wenig deutliche Umrisse, lebhafte amöboide Bewegungen bei *P. vivax*.

Sehr deutliche Umrisse, langsame amöboide Bewegungen bei *P. malariae*.

Erwachsene Schizonten: *kugelförmig*, Durchmesser halb so groß wie der eines roten Blutkörperchens bei *P. falciparum*.

Kugelförmig, größer als ein normales rotes Blutkörperchen bei *P. vivax*.

Ungefähr *viereckig*, kleiner als ein normales rotes Blutkörperchen bei *P. malariae*.

Teilungsform: Morulaform oder unregelmäßige Teilungsform *in den Kapillaren der inneren Organe* bei *P. falciparum*.

Maulbeerenform *im peripheren Blut* bei *P. vivax*.

Sehr deutliche Gänseblümchenform *im peripheren Blut* bei *P. malariae*.

Merozoiten: 8 bis 10, bisweilen mehr bei *P. falciparum*.

15 bis 20 bei *P. vivax*,

6 „ 12 „ *P. malariae*.

Gametocyten: *halbmond-* oder *bananenförmig* bei *P. falciparum*;

kugelförmig bei *P. vivax*;

kugelförmig bei *P. malariae*.

Pigment: Wenig zahlreiche, kleine, unregelmäßige und wenig bewegliche Pigmentkörnchen bei *P. falciparum*.

Stäbchenförmige, sehr bewegliche Pigmentkörnchen bei *P. vivax*.

Grobe, unregelmäßige, wenig oder gar nicht bewegliche Pigmentkörnchen bei *P. malariae*.

Parasitierte rote Blutkörperchen: *Normal*. STEPHENSsche und CHRISTOPHERSsche bzw. MAURERsche Fleckung bei *P. falciparum*-Infektion.

Vergrößert, von blasser Färbung. SCHÜFFNERsche Tüpfelung bei *P. vivax*-Infektion.

Kleiner, dunkler, ohne Granula bei *P. malariae*-Infektion.

Entwicklungsdauer der Schizonten:

24—48 Stunden bei *P. falciparum*,

48 „ „ *P. vivax*,

72 „ „ *P. malariae*.

Malariafieber (Wechselfieber): *Quotidiana*, *Tertiana maligna*, bösartiges Dreitagefieber, Sommerherbstfieber, *Tropenfieber*, Tropica und *Perniciosa* wird verursacht von *P. falciparum*.

Tertiana benigna, gutartiges *Dreitagefieber*, Tertiana simplex, Tertiana duplicata oder Quotidiana wird hervorgerufen von *P. vivax*.

Quartana, *Viertagefieber*, Quartana simplex, Quartana duplicata, Quartana triplicata oder Quotidiana wird erregt von *P. malariae*.

Pathogene Bedeutung. Jede der drei Plasmodienarten ruft, wie wir soeben gesehen haben, einen besonderen klinischen Fieberverlauf hervor, aber alle drei sind die Ursache der *Malaria*.

---

[1] Man hat eine vierte Art, *Plasmodium ovale*, beschrieben, die *P. vivax* sehr ähnlich, aber kleiner ist. Vgl. E. BOCK: Zur Epidemiologie, Klinik und Parasitologie der durch das *Plasmodium ovale* Stephens 1922 hervorgerufenen Malaria. Arch. Schiffs- u. Tropenhyg. **43**, 327—352 (1939).

Malaria. Die Malaria oder das Wechselfieber kommt überall in den Tropen vor. Die Krankheit herrscht dort zu allen Jahreszeiten. Im Frühling und Sommer kommt sie auch in bestimmten Gegenden der Gemäßigten Zone vor; so tritt die Malaria z. B. in Deutschland endemisch in Ostfriesland auf [1]. Folgende Erscheinungen kennzeichnen die Malaria: Wechselfieber mit längeren oder kürzeren Pausen,

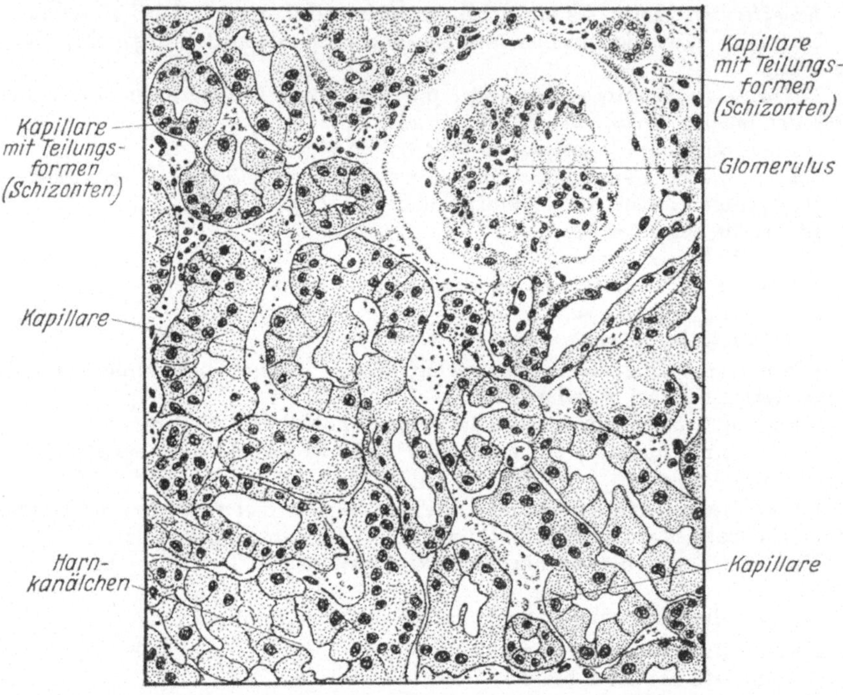

Abb. 167. *Perniciosa* (*Erreger: Plasmodium falciparum*). Schnitt durch die Niere. Die Capillaren sind vollgestopft mit Teilungsformen (Schizonten) und Pigment führenden Leukocyten.

---

[1] Ein weiterer Malariaherd besteht in Schlesien im Kreise Pleß. Vereinzelte autochthone Malariafälle finden sich ferner im Rheintal, in Bayern, in Thüringen und in der Spree-Havelniederung. In den Jahren 1840—1870 wurden die nordöstlichen preußischen Provinzen von mehreren Malariaepidemien heimgesucht (vgl. A. HAUER: Die Weltgeltung der deutschen Tropenmedizin. Berlin 1936, S. 22). Die charakteristische Form der Malaria in Ostfriesland ist eine außerordentlich leicht verlaufende Tertiana. Im Jahre 1910 wurde in Emden eine amtliche Malariastation ins Leben gerufen. In der Zeit von 1910—1914 schwankte die Zahl der Krankheitsfälle in Ostfriesland jährlich zwischen 80 und 124. Während des Weltkrieges folgte ein steiler Anstieg, der im Jahre 1918 seinen Höhepunkt mit 4102 Fällen erreichte, d. h. es hatte durchschnittlich jeder 8. Bewohner des Emdener Bezirks Malaria. 1924 wurden nur noch 104 Fälle nachgewiesen. Das Jahr 1926 brachte eine zweite, kleinere Epidemie mit 571 Fällen. Seit dieser Zeit treten jährlich etwa 80 Fälle im Durchschnitt auf. [Vgl. F. GRUNSKE: Arch. Schiffs- u. Tropenhyg. **41**, 117—124 (1937).]

Anämie, Hypertrophie der Milz, bisweilen der Leber und schwarzen Pigmentablagerungen in den inneren Organen und den Integumenten. Der Fieberanfall zerfällt in ein Frost-, Hitze- und Schweißstadium.

Es ist hier nicht der Ort für eine genaue Schilderung der Malaria. Wir erwähnen jedoch kurz auf Grund der vorhergehenden parasitologischen Darlegungen ihre Ätiologie und Prophylaxe.

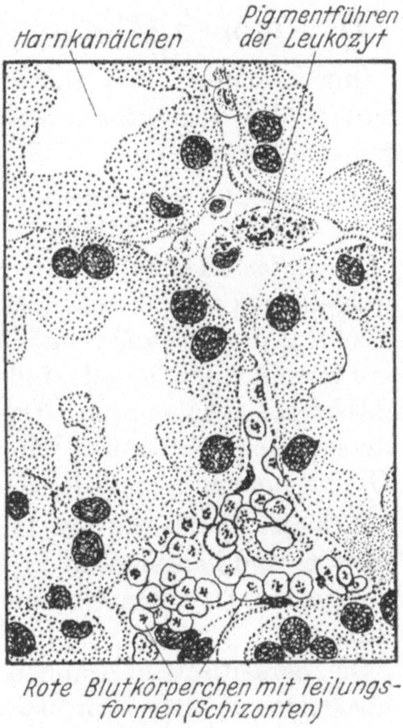

Ätiologie. Die Malariaplasmodien werden *nur* durch den Stich infizierter Mücken der Gattung *Anopheles* übertragen. Um einen Fieberausbruch zu bewirken, müssen die Parasiten in großer Menge vorhanden sein und sich daher bereits im Blut des infizierten Menschen durch Schizogonie vermehrt haben. Erst 8—12 Tage nach dem Stich bricht das Fieber aus. Jede Merulation, d. h. Bildung und Ausschwemmung von Merozoiten in das Blut, bewirkt einen erneuten Fieberanfall, woraus sich der Wechsel von Fieber und normaler Temperatur und die verschiedenen klinischen Formen der Malaria erklären. Denn für jede Plasmodienart ist die Dauer der Schizogonie verschieden.

Perniziöse Anfälle können sich bei allen Fieberarten, selbst bei gutartiger Malaria, zeigen. Sie sind eine Folge der Anhäufung von Parasiten in den Kapillaren der lebenswichtigen Organe (Abb. 167 u. 168).

Harnkanälchen

Pigmentführen-
der Leukozyt

Rote Blutkörperchen mit Teilungsformen (Schizonten)

Abb. 168. Derselbe Schnitt wie in Abb. 167, aber bei sehr starker Vergrößerung.

Prophylaxe. Die Maßnahmen der *allgemeinen Prophylaxe* bezwecken die Vernichtung der Plasmodien und ihrer Überträger, der Malariamücken. Dazu ist folgendes notwendig: 1. die Kranken sind durch eine längere Chininbehandlung zu heilen; 2. die Kranken von den Stellen zu entfernen, wo die Malariamücken vorkommen; 3. die geschlechtsreifen Anophelen und ihre Larven zu vernichten.

Die *individuelle Prophylaxe* sucht den Gesunden vor Ansteckung zu schützen: 1. durch vorbeugende Chininbehandlung, 2. durch mechanischen Abschluß der Wohnhäuser durch Drahtgaze usw., 3. durch das Moskitonetz und 4. durch zweckmäßige Anlage der Häuser möglichst weit entfernt von Mückenbrutplätzen.

Eine jede dieser Maßnahmen, einzeln angewandt, würde theoretisch genügen, um die Malaria verschwinden zu lassen. In der Praxis aber kann nur durch alle diese verschiedenen Maßnahmen zusammen die Malaria erfolgreich bekämpft werden, und auf diese Weise ist tatsächlich in einigen Ländern die Morbidität und Mortalität der Malaria ungeheuer zurückgegangen.

III. Amöben (Entamoeba, Endolimax, Pseudolimax).

Untersuchung. Das Untersuchungsverfahren für die parasitischen Amöben, ihre vegetativen Stadien und ihre Cysten, ist im zweiten Abschnitt des Allgemeinen Teils S. 32—37 dargelegt.

Morphologie. Die Amöben sind mikroskopisch kleine hyaline Lebewesen. Infolge der Bildung und beständigen Wiedereinziehung ihrer *Pseudopodien* oder Scheinfüßchen ist ihre Form unregelmäßig. Sie sind durch einen *Kern* gekennzeichnet, der von einer Protoplasmamasse umgeben ist, dem *Cytoplasma*. In frischem Zustande kann man diesen Kern bisweilen sehen, jedenfalls kann er leicht durch Eisen-Hämatoxylin sichtbar gemacht werden. Das Cytoplasma kann sich in zwei deutlich unterschiedene Schichten teilen, eine äußere hyaline, das *Ektoplasma*, und eine innere, granulöse, das *Endoplasma*.

Biologie. Viele Amöben leben frei. Nur einige Arten sind wirkliche Parasiten und kommen im Freien nur als Cysten vor. Die parasitischen Arten gehören zu den Gattungen: *Entamoeba*, *Endolimax* und *Pseudolimax*.

Die parasitischen Amöben ernähren sich von Bakterien, von verschiedensten Speiseresten usw., einige Arten aber auch von roten Blutkörperchen. Ihre Vermehrung geschieht durch Zweiteilung mit nachfolgender Encystierung. *Durch den Genuß der mit dem Kot ins Freie gelangten Cysten infiziert sich der Mensch.*

Einteilung. Die Amöben, die als Parasiten des Menschen hauptsächlich in Frage kommen, gehören den drei folgenden Gattungen an, deren Kennzeichen wir hier anführen.

Kern mit kleinem, zentral oder exzentrisch gelegenen Karyosom und
  einem Belag von Chromatinkörnern an der Membran . . . . . *Entamoeba*
Kern mit exzentrisch gelegenem, umfangreichen Karyosom ohne
  Chromatinbelag an der Membran . . . . *Endolimax*
Kern mit großem runden, zentral gelegenen Karyosom, das von einer
  Schicht achromatischer Granula umgeben ist . . . . *Pseudolimax*

Wir besprechen nacheinander die wichtigsten Arten.

Entamoeba coli (Abb. 169) ist in frischem Zustande in Schleimteilchen des Kotes leicht erkennbar, und zwar an ihrer geringen Beweglichkeit bei normaler Temperatur und ihrem allgemeinen Habitus. Sie hat einen Durchmesser von 20—30 μ und lebt im Lumen des menschlichen Dickdarms, wo sie sich von Speiseresten, von verschiedenen Parasiten

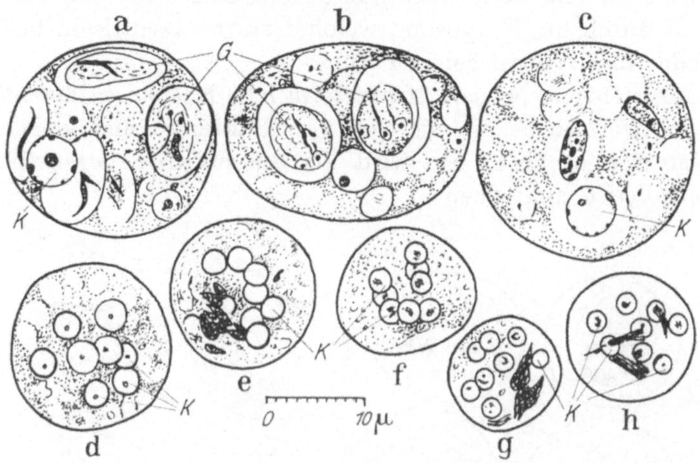

Abb. 169. *Entamoeba coli.* a—c vegetative Formen, d—h reife Cysten. a im Cytoplasma 6 phagocytierte Cysten von *Giardia* (*G*). d und e Cysten mittlerer Größe, f und h kleine Cysten, g Zwerg-Cyste, *K* Kerne.

oder deren Cysten, niemals aber von roten Blutkörperchen ernährt. Ausnahmsweise kann sie tief in die zuvor verletzte Schleimhaut eindringen. Die Übertragung auf Katzen verläuft im allgemeinen negativ.

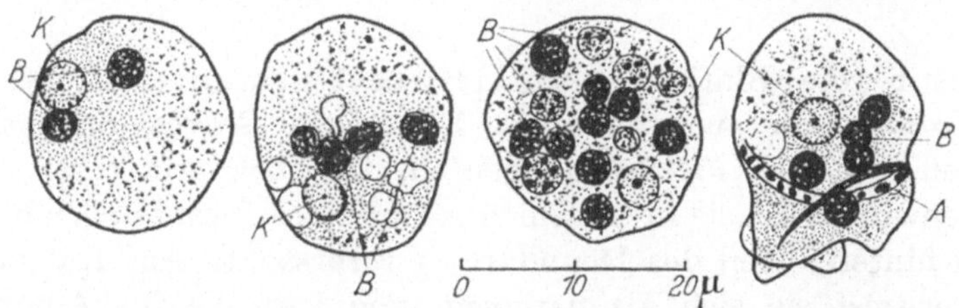

Abb. 170. *Entamoeba dysenteriae* (*Erreger der Amöbenruhr*). Vegetative Formen aus dem Kot einer experimentell infizierten Katze. Man sieht sehr deutlich die leicht färbbare (chromatophile) Zone, die punktiert wiedergegeben ist. *K* Kern, *B* phagocytierte rote Blutkörperchen auf verschiedenen Stadien der Verdauung. *A* phagocytierter *Algenfaden* der Gattung *Oscillaria*.

Wir erwähnen etwas später diejenigen Merkmale, durch die sich diese Amöbe von *Entamoeba dysenteriae* unterscheidet.

Entamoeba dysenteriae (= *E. histolytica* = *E. tetragena*) (Abb. 170 u. 171) tritt bei gesunden oder in der Genesung begriffenen Parasitenträgern in der apathogenen *Minutaform* auf, die sich von der pathogenen *Histolytica-* oder *Gewebsform* unterscheidet, so z. B. dadurch, daß die Minutaform niemals rote Blutkörperchen phagocytiert im Gegensatz zur sog. *aktiven* Gewebsform. Die Minutaform hat einen Durchmesser

von 15—25 μ, ist nur schwach beweglich und besitzt dicke, sackartige
Pseudopodien, einen in frischem Zustande bisweilen sichtbaren Kern
und kleinere Nahrungsvakuolen als *E. coli*, mit der sie überhaupt Ähnlichkeit hat. In gefärbtem Zustande unterscheidet sich die Minutaform
von *E. coli* durch ihr Karyosom, welches statt exzentrisch, fast immer
zentral oder fast zentral gelegen ist.

In ihrer nichtpathogenen *Minutaform* lebt *Entamoeba dysenteriae* im
Lumen des Dickdarms, wo sie sich von Bakterien und verschiedenen
Nahrungsresten ernährt. Sie · wird als die normale vegetative Form
von *E. histolytica* angesehen.

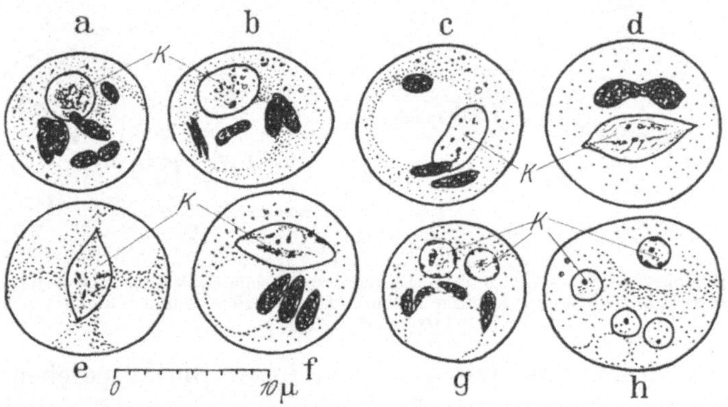

Abb. 171. *Entamoeba dysenteriae.* Bildung der 4 Cystenkerne: a 1 Ruhekern, b—f beginnende Zweiteilung, g Cyste mit 2 Kernen, h reife Cyste mit 4 Kernen, *K* Kerne.

In ihrer rote Blutkörperchen phagocytierenden und pathogenen
Histolyticaform, die auch als *aktive* Form oder *Gewebsform* bezeichnet
wird, findet man *E. histolytica* ebenfalls im Dickdarm, aber auch in
den Geschwüren, die sie in diesem Abschnitt des Darmes oder bisweilen
auch im hinteren Teil des Dünndarmes verursacht. Auf Katzen übertragen, erweist sie sich als pathogen und ruft die für Amöbenruhr
charakteristischen Geschwüre hervor. Diese Amöbe findet man in
Deutschland und Frankreich fast nur bei Personen, die in den Kolonien
oder in näherer Berührung mit Kolonialbewohnern gelebt haben.

Durch folgende Kennzeichen kann man *E. dysenteriae* von *E. coli*
unterscheiden:

Ektoplasma: wenig vom Endoplasma unterschieden und *wenig lichtbrechend* bei *E. coli;*
deutlich vom Endoplasma unterschieden und *stark lichtbrechend* bei *E. dysenteriae.*
Endoplasma: enthält niemals rote Blutkörperchen bei *E. coli;*
enthält *zahlreiche rote Blutkörperchen* bei *E. dysenteriae.*
Pseudopodien: bilden sich langsam und sind wenig beweglich bei *E. coli;*
bilden sich schnell und sind sehr beweglich bei *E. dysenteriae.*

Beweglichkeit: sehr gering bei *E. coli;*
sehr groß bei *E. dysenteriae.*

Kern: fast zentral gelegen, fast immer im lebend-frischen Zustande sichtbar, zeigt zuweilen im Inneren mehrere zusammengeballte Chronmatikörnchen bei *E. coli;*

peripher gelegen, klein, selten im lebend-frischen Zustande sichtbar, nur ein Karyosom enthaltend bei *E. dysenteriae.*

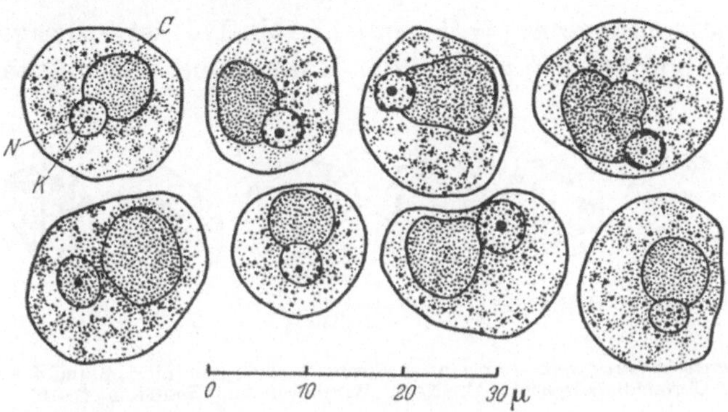

Abb. 172. *Große vegetative Formen von Entamoeba dispar aus der Katze.* Die Katze wurde infiziert mit (kleineren) vegetativen Formen aus dem Stuhl eines Menschen, der ein Abführmittel erhalten hatte. Beachte die leicht färbbaren (chromophilen) Plasmabezirke (*C*), die sehr deutlich bei dieser Amöbenart hervortreten. *N* Kern, *K* zentral gelegenes Karyosom.

Karyosom (Binnenkörper) exzentrisch gelegen bei *E. coli;*
zentral oder fast zentral gelegen bei *E. dysenteriae.*

Cyste: umfangreich, 15—20 µ im Durchmesser, mit dicker Membran und doppelter Kontur, enthält *8 Kerne,* nur ausnahmsweise dünne, an den Enden zugespitzte Chromidialkörper bei *E. coli;*

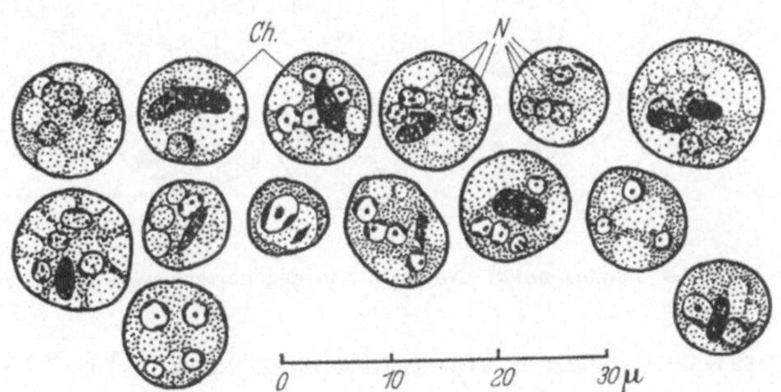

Abb. 173. *Cysten von Entamoeba dispar* mit 1, 2 und 4 Kernen (*N*). Diese Stadien wurden in festem Stuhl gefunden. Mehrere enthalten umfangreiche und wenig zahlreiche Chromidialkörper (*Ch*).

klein, 10—14 µ im Durchmesser, mit dünner Membran und einfacher Kontur, enthält *4 Kerne* und große, an den Enden abgerundete Chromidialkörper bei *E. dysenteriae.*

Entamoeba dispar (Abb. 172—173) des Menschen ist vom morphologischen Gesichtspunkt aus mit der *Minutaform* von *E. dysenteriae* identisch. Sie unterscheidet sich jedoch von ihr durch gelegentliches

Phagocytieren von roten Blutkörperchen, wenn sie bei der Katze vorkommt, ferner durch ihre sehr geringe pathogene Bedeutung für dieses Tier. Weitere Merkmale von *E. dispar* sind die große geographische Verbreitung und die große Zahl der Parasitenträger, auf die sie keinerlei pathogene Wirkung auszuüben scheint. Diese Amöbe findet man bei 10—15% aller Menschen in der ganzen Welt.

Entamoeba hartmanni (=*E. tenuis*) (Abb. 174) ist sozusagen das verkleinerte Abbild der *Minutaform* der Ruhramöbe. Die vegetativen For-

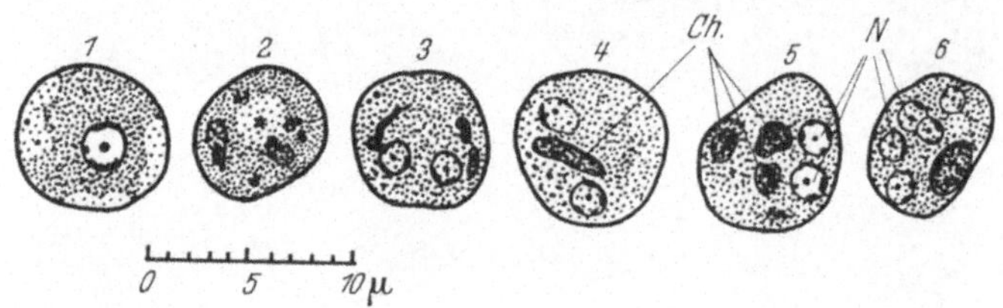

Abb. 174. *Entamoeba hartmanni*. *1* vegetative Form; *2—6* Cysten mit 1, 2 und 4 Kernen (*N*) und Chromidialkörpern (*Ch*). Nach WOODOOH und PEUFOLD (1916).

men sind meistens 5—7 μ, selten 10 μ groß. Die Cysten haben *4 Kerne* und sind rund oder eiförmig, 5—10 μ groß, im allgemeinen jedoch beträgt ihr Durchmesser 6—8 μ. Die Infektion junger Katzen scheint stets negativ zu verlaufen. Diese nichtpathogene Art wird bei 5—17% aller Menschen angetroffen.

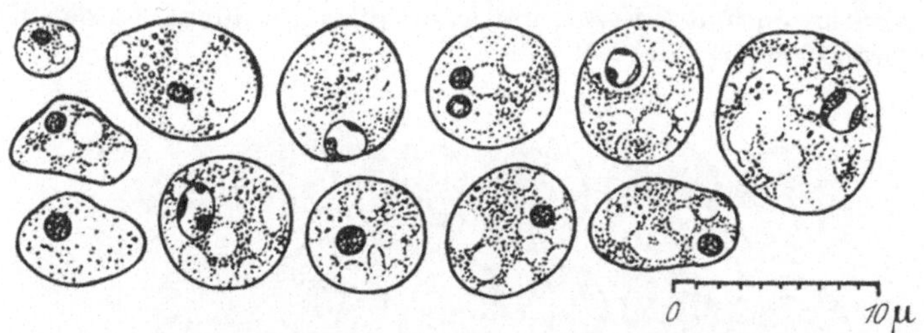

Abb. 175. *Endolimax nana*. Normale und degenerierte vegetative Formen.

Die vegetativen Formen von *Endolimax nana* (Abb. 175 u. 176) sind sehr wenig beweglich und haben einen Durchmesser von 6—12 μ. Die Cysten sind rund, öfter noch eiförmig, 7—9 μ lang und mit *vier* charakteristischen *Kernen* versehen, denen das Außenchromatin an der Kernmembran fehlt. Diese nichtpathogene Amöbe kommt in allen Ländern der Welt häufig vor.

Die vegetativen Formen von *Pseudolimax* (=*Jodamoeba*) *bütschlii* (Abb. 177) sind unbeweglich oder nur schwer beweglich und 8—15 μ groß. Der sehr charakteristische Kern besteht aus einem kleinen Bläschen, das von einer im allgemeinen achromatischen Membran umgeben ist, und enthält ein großes, rundes, kompaktes, von achromatischen stark lichtbrechenden Körnchen umschlossenes Karyosom. Die reifen Cysten, deren Durchmesser 9—12 μ beträgt, besitzen nur *einen einzigen*

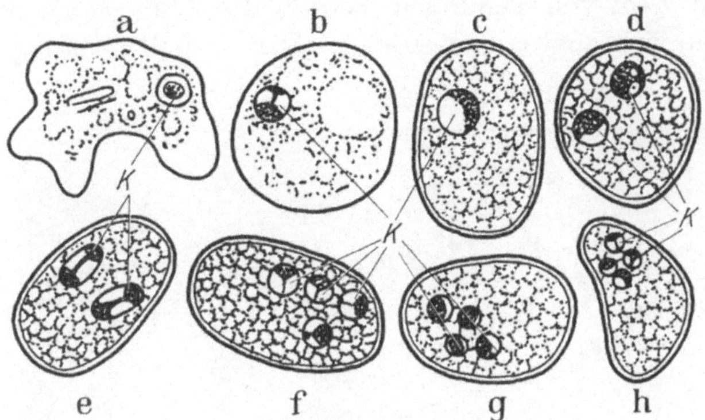

Abb. 176. *Endolimax nana.* a vegetative Form; b—h Cysten; f, g, h reife Cysten mit je 4 Kernen (*K*). Nach WENYON und O'CONNOR.

Kern. Ihre Gestalt ist unregelmäßig, und sie enthalten eine Glykogenvakuole, die man mit Jod dunkelbraun färben kann. Diese Amöbe scheint keinerlei pathogene Bedeutung zu besitzen.

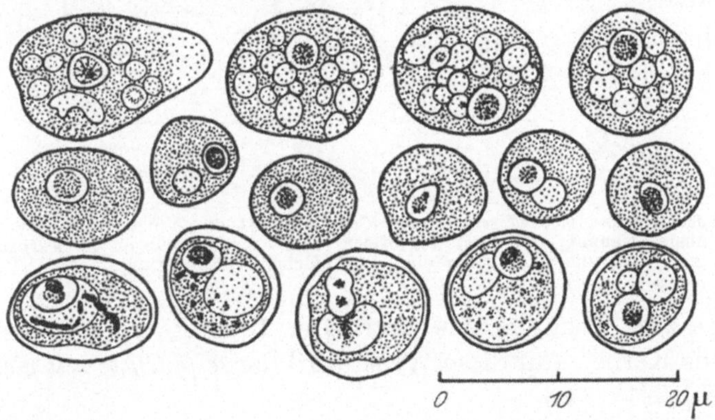

Abb. 177. *Pseudolimax (Jodamoeba) bütschlii.* In der obersten Reihe vegetative Formen, in der mittleren präcystische Formen, in der untersten verschiedene Cysten. Eisenhämatoxylin-Färbung.

Pathogene Bedeutung. *Entamoeba coli, E. dispar, E. hartmanni, Endolimax nana* und *Pseudolimax bütschlii* haben keine pathogene Bedeutung.

Einwandfrei festgestellt ist die Tatsache, daß *Entamoeba dysenteriae* der alleinige Erreger der *Amöbenruhr* ist.

Die Entwicklung der Ruhramöbe ist noch nicht völlig bekannt. Man gibt im allgemeinen zwei Entwicklungscyclen an.

1. Bei dem *normalen oder nichtpathogenen Cyclus* vermehren sich die stets sehr kleinen Amöben, die *Minutaformen*, auf der Oberfläche der Schleimhaut der gesunden Parasitenträger durch Teilung. Nach einer bestimmten Zahl von Teilungen werden die Amöben zu präcystischen Formen, die sich später encystieren. Der verhältnismäßig große Kern

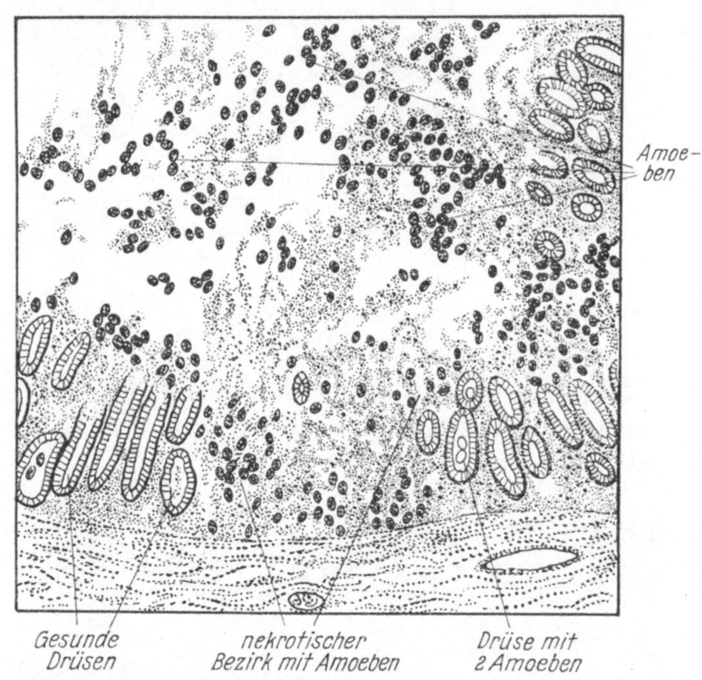

Abb. 178. *Experimentelle Amöbendysenterie der Katze.* Schnitt durch den Darm. Die Stellen, die mit Amöben überschwemmt sind, sind nekrotisch. Die Amöben dringen in bestimmten Fällen in die Submucosa ein. In 75facher Vergrößerung.

teilt sich in zwei Tochterkerne, und jeder Tochterkern teilt sich wieder in zwei neue Kerne. Auf diese Weise wird die *reife Cyste mit vier Kernen* gebildet.

2. Der *anormale oder pathogene Cyclus* entsteht unter dem Einfluß anderer Krankheiten, sei es infolge anderer parasitärer Erkrankungen, sei es infolge von Darmstörungen oder Verschlechterung des allgemeinen Zustandes eines gesunden Amöbenträgers. Die Amöben wachsen dann heran zur großen *Gewebsform*, die sehr *aktiv* ist und auch als *Histolytica-Form* bezeichnet wird. Die Gewebsform phagocytiert rote Blutkörperchen. Diese Umwandlung zur Gewebsform findet man in Ländern, wo die Amöbenruhr endemisch auftritt, etwa bei jedem zehnten Träger von Ruhramöben. Dagegen kommt es regelmäßig zur Bildung der Gewebsform bei Katzen, wenn diese per os mit reifen Cysten oder durch

intrarectale Einführung von Cysten infiziert worden sind. Bei der rectalen Infektion muß der After vorübergehend geschlossen werden.

Die Gewebsformen vermehren sich aktiv durch Teilung und werden mit dem Schleim, der infolge der Darmreizung durch die Parasiten abgesondert wird, ins Freie befördert. Unter verschiedenartigen Einflüssen ergeben die Gewebsformen wieder die Minutaformen und ver-

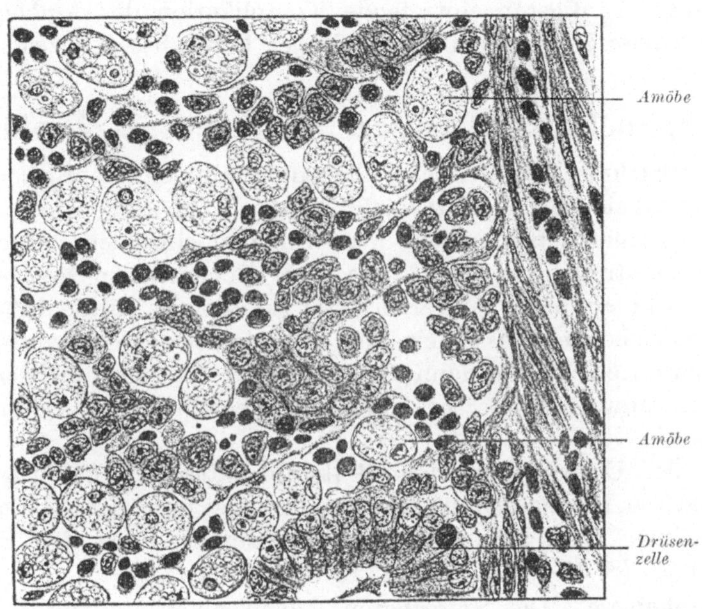

Abb. 179. *Experimentelle Amöbendysenterie der Katze.* Einheimischer Fall. Die Amöben sind leicht zu erkennen. Auf den Schnitten erscheinen sie immer abgerundet, und ihr Kern zeigt ein sehr deutliches Karyosom. Schnitt durch den Darm in 600facher Vergrößerung. Nach BRUMPT.

wandeln sich allmählich in Cysten mit vier Kernen, die zur Erhaltung der Art bestimmt sind.

Die Gewebsform von *Entamoeba dysenteriae* ist der pathogene Erreger der *Amöbenruhr.*

Amöbenruhr. Die Amöbenruhr, Amöbendysenterie oder Tropenruhr kann in Ausnahmefällen schwache, sehr gemilderte Formen annehmen. Gewöhnlich wird sie durch ein objektives Symptom gekennzeichnet, nämlich durch glasigen und schleimig-blutigen „himbeergeleeartigen" Stuhl, und weiter durch zwei subjektive Symptome, nämlich Bauchschmerzen und Stuhlzwang. Letzterer tritt nur dann auf, wenn rectale Geschwüre vorliegen. Die Amöbenruhr tritt meist endemisch auf, ist aber kosmopolitisch verbreitet, von langer Dauer und mit häufigen Rückfällen.

Die von der Ruhramöbe hervorgerufenen Darmverletzungen treten als in die Tiefe dringende, hemdenknopfähnliche Geschwüre von sehr verschiedener Größe in Erscheinung. Die Ränder der Geschwüre lösen sich von ihrer Unterfläche ab und werden ausgestoßen (Abb. 178 u. 179).

Diese Geschwüre unterscheiden sich deutlich von denen der Bacillenruhr, die flach, ausgedehnt und oberflächlich sind und nur selten die Submucosa angreifen.

Die am häufigsten eintretende Komplikation der Amöbenruhr ist der *Leberabsceß*, der auch als tropischer Leberabsceß bezeichnet wird.

IV. Spirochäten (Spirochaeta, Treponema, Leptospira).

Untersuchung. In frischem Zustande können die Spirochäten in Dunkelfeldbeleuchtung untersucht werden. Um diejenigen zu finden, die in Organen leben, macht man von den einzelnen pathologischen Stellen Ausstriche und färbt diese nach verschiedenen Methoden.

Ein sehr einfaches Ausstrichverfahren besteht darin, daß man die zu untersuchende Flüssigkeit mit chinesischer Tusche versetzt. Die Spirochäten erscheinen dann als helle, sehr deutlich umrissene Fäden auf dem schwarzen oder bräunlichen Untergrund der ausgetrockneten Tusche.

Bei der Untersuchung von Blutspirochäten verfährt man wie bei den anderen Blutparasiten. Das Verfahren ist im dritten Abschnitt des Allgemeinen Teils behandelt, der der Untersuchung des Blutes gewidmet ist (S. 38—44).

Morphologie. Die Spirochäten haben einen dünnen, biegsamen, spiralig gewundenen Körper und besitzen im allgemeinen keine Geißeln zur Fortbewegung. Sie haben keinen ausgebildeten Kern. Bei den gewöhnlichen Färbemethoden erscheint ihr Körper einheitlich gefärbt, da das Chromatin im Protoplasma verstreut ist. Man kann sie nicht nach der Methode von GRAM färben, sie sind also Gram-negativ.

Biologie. Die Spirochäten werden in verschiedenen Geweben und im Blut angetroffen. Sie vermehren sich durch *Querteilung*, und die sehr dünnen Endanhänge, die sie bisweilen zeigen, entstehen dadurch, daß sie bei der Teilung auseinandergezogen werden. Unter bestimmten Bedingungen können die Spirochäten sich in Körnchenstadien verwandeln, nehmen aber unter anderen Einflüssen wieder die Spirochätenform an.

Der Entwicklungscyclus einiger parasitischer Spirochäten hat viel Ähnlichkeit mit demjenigen der Trypanosomen. So durchlaufen z. B. die Rückfallfieberspirochäten, wenn sie von ihren Überträgern, blutsaugenden Insekten oder Milben aufgenommen werden, im Organismus dieser Überträger ultravisible Stadien. Sie sind dann 5 oder 6 Tage hindurch nichtpathogen. Erst am 6. Tage erscheinen zahlreiche infektionsfähige *metacyclische Spirochäten*.

Einteilung. Die Spirochäten werden in eine bestimmte Anzahl Gattungen eingeteilt, von denen man sich nur drei zu merken braucht:

1. die Gattung *Spirochaeta* (Abb. 180) mit etwa 4—10 regelmäßigen oder unregelmäßigen Spiralen bei den einfachen Formen, zahlreicheren dagegen bei denjenigen, die im Begriff sind, sich zu teilen;

2. die Gattung *Treponema* (Abb. 183) mit stärker zusammengedrängten Spiralen und

3. die Gattung *Leptospira* (Abb. 184) mit 40—50 regelmäßigen, starren und zusammengedrängten Spiralen.

Pathogene Bedeutung. Die Spirochäten spielen in der menschlichen Pathologie eine sehr wichtige Rolle. Vom medizinischen Standpunkt aus teilen wir sie in zwei Gruppen. In die erste Gruppe stellen wir *die Spirochäten der Rückfallfieber*, in die zweite *die anderen pathogenen Spirochäten*.

1. Die Rückfallfieber-Spirochäten (Spirochaeta recurrentis, duttoni, venezuelensis, hispanica, turicatae, persica).

Vom klinischen Gesichtspunkt aus werden die Rückfallfieber durch einen ersten, im Durchschnitt 3—6 tägigen, kontinuierlichen Fieberanfall gekennzeichnet, dem ein ebenso langer Zeitraum (Intervall) scheinbarer Genesung folgt. Darauf tritt wieder ein Fieberanfall von gleicher Länge wie der erste auf. Es können die Rückfälle (Relapse) je nach den Gegenden, wo das Fieber herrscht, in verschiedener Zahl aufeinanderfolgen.

Je nachdem ob der Überträger ein Insekt oder eine Milbe ist, teilt man gewöhnlich diese Spirochätosen in *Läuserückfallfieber* und *Zeckenrückfallfieber* ein. Beide Rückfallfiebergruppen werden durch Parasiten der Gattung *Spirochaeta* hervorgerufen.

Das durch Läuse übertragene Rückfallfieber. Das durch Läuse übertragene Rückfallfieber oder *kosmopolitische Rückfallfieber* hat *Spirochaeta recurrentis* (Abb. 180) als Erreger. Man findet die Spirochäte im Blut, im Liquor cerebrospinalis und in verschiedenen Geweben. Ihr Überträger ist die *Menschenlaus*, und zwar sowohl die *Kopflaus (Pediculus capitis)* als auch besonders die *Kleiderlaus (P. corporis = P. vestimenti)*, in deren Körper sich die Entwicklung des Parasiten vollzieht (Abb. 181). In der Leibeshöhle dieser Insekten sammeln sich schließlich die metacyclischen Spirochäten an. *Die Läuse übertragen also die Krankheit nicht durch den Stich. Die infektionsfähigen Spirochäten dringen vielmehr in den Menschen ein, wenn man ein infiziertes Insekt auf der Haut zerdrückt.*

Die durch Zecken übertragenen Rückfallfieber. Die Zecken-rückfallfieber beobachtet man in einigen Ländern. Diese Krankheiten werden anscheinend in den verschiedenen Verbreitungsgebieten durch besondere Spirochätenarten hervorgerufen.

Spirochaeta duttoni (Abb. 182) verursacht das *afrikanische* Rückfall-fieber oder *tickfever* (Zeckenfieber) der englischen Autoren. Die Über-

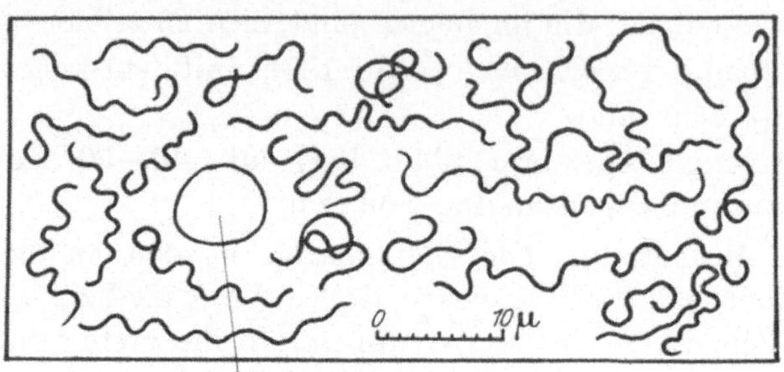

Abb. 180. *Spirochaeta recurrentis* (*Erreger des Läuserückfallfiebers*). Nach BRUMPT, BOURROUL und GUIMARAES.

träger sind *Lederzecken* der Gattung *Ornithodorus*, nämlich: *O. mou-bata*, *O. savignyi* und *O. erraticus*. Die infektionsfähigen Spirochäten werden mit der Coxalflüssigkeit und den Exkrementen der mit Blut

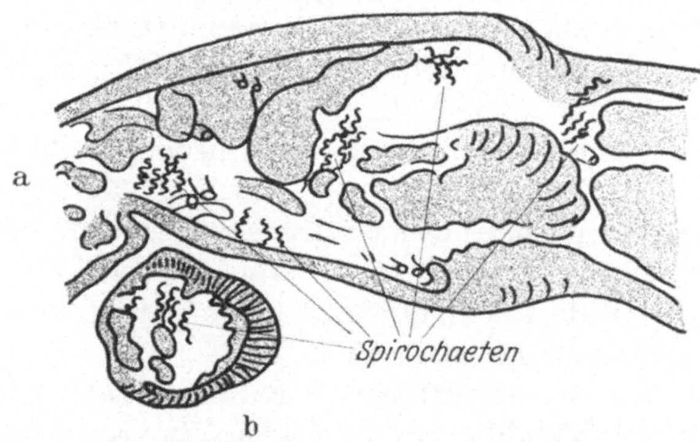

Abb. 181. *Entwicklung von Spirochaeta recurrentis.* Schnitt durch ein Bein (a) und eine Antenne (b) einer Laus mit zahlreichen metacyclischen Spirochäten. Nach CH. NICOLLE und CH. LEBAILLY.

vollgesogenen Milben ausgestoßen. Diese *Ausscheidungen geraten mit der* kleinen, durch den Stich des Tieres verursachten *Wunde in Berührung, und auf diese Weise dringen die Spirochäten in den menschlichen Organis-mus ein.*

Spirochaeta venezuelensis (= *S. neotropicalis*) ist der Erreger des *südamerikanischen* Rückfallfiebers. Sie wird auf die gleiche Weise wie die vorhergehende Art durch *O. venezuelensis* (= *O. rudis*) und *O. talaje* übertragen.

Spirochaeta hispanica verursacht ein Rückfallfieber in *Spanien*, *Marokko* und *Tunis*. Der Überträger ist *Ornithodorus erraticus* (= *O. marocanus*), der dieselbe Übertragungsweise hat wie die vorhergehenden und in Schweineställen lebt und Schweineblut saugt. Das junge *Hausschwein* stellt das hauptsächlichste Virusreservoir dieser Spirochäte dar,

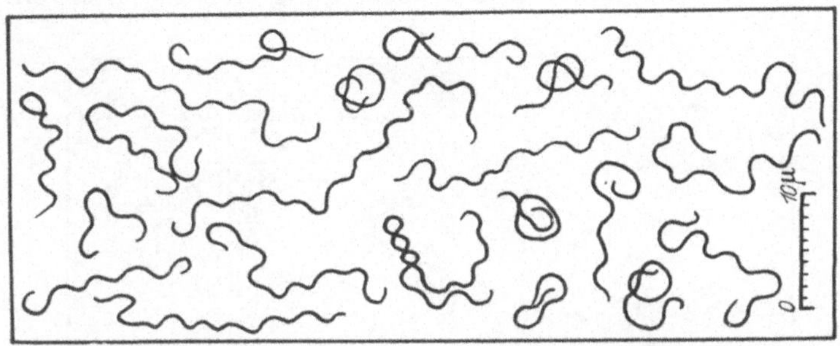

Abb. 182. *Spirochaeta duttoni* (*Erreger des afrikanischen Zeckenrückfallfiebers*). Virus von Brazzaville, aus dem Blut einer von *Ornithodorus moubata* infizierten Ratte.

da es in unmittelbarer Nähe menschlicher Wohnungen lebt. Jedoch sind auch verschiedene wildlebende Tiere wie *Fuchs, Schakal, Igel, Stachelschwein* und mehrere *Nagetiere* Virusreservoire.

Sprichaeta turicatae erregt das *sporadische Rückfallfieber der Vereinigten Staaten* oder *nordamerikanische Rückfallfieber*. Überträger ist *Ornithodorus turicata*.

Spirochaeta persica ist der Erreger eines Rückfallfiebers in *Zentralasien*, des sog. „*Miana*". Es wird durch *Ornithodorus tholozani* (= *O. papillipes*) übertragen.

2. Die übrigen pathogenen Spirochäten (Spirochaeta vincenti, bronchialis, Treponema pallidum, pertenue, Leptospira hebdomadis, icterohaemorrhagiae).

Die übrigen pathogenen Spirochäten sind folgende:

Spirochaeta vincenti ist zusammen mit spindelförmigen fusiformen Bacillen, *Bacillus hastilis* (=*Fusobacterium Plaut-Vincenti*) der Erreger der PLAUT-VINCENTschen *Angina*, des *Hospitalbrandes* und des *tropischen Phagedänismus* (*Ulcus tropicum*).

Spirochaeta bronchialis kommt ebenfalls mit spindelförmigen Bacillen vor und kann mit *S. vincenti* identisch sein. Sie verursacht die *blutige Angina* oder *Bronchialspirochätose*, die von CASTELLANI in Ceylon entdeckt und seitdem in verschiedenen Ländern, sogar in Frankreich, beobachtet worden ist.

Treponema pallidum (Abb. 183) ist der Erreger der *Syphilis* und wird gewöhnlich durch geschlechtlichen Verkehr übertragen. Bekanntlich gibt es aber auch durch „Vererbung" angeborene Syphilis.

Treponema pertenue verursacht eine tropische Hautkrankheit, die unter dem Namen *Frambösie* bekannt ist und durch nahen, aber außergeschlechtlichen Verkehr übertragen wird. Sie ist weder „erblich" noch angeboren.

Leptospira hebdomadis erregt das *japanische Siebentagefieber* „*Nanukayami*" oder *Herbstfieber*. Die Übertragung der Leptospiren erfolgt

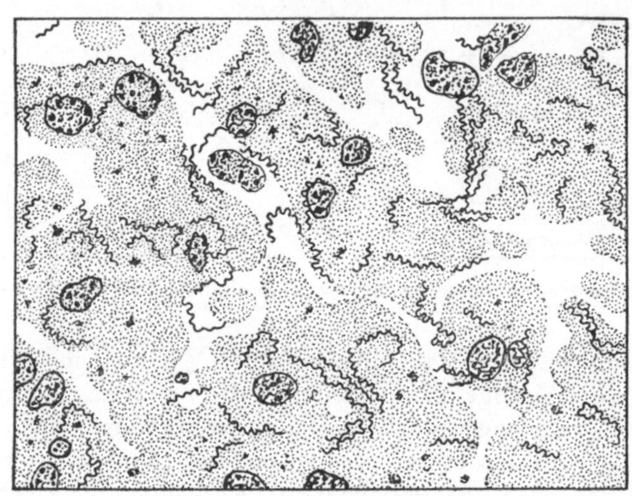

Abb. 183. *Treponema pallidum in der Leber eines Syphilitikers.* Fall von angeborener Syphilis. Nach LEVADITI und ROCHÉ.

durch den Biß der *Japanischen Wühlmaus* oder *Kurzohrfeldmaus* (*Microtus montebelloi*), die als Virusreservoir dient.

Leptospira icterohaemorrhagiae (= *Spirochaeta icterogenes*) (Abb. 184) ist der Erreger der WEILschen *Krankheit*, der *fieberhaften hämorrhagi-*

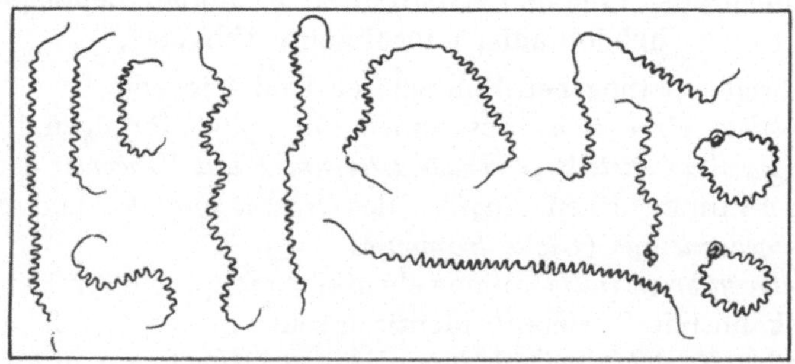

Abb. 184. *Leptospira ictero-haemorrhagiae* (*Erreger der* WEIL *schen Krankheit*). Nach GONDER und GROSS.

schen Gelbsucht oder des *Icterus infectiosus*. Man findet diese Spirochäten im Blut und in dem Urin der Kranken. Es scheint, daß sie durch den Biß von *Ratten*, die die Parasiten beherbergen, übertragen werden können. Aber es ist wahrscheinlich, daß der Mensch sich häufiger durch den Genuß von Lebensmitteln infiziert, die durch den Urin von Ratten, die als Virusreservoir dienen, verunreinigt sind.

V. Bartonellen (Bartonella).

Untersuchung. Die Untersuchung der Bartonellen ist die gleiche wie bei den anderen Blutparasiten. Das Verfahren ist im dritten Abschnitt des Allgemeinen Teils, der die Untersuchung des Blutes behandelt, näher besprochen (S. 38—44).

Morphologie. Die Bartonellen sind vielgestaltige Parasiten innerhalb der roten Blutkörperchen (Abb. 185), meist von kugelförmiger Gestalt. Sie enthalten bisweilen chromatische und stäbchenförmige Granula.

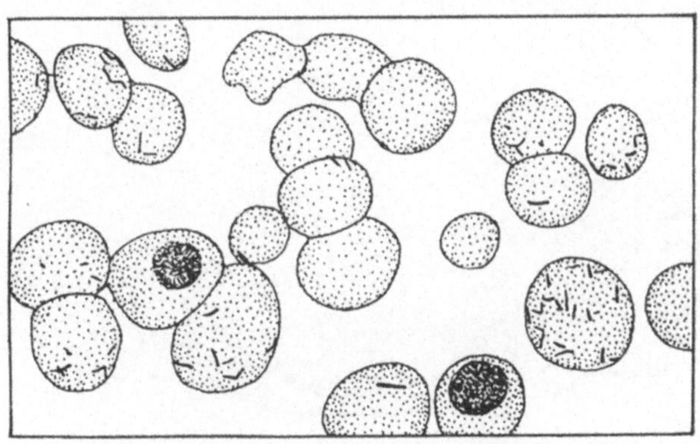

Abb. 185. *Bartonella bacilliformis im peripheren Blut eines am Oroyafieber Erkrankten.* Nach R. STRONG, TYZZER, BRUES, SELLARDS und GASTIABURU.

Biologie. Die Schizogonie vollzieht sich in den Endothelzellen der Blutgefäße der Milz und in denen der Lymphdrüsen.

Pathogene Bedeutung. Nur eine einzige Art ist bemerkenswert: *Bartonella bacilliformis*, der Erreger der *Verruga peruana*, des *Oroyafiebers* oder der CARRIONschen Krankheit. Es handelt sich hierbei um eine Hauterkrankung mit unregelmäßigem Fieber, die in Peru auf die engen Felsentäler der westlichen Abhänge der Anden beschränkt ist. Überträger sind *Phlebotomen* oder *Gnitzen*: nämlich *Phlebotomus noguchii* und wahrscheinlich *P. peruensis* und *P. verrucarum*.

VI. Rickettsien (Rickettsia).

Untersuchung. Man muß die Rickettsien bei Wirbeltieren oder Arthropoden, die ihre Überträger sind, suchen. Dort findet man sie in dem Lumen des Darmkanals oder in den Zellen verschiedener Organe. Ohne die Gewebe zu zerquetschen, muß man sie sorgfältig auseinanderzupfen, um eine Anzahl Zellen zu erhalten, die Parasiten beherbergen. Die zerzupften Gewebsteilchen werden getrocknet, in absolutem Alkohol fixiert und langsam 2—4 Stunden in verdünnter GIEMSA-Lösung gefärbt (1 Tropfen GIEMSA-Lösung auf 1 ccm destilliertes Wasser). Man kann auch Schnittpräparate herstellen, indem man nach ZENKER fixiert und nach ROMANOWSKY färbt.

Morphologie. Die Rickettsien sind sehr kleine Organismen (Abb. 186) mit einem Durchmesser von meist weniger als 0,5 μ und ohne deutliche Konturen wie die Bakterien. Sie sind sehr vielgestaltig, im allgemeinen

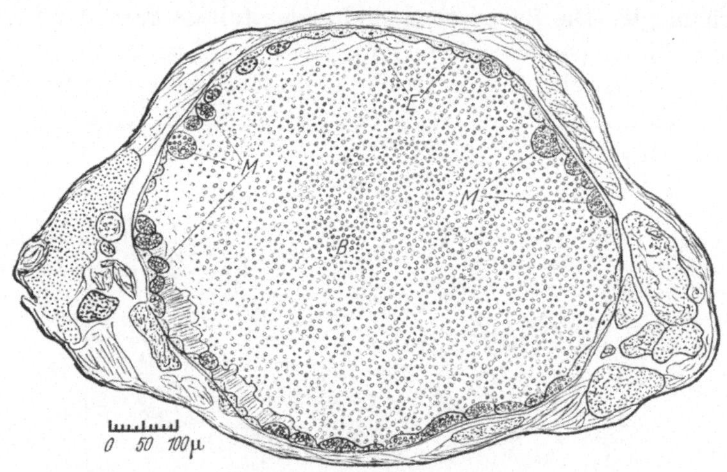

Abb. 186. *Rickettsia prowazeki (Erreger des Flecktyphus)*. Querschnitt durch die Magenregion einer Laus. *B* aufgesogenes Blut, *E* normales Epithel, *M* hypertrophierte Magenzellen, vollgepfropft mit Rickettsien.

abgerundet, oft stäbchen- oder fadenförmig, bisweilen hantelförmig und unbeweglich. Sie lassen sich leicht nach der Methode von ROMANOWSKY, aber schlecht mit Anilinfarben färben und sind Gram-negativ. Kulturen mißlingen im allgemeinen. Die Rickettsien sind nicht filtrierbar.

Biologie. Die Rickettsien leben parasitisch bei Arthropoden und Wirbeltieren. Man findet sie in den Zellen verschiedener Organe oder im Darmlumen. Bei den Arthropoden werden bestimmte Arten „erblich" übertragen.

Pathogene Bedeutung. Die Rickettsien verursachen beim Menschen oft sehr schwere, von verschiedenen Arthropoden übertragene Erkrankungen.

Durch Zecken übertragene Rickettsiosen. Folgende Arten sind Erreger einer Reihe von Rickettsiosen:

Rickettsia rickettsi ist der Erreger des *Felsengebirgsfiebers (Rocky Mountains Spotted Fever)*, das an bestimmten Stellen Nordamerikas auftritt. Es ist dieses eine schwere, akute, endemische Fiebererkrankung.

Sie herrscht besonders während des Sommers und wird durch typhus-
artige Zustände und einen feuerroten oder petechialen Hautausschlag
am ganzen Körper gekennzeichnet. An der Stelle, wo der Überträger
gestochen hat, ist anscheinend kein Schorf vorhanden. Die WEIL-
FELIX-Reaktion mit *Proteus X 19* ist unzuverlässig. Überträger ist die
Waldzecke Dermacentor andersoni, die die Infektion auf ihre Nachkommen übertragen kann. Virusreservoire in der Natur sind unbekannt.

Rickettsia conori ist der Erreger des *Exanthematischen Zeckenfiebers*
oder *Beulenfiebers*, das besonders in den Mittelmeerländern verbreitet
ist. Hier handelt es sich um eine gutartige, akute und endemische
Fiebererkrankung. Sie ist nicht ansteckend, tritt saisonmäßig in der
heißen Jahreszeit auf und ruft am ganzen Körper einen Hautausschlag
hervor. Ein schwarzer Fleck oder Schorf wird oft vom Beginn der Erkrankung an an der Stichstelle des Überträgers beobachtet. Überträger
ist eine *Hundezecke* (*Rhipicephalus sanguineus*), die ebenfalls die Infektion
auf ihre Nachkommen übertragen kann. Als Virusreservoire scheinen
junge *Hunde* in Frage zu kommen.

Rickettsia brasiliensis verursacht das *brasilianische Fleckfieber von
São Paulo*, eine akute, nicht ansteckende Fieberkrankheit. Auch sie
zeigt eine Schorfbildung an der Stichstelle. Überträger ist wahrscheinlich *Amblyomma cayennense*.

Ohne Zweifel ist eine Rickettsie auch die Ursache des *Zeckenbiß-
fiebers* in Südafrika. Diese Fieberkrankheit ist gutartig, endemisch,
von Gelenk- und Muskelschmerzen und oft von einem Hautausschlag
begleitet; charakteristisch ist remittierendes Fieber. An der Stichstelle
befindet sich fast immer Schorf. Die WEIL-FELIX-Reaktion ist im allgemeinen negativ. Überträger sind *Rhipicephalus simus, R. appendiculatus, Boophilus* (= *Margaropus*) *decoloratus* und *Amblyomma hebraeum*. Bei letzterem ist die Infektion „erblich“.

Durch Rote Laufmilben übertragene Rickettsiosen. Wir
erwähnen hier nur eine einzige Art:

Rickettsia orientalis (= *R. nipponica*), Erreger des *japanischen Fluß-
oder Überschwemmungsfiebers* oder der *Tsutsugamushikrankheit*, einer
endemischen, oft sehr ernsten Fieberkrankheit. An der Stelle, wo der
Kranke gestochen worden ist, befindet sich zunächst eine brandige
Stelle. Nach einigen Tagen bildet sich ein kleines Geschwür. Die Überträger sind die *roten Larven der Tsutsugamushi-* oder *Kedanimilbe*
(*Trombicula akamushi* und *T. delhiensis*). Das hauptsächlichste Virusreservoir in Japan ist eine kleine *Feldmaus*, nämlich *Microtus montebelloi*.

Durch Läuse übertragene Rickettsiosen. Zwei Rickettsien-
arten werden durch Läuse übertragen:

Der Erreger des *Flecktyphus* oder des *bösartigen* oder *epidemischen Fleckfiebers* ist *Rickettsia prowazeki* (Abb. 186). Der Flecktyphus, auch Kriegs- oder Hungertyphus genannt, ist eine schwere Erkrankung, die überall dort herrscht, wo die persönliche Hygiene vollständig rückständig ist, besonders wo sich unsaubere Menschen in Massen ansammeln, bei Armeen im Felde usw. Die Krankheitszeichen sind: Fieber, ausgesprochene typhöse Erscheinungen und ein Hautausschlag in Form kleiner Flecken, die Unterleib, Brust, Arme und Beine bedecken. Petechien treten nicht immer auf. Die WEIL-FELIX-Reaktion ist zu Beginn der Krankheit in 50% der Fälle positiv, beim Beginn der Entfieberung und der Genesung aber zu 100% positiv. Überträger sind die *Menschenläuse*, und zwar die *Kleiderlaus* (*Pediculus corporis = P. vestimenti*) und ausnahmsweise die *Kopflaus* (*P. capitis*).

Rickettsia quintana ist der Erreger des *Fünftagefiebers*, das auch *Wolhynisches* oder *Schützengrabenfieber* genannt wird. Charakteristisch für diese Krankheit sind folgende Symptome: plötzlich eintretende Fieberanfälle, die 24 bis 48 Stunden dauern und denen ein fieberfreier Zeitraum von 4 Tagen folgt. Die Fieberanfälle sind von Schmerzen in den Muskeln und Knochen begleitet. Überträger sind ebenfalls die *Menschenläuse*, nämlich die *Kleiderlaus* (*Pediculus corporis = P. vestimenti*) und die *Kopflaus* (*P. capitis*).

Durch Flöhe übertragene Rickettsiosen. Es ist nur eine Art zu nennen:

Rickettsia mooseri ist der Erreger des *gutartigen, endemischen Fleckfiebers* oder *Rattenfleckfiebers*, einer Krankheit, die weniger gefährlich ist als der Flecktyphus. Sie kommt häufig bei *Ratten* vor und verursacht beim Menschen einen Hautausschlag, der im Gegensatz zum Flecktyphus sogar die Handflächen und Fußsohlen ergreifen kann. Es kommt aber nicht zur Bildung von Petechien, sondern nur zur Roseolenbildung. Die Überträger sind sehr zahlreich: *Schildzecken, Läuse, Wanzen*, besonders aber zahlreiche *Floharten*, von denen wir die *Rattenflöhe* (*Xenopsylla cheopis* und *Ceratophyllus fasciatus*) und den *Hundefloh* (*Ctenocephalus canis*) erwähnen.

Rickettsiosen mit unbekannter Übertragungsweise. Auch hier ist nur eine Art bemerkenswert:

Rickettsia trachomatis wird bei dem *Trachom*, der *Körnerkrankheit* oder *ägyptischen Augenkrankheit* (*Conjunctivitis granulosa*) beobachtet. Die Krankheit ist in den warmen Ländern außerordentlich verbreitet.

Achter Abschnitt.

Pilze (Fungi).

Die **Pilze (Fungi)** sind niedere Pflanzen, denen das Chlorophyll fehlt. Sie verschaffen sich die zu ihrer Ernährung notwendigen Substanzen aus verwesenden organischen Stoffen, in selteneren Fällen aus lebendem Gewebe. Da den Pilzen das Chlorophyll fehlt, brauchen sie zum Wachstum kein Licht, und daraus erklärt es sich, daß sie sich in der Dunkelheit inmitten pflanzlicher oder tierischer Gewebe entwickeln können.

Untersuchung. Man kann die Untersuchung der Pilze in Kulturen oder im Gewebe vornehmen.

Im ersteren Fall wird ein Bruchteil der Kultur in Lactophenolblau von LANGERON zwischen Objektträger und Deckgläschen untersucht. Die Färbung im Lactophenolblau läßt die Mycelfäden gleichzeitig aufquellen und erleichtert dadurch die Untersuchung. Um die Perithezien und andere Gebilde zu untersuchen, empfiehlt es sich, eine ganze Kultur zusammen mit ihrem festen Substrat, z. B. einer Mohrrübe, Kartoffel oder Agar zu fixieren und Schnitte anzufertigen.

Im zweiten Fall behandelt man die Haare, Schuppen oder parasitierten Gewebe mit 30—40 proz. Kalilauge. Die Behandlung in kalter Kalilauge dauert einige Stunden, in erwärmter dagegen nur einige Sekunden; am ratsamsten aber ist es, das Untersuchungsobjekt ohne weitere Behandlung in Chlorallactophenol einzubetten. Befinden sich die Pilze in einer eitrigen Flüssigkeit, so kann man Ausstrichpräparate anfertigen, die man nach den bekannten Methoden von GRAM oder ZIEHL-NEELSEN färbt.

Morphologie. Der vegetative Aufbau der Pilze ist sehr einfach. Er besteht aus dem *Thallus* oder *Mycelium.* Der Thallus wird gebildet von dünnen, fadenförmigen *Mycelfäden* oder *Hyphen,* die ihrerseits aus einer bald einkernigen, bald vielkernigen Protoplasmamasse bestehen, die von einer widerstandsfähigen Membran begrenzt wird. Bald ist die Protoplasmamasse in den Fäden ungeteilt und *schlauchförmig* (Abb. 187a), bald ist sie mit *Querwänden* versehen oder *gekammert (septiert)* (Abb. 187b).

Die Mycelfäden haben entweder Spitzenwachstum oder bilden seitliche, bisweilen gabelförmige (dichotome) Verzweigungen. Wenn mehrere Fäden sich verbinden, gemeinsam wachsen und eine Art Strang bilden, so nennt man sie *Coremien* (Abb. 187c). Sind sie zu einer festen Masse zusammengeballt, so bilden sie *Sklerotien.* Die Außenwand dieser Sklerotien besteht für gewöhnlich aus derbwandigen Zellen, während das Innere aus einem Pseudoparenchym (Scheingewebe) besteht, bei dem kurzzellige Hyphen wirr durcheinanderwachsen. In bestimmten Fällen kommt es zu Anastomosen (Verbindungen) der Mycelfäden, in

anderen teilen sie sich und bilden isolierte Teilstücke, wie z. B. bei dem
zerbrechlichen Mycelium der Thallosporeen. Das Mycelium kann mit
wurzelähnlichen Organen, den *Rhizoiden* (Abb. 187d), oder mit Saug-
fortsätzen, den *Haustorien*, versehen sein. Diese Organe sind entweder
für die Befestigung der Pilze am Substrat oder für die Ernährung von
Bedeutung.

Die Pilze sind häufig polymorph und können je nach der Umgebung,
in der sie sich entwickeln, sehr verschiedene Formen annehmen.

Biologie. Die meisten Pilze sind saprophytische Gewächse, jedoch
gehen bestimmte Arten aus dem saprophytischen Dasein, das ihnen an
sich vollkommen genügen kann, zur parasitären Lebensweise über, ob-

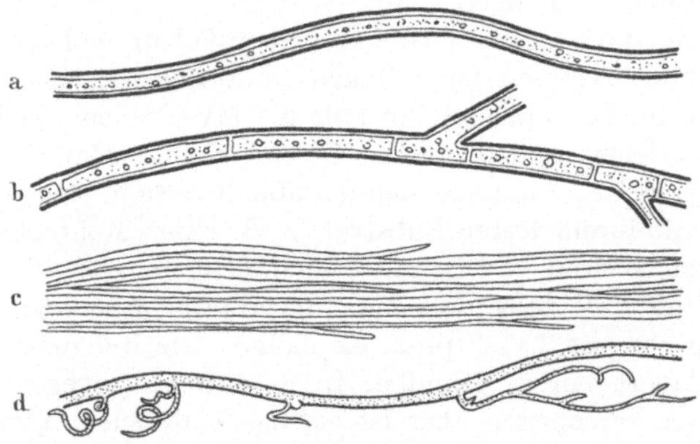

Abb. 187. *Verschiedene Formen von Mycelfäden oder Hyphen bei den Pilzen.* a einheitlicher (un-
gekammerter) schlauchförmiger Mycelfaden. b mit Querwänden versehener (gekammerter) Mycelfaden. c Coremien. d Mycelfaden mit wurzelähnlichen Organen oder Rhizoiden.

gleich diese für ihre Entwicklung durchaus nicht notwendig zu sein
scheint und als Anpassungsphänomen angesehen werden kann. Die
zuletzt erwähnten Pilze interessieren den Arzt. Sie können zu den
fakultativen Parasiten gerechnet werden.

Vermehrung. Die Vermehrungsweisen der Pilze sind sehr verschieden. Man kann sie in zwei Gruppen einteilen:

1. *Hauptfruchtformen* oder *Hauptfruktifikationen.*
2. *Nebenfruchtformen* oder *Nebenfruktifikationen.*

Hauptfruchtformen. Diese Formen finden sich bei einer ganzen
Gruppe von Pilzen und dienen zu ihrer Charakterisierung. So ver-
mehren sich unter den *Algenpilzen* (*Phycomycetes*) die Oomyceten durch
Eizellen, die *Schlauchpilze* (*Ascomycetes*) durch Sporenschläuche oder
Asci und die *Basidienpilze* (*Basidiomycetes*) durch Basidien. Es gibt
also drei Hauptfruchtformen: *Eizellen, Asci* und *Basidien.*

Eizellen. Die *Oosporen* bilden sich durch die Vereinigung des Inhaltes
eines weiblichen (Oogonium) und eines männlichen (Antheridium)

Schlauches, das Protoplasma beider Zellen verschmilzt miteinander, umgibt sich mit einer dicken Wand, und die reife Oospore ist gebildet (Anisogamie). Sind die verschmelzenden Zellen morphologisch gleich (Isogamie), so wird das Befruchtungsprodukt als *Zygospore* bezeichnet (Abb. 188a).

Ascus. Der Ascus (Abb. 188b) ist ein keulenförmiger Sporenschlauch, in dem sich im allgemeinen *vier*, bisweilen acht oder ein Vielfaches von acht *Ascosporen* durch freie Zellbildung herausbilden. Die Asci können nackt, d. h. inmitten der Mycelfäden isoliert, oder auch von einem festen Organ, dem *Perithecium*, umgeben sein.

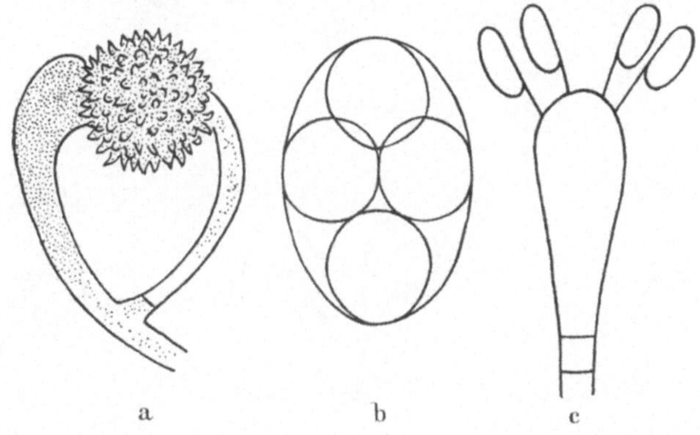

Abb. 188. *Drei Hauptfruchtformen bei den Pilzen.* a Zygospore, b Ascus, c Basidie.

Basidie (Abb. 188c). Die Basidie besteht aus einer Anschwellung der Mycelfäden. Sie trägt *vier* dünne Stielchen, die Sterigmen. Auf jedem *Sterigma* sitzt eine *Basidiospore*.

Nebenfruchtformen. Diese Formen kann man zwar bei Pilzen finden, deren Vermehrung durch Eier, Asci oder Basidien vor sich geht. Man beobachtet sie aber auch bei Pilzen, die keine dieser drei Hauptfruchtformen aufweisen. Man bezeichnet die hierhin gehörigen Pilze oft auch als unvollkommene Pilze (*Fungi imperfecti*), weil man von ihrer Vermehrungsweise nur Nebenfruchtformen kennt.

Die Nebenfruchtformen der Vermehrung sind sehr verschieden. Wir erwähnen hier nur die Formen, die bei den pathogenen Pilzen auftreten, von denen wir sprechen müssen.

Endosporen oder *Sporangiensporen*. Diese Sporen (Abb. 189a) entstehen im Innern eines besonderen Behälters, des *Sporangiums*, rund um ein angeschwollenes Säulchen (*Columella*). Man beobachtet sie bei *Mucorineen* (*Schimmelpilzen*).

Exosporen oder *Konidien*. Es sind dies abfallende Sporen, die einzeln oder in Reihen durch Sprossung nach außen abgeschnürt werden. Die einen sind *endständig* oder *terminal* wie bei der *Schimmelpilzgattung Aspergillus* (Abb. 189b), oder sie stehen in Reihen und sind auf kleinen flaschenförmigen Gebilden, *Phialiden* oder *Pykniden*, inseriert. Man spricht dann von *Pyknokonidien* oder *Pyknosporen*. Andere Konidien

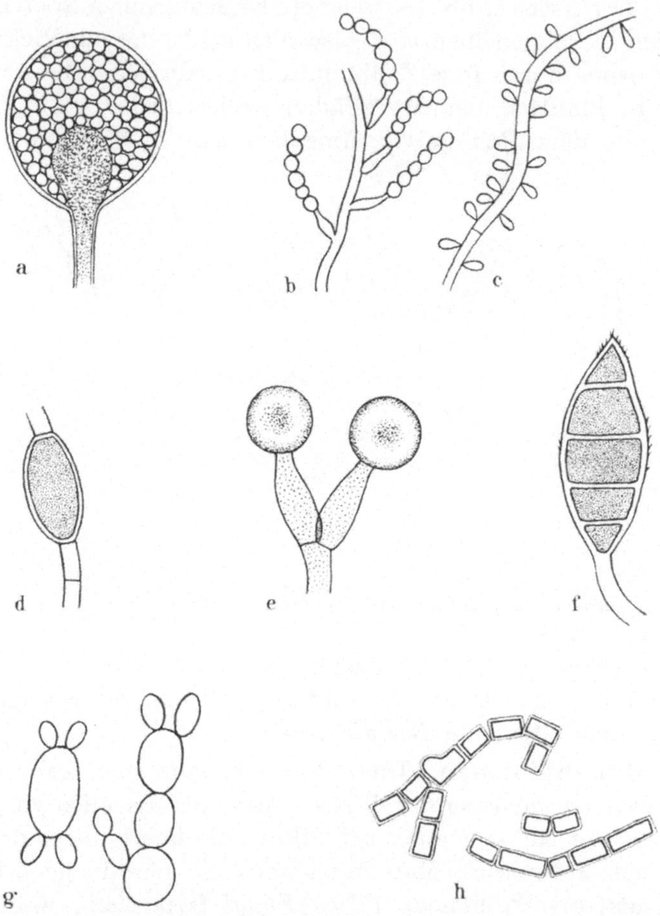

Abb. 189. *Wichtige Nebenfruchtformen bei den Pilzen.* a Sporangium mit Columella und Endosporen. b endständige Exosporen oder Konidien. c seitenständige Konidien. d interkalare Chlamydospore. e endständige Chlamydospore. f mehrfache gekammerte Spindelspore. g Knospensporen oder Blastosporen. h Oidien oder Arthrosporen.

wiederum sind zu beiden Seiten der Mycelfäden angeordnet und sitzen unmittelbar auf denselben. Solche *seitenständigen* oder *lateralen* Konidien kommen bei der Gattung *Sporotrichum* vor (Abb. 189c).

Aleurien. Sie unterscheiden sich von den Konidien durch ihre unlösbare Verbindung mit den Mycelfäden, von denen sie nur durch Zerstörung der letzteren gelöst werden können.

Chlamydosporen. Es sind dies widerstandsfähige Sporen, arterhaltende Organe, mit sehr dicker Membran. Sie bilden sich auf Kosten des Thallus. Sie können *eingeschaltet* (*interkalar*) (Abb. 189d) oder *endständig* (*terminal*) sein (Abb. 189e). Zu den Chlamydosporen gehören auch die *mehrfach gekammerten* (*septierten*) *Spindelsporen*, die die Gruppe der *Hautpilze* kennzeichnen (Abb. 189f).

Thallosporen. Diese Sporen sind wie die Chlamydosporen anfangs ein Teil des Thallus und dienen der Vermehrung nur sekundär. Man teilt sie in *Knospensporen* oder *Blastosporen* (Abb. 189g) und in *Oidien* oder *Arthrosporen* (Abb. 189h) ein. Die Knospensporen sind sehr empfindlich und entstehen durch Knospung oder Aufteilung des Thallus in runde Körperchen. Die Oidien bilden sich durch Aufteilung des Thallus in wenigstens anfangs viereckige Körperchen.

Einteilung. Die Systematik beruht einerseits auf dem vegetativen Aufbau, andererseits auf den der Vermehrung dienenden Organen. Diejenigen Pilze, die Parasiten des Menschen sind, gehören alle zu den drei folgenden Ordnungen, nämlich *Algenpilzen* (*Phycomycetes*). *Schlauchpilzen* (*Ascomycetes*) und *Fadenpilzen* (*Hyphomycetes* oder *Fungi imperfecti*). Eine jede dieser Ordnungen teilt sich in Familien und Unterfamilien, von denen wir die wichtigsten mit ihren unterscheidenden Merkmalen und den näher beschriebenen Gattungen aufzählen (siehe umstehende Tabelle, Seite 207).

Pathogene Bedeutung. Die durch Pilze hervorgerufenen parasitären Erkrankungen heißen *Mykosen.*

Unter den Algenpilzen oder Phycomyceten spielen die *Schimmelpilze* oder *Mucorineen* eine ganz untergeordnete pathogene Rolle. Bestimmte, zu den Gattungen *Mucor, Lichtheimia* (Abb. 190) und *Rhizomucor* gehörige Arten, die nichts weiter sind als gewöhnliche Schimmelpilze, können sich im Ohr entwickeln und *Otomykosen* hervorrufen. Ein durch *Rhizomucor parasiticus* verursachter Fall von *Lungenmykose* ist beobachtet worden.

Andere Phycomyceten, die *Chytridiaceen,* haben ebenfalls, wenn auch nicht bei uns, so doch in Amerika, eine pathogene Bedeutung. Eine Art dieser Gruppe, *Coccidioides immitis,* erregt besonders in Brasilien eine ernste Erkrankung, nämlich das *coccidioidale Granulom,* das durch folgende Symptome gekennzeichnet wird: einzelne oder zusammenhängende Hautknötchen, papulo-pustulöse Hautausschläge und Schädigung verschiedener Organe. Wir fügen noch hinzu, daß einige Arten der Chytridiaceen, die zur Gattung *Sphaerita* gehören, Parasiten der Amöben sind und daher als Hilfsparasiten (vgl. S. 3) angesehen werden können.

Unter den Schlauchpilzen oder Ascomyceten gibt es bei den *Hefepilzen* oder *Saccharomyceten* eine Reihe von Gattungen und Arten,

besonders die Gattungen *Saccharomyces* und *Endomyces*, die Erreger der
Blastomykosen sind. Diese Krankheiten zeigen trotz der großen Anzahl

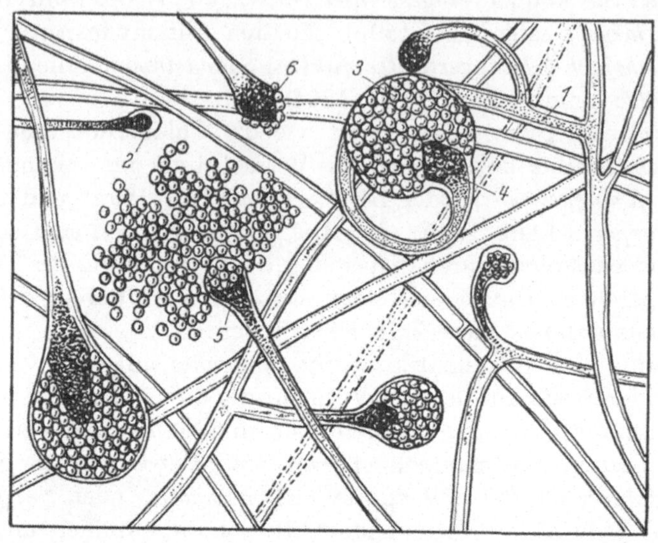

Abb. 190. *Schimmelpilz* (*Lichtheimia corymbifera*). Tropfenkultur. *1* sporentragende Hyphe mit
2 Sporangien; *2* junge Sporangie; *3* reife Sporangie mit Columella (*4*), im Innern des Sporangiums
befinden sich die Endosporen oder Sporangiensporen; *5* Columella mit den (Endo-)Sporen im Augenblick nach dem Platzen des Sporangiums; *6* isolierte Columella nach Entfernung der Sporen. In
440facher Vergrößerung. Nach einem gefärbten Präparat von M. LANGERON.

der als Erreger in Betracht kommenden Pilze klinisch ziemlich einheit-
liche Bilder.

Am häufigsten hat man es hierbei mit *Hautentzündungen* (*Dermatitis*)
zu tun. Anfangs bilden sich hirsekorngroße Geschwüre (miliare Ab-

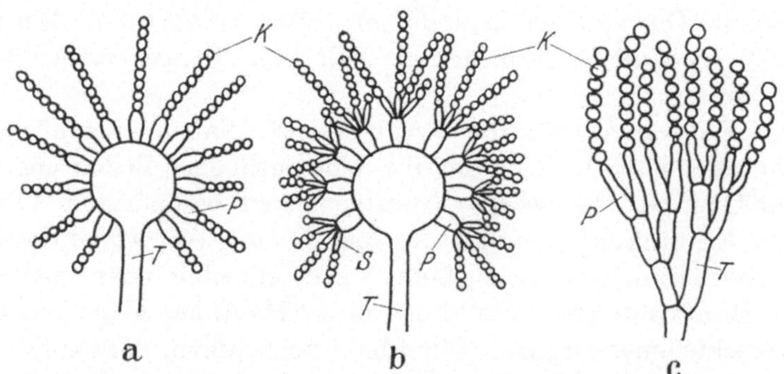

Abb. 191. *Verschiedene Conidienformen bei Perisporiaceen.* a *Aspergillus* (*Gießkannenschimmel*),
b *Sterigmatocystis*, c *Penicillium* (*Pinselschimmel*). *K* Conidien oder Exosporen, *P* primäre Phialiden, *S* sekundäre Phialiden, *T* Conidienträger.

scesse), die sich zu warzenartigen (verrukösen) beweglichen Erhöhungen
ausbreiten und tief sitzen. Oft zeigen sich subcutane Knötchen und

Einteilung der wichtigsten Pilze, die als Parasiten des Menschen in Frage kommen.

Thallus anfänglich ohne Scheidewand. Vermehrung durch *Gameten* und Sporangien	Algenpilze (Phycomycetes)	*Zygosporen* aus zwei gleichwertigen Zellen bestehend (Isogamie)		*Schimmelpilze* (*Mucorinees*)	(*Mucor, Lichtheimia, Rhizomucor*)
		Oosporen aus zwei ungleichwertigen Zellen gebildet (Anisogamie)		*Chytridiaceen* (*Chytridinees*)	(*Coccidioides, Sphaerita*)
Thallus mit Scheidewand. Vermehrung durch *Asci* und verschiedene Sporen	Schlauchpilze (Ascomycetes)	*Nackte* Asci; kein Perithecium		*Hefepilze* (*Saccharomycetes*)	(*Saccharomyces, Endomyces*)
		Perithecium mit einer Hülle aus locker verwickelten Mycelfäden		*Gymnoascaceen* (*Gymnoascees*)	(*Trichophyton, Ctenomyces, Microsporum, Achorion, Epidermophyton*)
		Geschlossenes Perithecium; dicke Membran		*Perisporiaceen* (*Perisporiacees*)	(*Aspergillus, Sterigmatocystis, Penicillium*)
Thallus mit oder ohne Scheidewand. Vermehrung nur durch *Nebenfruchtformen*	Fadenpilze (Hyphomycetes oder Fungi imperfecti)	dicker Thallus — Conidien *Conidiosporeen* (*Conidiosporees*)	Endständige Conidien	*Phialideen* (*Phialidees*)	(—)
			Seitenständige Conidien	*Sporotricheen* (*Sporotrichees*)	(*Sporotrichum, Rhinocladium*)
		dicker Thallus — Thallosporen *Thallosporeen* (*Thallosporees*)	Blastosporen	*Blastosporeen* (*Blastosporees*)	(*Mycotorula, Blastocystis*)
			Arthrosporen	*Arthrosporeen* (*Arthrosporees*)	(—)
		dünner Thallus		*Mikrosiphoneen* (*Microsiphonees*)	(*Actinomyces, Cohnistreptothrix*)

(Zu den Fadenpilzen gehörende Gattungen, deren nähere systematische Stellung noch nicht feststeht: *Malassezia, Madurella, Indiella*).

Abscesse, die zuletzt vereitern. In bestimmten Fällen erstrecken sich die Hautverletzungen auf die Schleimhäute, und bisweilen bilden sich mehr oder weniger verbreitete Infektionen der inneren Organe. Bei diesen *generalisierten Blastomykosen* entsteht eine echte chronische Septicämie mit sehr verschiedener Lokalisation, subcutane Knötchen, zahlreiche Abscesse, Magen-Darm-Erscheinungen und Krankheitserscheinungen in den Lungen, den Gelenken, Muskeln, Knochen, Augen, dem Gehirn usw.

Andere Ascomyceten, die *Perisporiaceen* (Abb. 191), haben eine viel geringere pathogene Bedeutung und entwickeln sich wie die Schimmelpilze, die wir bereits erwähnt haben, in den Körperhöhlen des Menschen. Sie verursachen *Otomykosen* oder *Pharyngomykosen*.

Unter den zur Gruppe der *Gymnoascaceen* gehörenden Ascomyceten einerseits und den *Hyphomyceten* oder *Fungi imperfecti* andererseits findet man die meisten pathogenen Arten. Wir zählen hier die wichtigsten auf.

I. Hautpilze (Trichophyton, Ctenomyces, Microsporum, Achorion, Epidermophyton).

Die *Hautpilze* oder *Dermatophyten* umfassen zahlreiche innerhalb der Ordnung der Ascomyceten zu der Unterordnung der *Gymnoascaceen* gehörende Arten.

Morphologie. Wir besprechen nacheinander das Mycelium und die Fortpflanzungsorgane.

Mycelium. Das Mycelium ist dimorph: Es ist entweder ein dünnes, vegetatives Mycelium und bildet den Sporenapparat oder ein umfangreicheres Mycelium, das die Hülle des Peritheciums bildet und krummstabförmig gebogene Fortsätze besitzt, die entweder kammartig gezähnt oder mit Körnchen versehen sind (*Ctenomyces*).

Dieser bei der Gattung *Ctenomyces* ständige Dimorphismus ist bei den Gattungen *Microsporum* und *Trichophyton* abgeschwächt und kommt bei der Gattung *Epidermophyton* überhaupt nicht mehr vor.

Die unter dem Namen „*Favus-Nagelköpfe*“, „*Favus-Leuchter*“ usw. beschriebenen Gebilde sind krankhafte Formen.

Fortpflanzungsorgane. Zu den Fortpflanzungsorganen gehören folgende Teile:

1. Ein Sporenapparat, der aus *Aleurien* besteht. Letztere bilden sich nach dem einfachsten Typ, nämlich nach dem sog. *Acladium*-Typ, d. h. sie entstehen auf kreuzweise verzweigten Sporenständern wie ein Tannenzweig.

2. Mehrfach septierte *Spindelsporen* (Abb. 189f).

3. *Rankenfortsätze,* die nach LANGERON und MILOCHEWITCH Überreste der Verzierungen des Peritheciums der Gymnoascaceen sind und die man insbesondere bei der Gattung *Ctenomyces* findet.

4. *Chlamydosporen,* die endständig, eingeschoben (intercalarar) oder kettenförmig sind.

Biologie. Im Gegensatz zu vielen parasitischen Pilzen, die man auch als Saprophyten kennt, hat man bisher noch niemals Hautpilze in der freien Natur beobachtet. Jedoch ist der saprophytische Ursprung dieser Pilze sehr wahrscheinlich, denn bestimmte sporadische Fälle von Dermatomykosen können kaum anders erklärt werden.

Einteilung. Die Gattungen, über die wir sprechen werden, unterscheiden sich durch folgende Merkmale:

In der Hauptsache *Rankenfortsätze* (entspricht den „*Endo-* und *Ectothrix*-Arten mit kleinen Sporen" von SABOURAUD)	Erreger der Bartflechte (*Ctenomyces*).
In der Hauptsache *Spindelsporen* und *Aleurien* (entspricht dem größeren Teil der alten Gattung *Microsporum*)	Erreger der Mikrosporie (*Microsporum*)
Besonders gebildete Spindelsporen. Weder Rankenfortsätze noch Aleurien	Erreger des tropischen Ringwurms (*Epidermophyton*)
In der Hauptsache *Aleurien* vom *Acladium*-Typ. Rankenfortsätze und Spindelsporen selten	Erreger der Trichophytie (*Trichophyton*)
Weder Rankenfortsätze noch Spindelsporen noch Aleurien. Glatte Kulturen auf den „klassischen" Nährböden	Erreger des Favus (*Achorion*)

Pathogene Bedeutung. Zahlreiche Pilzarten, die den verschiedenen Gattungen angehören, von denen wir soeben gesprochen haben, entwickeln sich in der Epidermis, den Haaren, bisweilen den Nägeln und bewirken die unter dem Namen *Dermatomykosen* bekannten Pilzerkrankungen. Wir erwähnen hier nur die am häufigsten vorkommenden Arten und Schädigungen, die sie verursachen.

Die parasitären Stadien von *Trichophyton tonsurans* (Abb. 192) treten als kleine, lichtbrechende Körperchen in Erscheinung und dringen gänzlich in die Haarsubstanz ein. Man nennt die Art deshalb auch *endothrix.* Sie verursacht vorwiegend eine Haarkrankheit, nämlich die *Trichophytie* oder *Herpes tonsurans (Scherende Flechte).* Kennzeichnend hierfür sind große kahle Stellen mit unregelmäßigen Rändern. Innerhalb der kahlen Stellen befinden sich zahlreiche gesunde Haare. Man findet diese Erkrankung am häufigsten dort, wo sich viele Kinder aufhalten und sich gegenseitig anstecken. Sie verschwindet, sobald die Pubertät erreicht ist. Derselbe Parasit erregt auf „unbehaarter" Haut *Herpes circinatus* und kann *Onychomykose* oder *Nageltrichophytie* hervorrufen.

Eine verwandte Art, *Trichophyton sabouraudi*, verursacht ebenfalls *Herpes circinatus* und *Onychomykose*, ferner die *Schülertrichophytie* oder den *peladoiden Herpes tonsurans von* SABOURAUD.

Trichophyton concentricum ist der Erreger einer unter dem Namen *Tekelau, Schuppenringwurm* oder *Tinea imbricrata* bekannten exotischen Dermatomykose. Diese Krankheit ist im allgemeinen über Ozeanien und den Fernen Osten verbreitet. Auf der erkrankten Haut bilden sich Ringe von mehreren Zentimetern Durchmesser, die aus konzentrischen Schuppenkränzen von heller Farbe bestehen, zwischen denen regelmäßig Ringe von gesunder Hautfarbe liegen. Alle Körperteile können von dieser Erkrankung ergriffen werden, jedoch bleiben die Haare immer verschont.

Ctenomyces mentagrophytes (früher *Trichophyton mentagrophytes*) (Abb. 193) verursacht, sobald er die Barthaare befällt, die *Bartflechte* (*Sycosis parasitaria* oder *Mentagra Plinii*), eine ursprünglich tierische Erkrankung. Man beobachtet sie hauptsächlich an Menschen, die in Berührung mit Pferden kommen. Der Pilz entwickelt sich sowohl innerhalb als außerhalb der Barthaare, er ist also ein „*endo-ecthotrix*". Wenn er sich auf „unbehaarten" Hautstellen entwickelt, ist er der Erreger der *Folliculitis agminata parasitaria*.

Microsporum (= *Sabouraudites*) *audouini* (Abb. 194) ist eine für den Menschen, hauptsächlich das Kind, eigentümliche Parasitenart. Die an der befallenen Stelle entfernten Haare zeigen an ihrer Basis eine weiße, aus vielen runden Körperchen bestehende Scheide. Diese Körperchen haben einen Durchmesser von

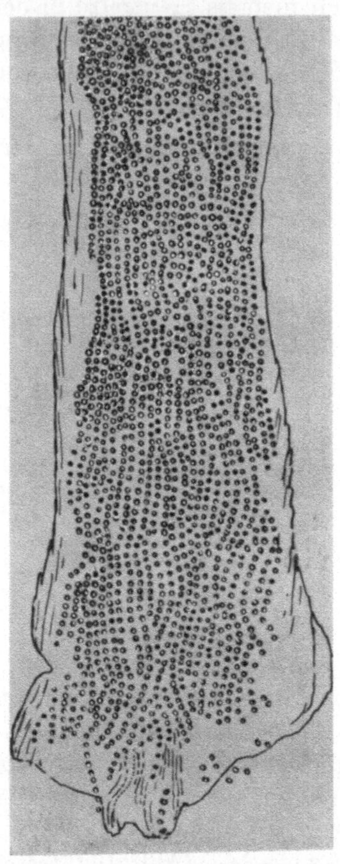

Abb. 192. *Trichophyton tonsurans*. Haar eines anTrichophytie Erkrankten. In 260-facher Vergrößerung. Nach SABOURAUD.

2—3 μ und befinden sich stets an der Außenseite des Haares. Im Innern des Haares findet man Mycelfäden, die in der Richtung des Haares wachsen, 2 μ im Durchmesser haben und mit Querwänden versehen (segmentiert) sind. Sie streben zur Außenseite des Haares, verzweigen sich dabei und erzeugen durch Sprossung die peripheren Sporen. Dieser Pilz verursacht die *Mikrosporie*, die *Kinderdermato-*

mykose oder die *Dermatomykose von* GRUBY-SABOURAUD. Die Grind-
flecken sind rund oder oval, mit sehr scharfen Umrissen und im allgemeinen wenig zahlreich. Im
Gegensatz zum Herpes ton-
surans beobachtet man hier
niemals gesunde Haare auf
den erkrankten Stellen. Diese
sehr ansteckende Krankheit

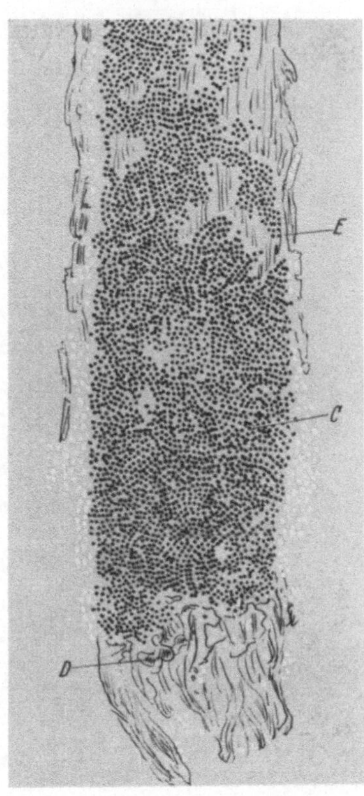

Abb. 193. *Ctenomyces mentagrophytes*. Erreger der Bartflechte. Beachte die inneren gekammerten Fäden und
die außenliegenden Sporen. In 600 facher Vergrößerung.
Nach SABOURAUD.

Abb. 194. *Microsporum (= Sabouraudites)
audouini*. Haar eines an Mikrosporie
Erkrankten. *C* Sporen, *D* Mycelium-
„Fransen" von ADAMSON, *E* Epidermis-
zellen. Nach SABOURAUD.

kommt nur bei Kindern unter 15 Jahren vor. Ist dieses Alter
erreicht, so verschwindet sie spontan.

Der *Favuspilz (Achorion schönleini)* (Abb. 195) verursacht, wenn er
sich in den Haaren der Kopfhaut oder des Körpers entwickelt, den
Erbgrind oder *Favus*. Im Haar tritt der Pilz entweder als *Mycelium*

14*

oder im *Sporulationsstadium* auf. Die Fäden des Myceliums sind
geradlinig, fortlaufend und dringen von außen in das Zentrum des
Haares ein. Ihre Verzweigung ist dichotomisch. In dem häufigeren
Sporulationsstadium sind die Fäden gewunden, wenig zahlreich, zum
Teil mit Sporen von verschiedenem Durchmesser und in der äußeren

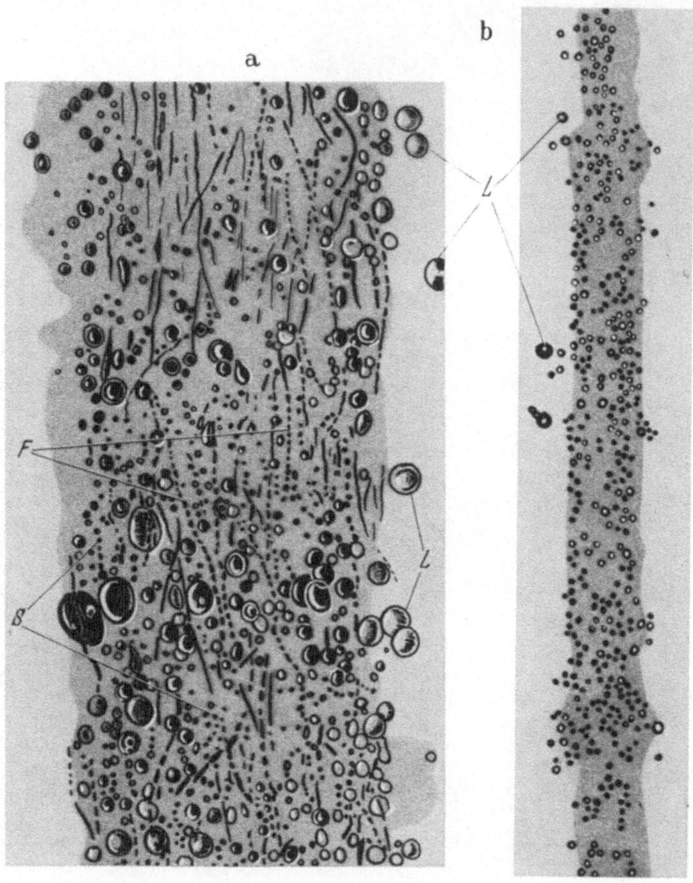

Abb. 195. *Favus-(Erbgrind-)Haar eines mit Favuspilzen (Achorion schoenleini) infizierten Kindes.*
a in 260facher, b in 75facher Vergrößerung. Beachte die bei der Behandlung mit 40% Kalilauge
auftretenden charakteristischen Luftblasen (*L*), die gekammerten Pilzfäden (*F*) und die Sporulations-
stadien (*S*). Nach SABOURAUD.

Rindenschicht des Haares gelegen. Sie teilen sich drei- oder viermal
und bilden eine Art Pinsel, der dem Skelet eines Fußes ähnelt und
daher unter dem Namen „*Favusfuß*“ bekannt ist. In der mikroskopischen
Untersuchung kann man leicht das *Favus*-Haar vom *Trichophyton*-Haar
unterscheiden. Das erstere ist stets nur wenig von den sporentragenden
Fäden durchzogen, das zweite dagegen ist meistens ganz damit

angefüllt. Auf der Haut ist die charakteristische Form der Erkrankung das *Scutullum* (Schüsselchen), das sich immer um ein Haar bildet und durch Sprossung des Parasiten im Haarbalg entsteht. Es ist von gelber Farbe und von sehr verschiedener Größe. Die Übertragung des Favus kann entweder direkt von Mensch zu Mensch oder Tier zu Menschen geschehen oder indirekt durch Kleidungsstücke, Decken usw. stattfinden. Man hat Fälle von *Nagel-* und *Darmfavus* beobachtet.

Epidermophyton floccossum (= *E. cruris*) ist der Erreger des *tropischen Ringwurms* (*Epidermophytie*, *Eczema marginatum* oder *Tinea cruris* usw.). Dieses Ekzem wird durch rote, kreisrunde und mit deutlich ausgeprägtem Wall versehene Flecken gekennzeichnet, deren Konturen unregelmäßig und die meist auf der Innenseite des Schenkels und der Schamleiste lokalisiert sind. Der tropische Ringwurm ist eine sehr ansteckende, in den Tropen stark verbreitete Pilzinfektion.

II. Pilz der Lungenaspergillose (Aspergillus fumigatus).

Der *rauchfarbige Kolbenschimmelpilz* (*Aspergillus fumigatus*) (Abb. 196) kommt in der Natur als Saprophyt sehr häufig vor. Sein Übergang

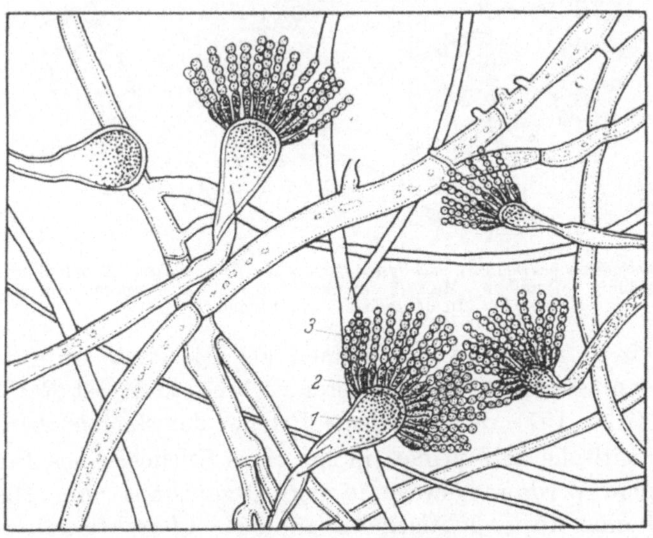

Abb. 196. *Rauchfarbiger Kolbenschimmelpilz* (*Aspergillus fumigatus*). Tropfenkultur. Sporentragende Verbreiterung einer Hyphe mit Phialiden (*2*), auf der rosenkranzförmig die Konidien oder Exosporen (*3*) sitzen. In 440facher Vergrößerung. Nach einem Präparat von M. LANGERON.

zur parasitischen Lebensweise scheint besonderen Bedingungen unterworfen zu sein, die man nur selten im menschlichen Organismus antrifft. Man beobachtet die *Lungenaspergillose* am häufigsten bei Menschen, die viel mit Tieren umgehen, bei denen sich *Aspergillus*-Arten finden.

Wir nennen als Beispiel Taubenmäster und Menschen, die viel mit dem
Auskämmen von Haaren zu tun haben. Erstere nehmen oft Körner in
den Mund, um sie in den Schnabel des Vogels zu bringen, letztere
überpudern die Haare mit Roggenmehl, das reich an *Aspergillus*-Spo-
ren ist.

Die Kranken haben das Aussehen von Tuberkulösen, zeigen aber
kein einziges, für diese Krankheit charakteristisches Symptom. Die
Diagnose ist nur durch die mikroskopische Untersuchung möglich, weil
hierdurch einerseits das Fehlen der Kochschen Tuberkelbacillen, andererseits das Vorhandensein von Mycelfäden und Sporen von *Aspergillus
fumigatus* im Auswurf nachzuweisen ist.

III. Pilze der Sporotrichose (Sporotrichum, Rhinocladium).

Die Pilze, die die Sporotrichose erregen, gehören zu den Gattungen
Sporotrichum und *Rhinocladium* und sind in der Natur als Saprophyten

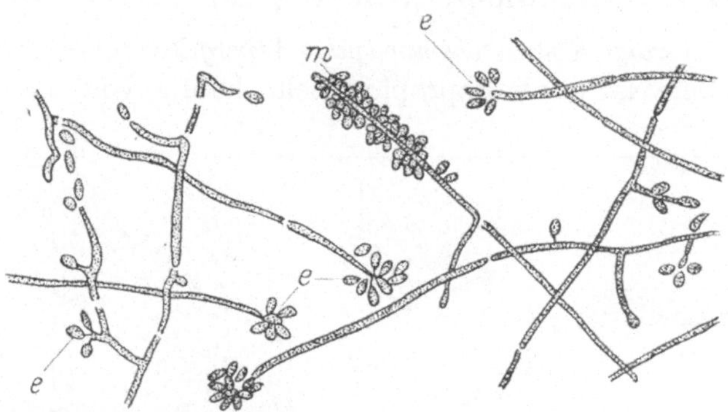

Abb. 197. *Rhinocladium beurmanni, wichtigster Erreger der Sporotrichose.* Tropfenkultur. Isolierte
Konidien, endständig (*e*) und in „Muff"-Form (*m*). Nach einem Präparat von M. Langeron.
In 640facher Vergrößerung.

sehr verbreitet. Einige Arten können als Parasiten beim Menschen
oder bei Tieren leben. Die am weitesten verbreitete Art ist *Rhinocladium
beurmanni* (Abb. 197), der wichtigste Erreger der *Sporotrichose.*

Der parasitische Pilz dringt infolge eines Stiches, eines Bisses oder
auch auf dem Verdauungswege in den Organismus ein. Die Sporotrichose ist eine kosmopolitische Krankheit. Charakteristisch für sie
sind die anfangs harten, dann weicher werdenden oder vereiterten
Knoten, die in der Cutis und Subcutis, an den Muskeln und Knochen
oder unter den Schleimhäuten vorkommen. Der weicher gewordene
Knoten enthält zuerst eine durchsichtige Flüssigkeit, die später eitrig
und dick wird. Das häufigste klinische Bild sind die *gummaähnlichen
Knotenbildungen in Form kleiner zerstreuter Herde.* Seltener ist die
lymphangitische Form, die auf ein sporotrichoses Geschwür folgt.

Die Sporotrichose ist verhältnismäßig gutartig. Nach der Heilung bleibt eine unregelmäßig geränderte Narbe zurück, die den tuberkulösen oder syphilitischen Narben ähnelt.

IV. Soorpilze (Mycotorula = Oidium).

Der Soor kann durch verschiedene Pilzarten verursacht werden. In der großen Mehrzahl der Fälle jedoch ist *Mycotorula* (= *Oidium*) *albicans* der Erreger. In den Kulturen bilden die *Mycotorula*-Arten milchige, dicke und konvexe Kolonien, in denen man eine fortschreitende Verzweigung des Pseudomyceliums beobachtet. Letzteres besteht aus kurzen Fäden, die eine Art Quirl tragen. Dieser ist aus abgerundeten oder ovalen, nur selten aus länglichen Blastosporen gebildet (Abb. 198 u. 199).

Man beobachtet in den Kulturen auch endständige Chlamydosporen (Abb. 200).

In seiner parasitären Form erscheint der

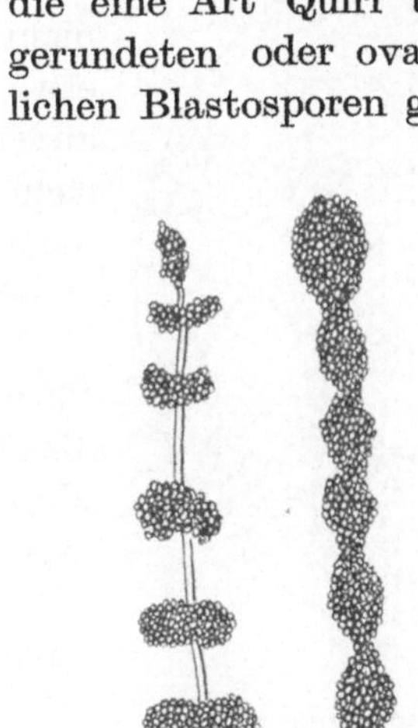

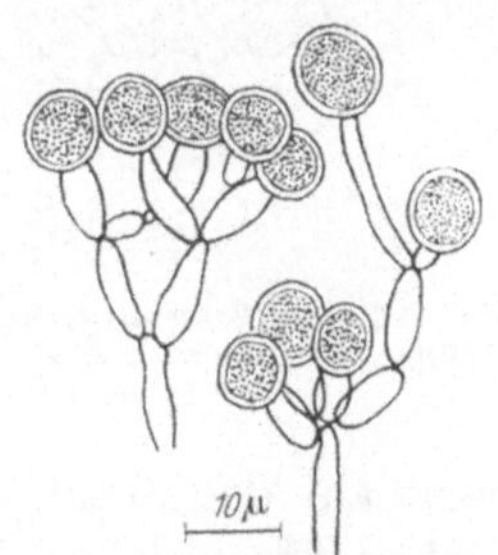

Abb. 198. *Verzweigte Fäden vom Soorpilz (Mycotorula) mit Quirlen von Blastosporen.* Nach LANGERON und TALICE.

Abb. 199. *Alte Fäden vom Soorpilz (Mycotorula) mit rundlichen Anhäufungen von Blastosporen.* Nach LANGERON und TALICE.

Abb. 200. *Endständige Chlamydosporen vom Soorpilz (Mycotorula).* Nach LANGERON und TALICE.

Pilz als weißer oder grauweißer häutiger Belag von 1—2 mm Dicke, der nur schwach an der Schleimhaut haftet, auf der er sich entwickelt. Am häufigsten sitzt er im Munde, aber man findet ihn auch im Rachen, in der Speiseröhre und sogar an anderen Stellen des Verdauungskanals. Die mikroskopische Untersuchung zeigt, daß der Pilz aus zylindrischen, einfachen oder verzweigten und 3—5 μ im Durchmesser großen Fäden besteht. Inmitten dieser Fäden oder auch am Ende von bestimmten Mycelfäden befinden sich kugel- oder eiförmige, sehr lichtbrechende Blastosporen mit einem Durchmesser von 5—7 μ.

Der *Soor*, auch *Schwämmchen, Mehlmund* oder *Stomatomykosis* genannt, tritt besonders bei schwächlichen Kindern auf, bisweilen auch bei Diabetikern oder bei Erwachsenen im letzten Stadium von kachektischen Krankheiten wie Krebs oder Tuberkulose.

V. Pilz der Pityriasis versicolor (Malassezia furfur).

Für die mikroskopische Untersuchung des Erregers der Pityriasis versicolor entfernt man die Hautschuppen mit dem Fingernagel und behandelt sie mit Kalilauge. Der Pilz (*Malassezia* [= *Microsporum*] *furfur*) (Abb. 201) tritt in zwei Formen auf: Die eine besteht aus gewundenen, nicht verzweigten Fäden von etwa 3 μ Durchmesser, die andere aus runden Körperchen von 3—5 μ Durchmesser, im allgemeinen zu 15—30 zusammengeballt.

Der Parasitismus dieses Pilzes erregt beim Menschen die *Pityriasis versicolor* oder *Kleienflechte*, eine Dermatomykose mit folgenden Kennzeichen: Es treten scharf umgrenzte, glatte oder leicht schuppige, gelbe bis dunkelbraune Flecken von sehr verschiedener Größe auf, die

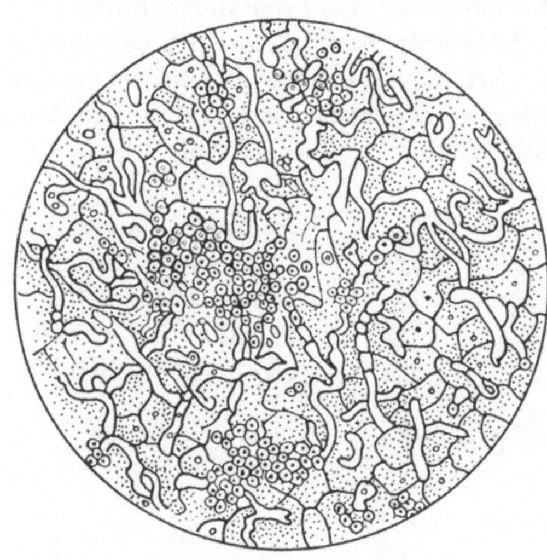

Abb. 201. *Mallassezia* (*Microsporum*) *furfur* in einer Schuppe der Kleienflechte oder Pityriasis versicolor. Nach C. Fox.

meist auf der Brust sitzen. Fährt man mit dem Fingernagel über einen solchen Flecken, so löst er sich als ein Hautfetzen ab, ohne daß die tiefer gelegenen Schichten der Haut zu bluten beginnen. Diese *Fingernagelprobe* ist für die Diagnose der Kleienflechte wichtig.

VI. Pilze der Mycetome.

Wir definieren zuerst den Begriff „Mycetome"[1], wie er in der Parasitologie gebräuchlich ist. Mycetome sind demzufolge durch Pilze erzeugte entzündliche Tumorbildungen. Sie enthalten Körnchen von verschiedener Form, Größe und Farbe, die aus verfilzten Mycelfäden

---

[1] Organe, in denen Pilze oder Bakterien als Symbionten leben, bezeichnet man in der Zoologie ebenfalls als Mycetome. (Vgl. P. BUCHNER: Tier und Pflanze in Symbiose. Berlin 1930.)

gebildet sind und durch mehr oder weniger entwickelte Fisteln ins Freie ausgestoßen werden können.

Die als Erreger der Mycetome in Betracht kommenden Pilze sind sehr zahlreich und gehören ganz verschiedenen Gruppen an. Je nachdem die Pilze ein dickes oder ein sehr feines Mycelium haben, letzteres bei den Mikrosiphoneen, teilt man die Mycetome in zwei Gruppen ein: nämlich in die *Maduromykosen* und in die *Actinomykosen* oder *Streptotricheen-erkrankungen*.

1. Pilze der Maduromykosen (Madurella, Aspergillus, Penicillium, Indiella, Sterigmatocystis).

Morphologie. Die Pilze, die Maduromykosen erzeugen, sind durch umfangreiche, mit Querwänden versehene (segmentierte) Mycelfäden

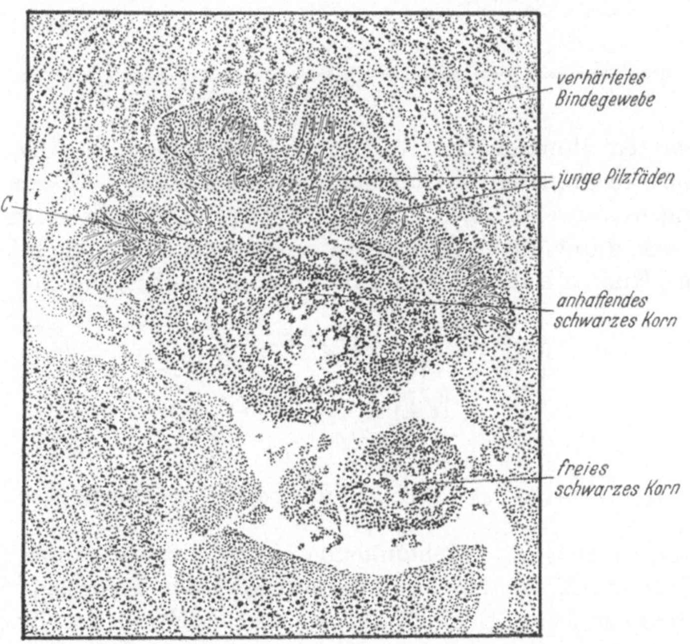

Abb. 202. *Madurella mycetomi, ein Erreger der Maduromykose mit schwarzen Körnern.* Bildungs-modus der Körner. *C* die Stelle, wo sich das Korn von der jungen parasitären Masse loszulösen beginnt. Nach BRUMPT.

gekennzeichnet, die feste Außenwände besitzen und häufig Chlamydo-sporen bilden. Sie gehören verschiedenen Gattungen an, von denen wir nur die wichtigsten erwähnen.

Pathogene Bedeutung. Die Gattung *Madurella* (Abb. 202) und bestimmte *Aspergillus*- und *Penicillium*-Arten verursachen die *Maduro-mykose mit schwarzen Körnern* (Abb. 203).

Die Gattung *Indiella* (Abb. 204) und bestimmte *Sterigmatocystis*-Arten sind die Erreger der *Maduromykose mit weißen Körnern.*

Endlich ist auch eine *Aspergillus*-Art bekannt, durch die gelegentlich eine *Maduromykose mit roten Körnern* entsteht.

Diese Mycetome werden durch Pilzinfektionen bei Hautverletzungen hervorgerufen. Solche Hautverletzungen können schon durch einen Holzsplitter, einen Dorn usw. entstehen. Nach einer Latenzzeit von

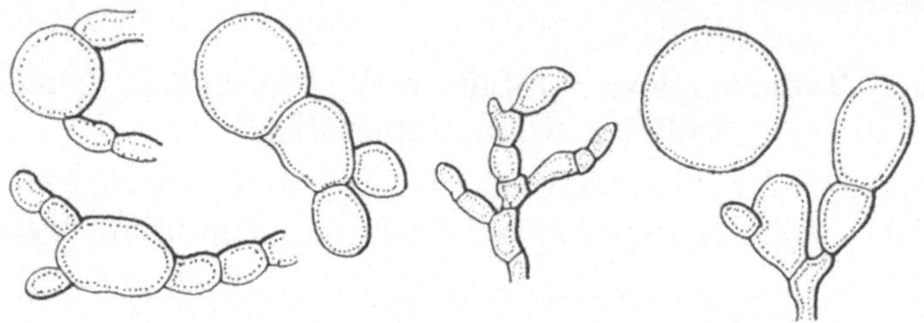

Abb. 203. *Schwarze Körner von einer Maduromykose (,,Schwarzer Madurafuß"), hervorgerufen von Madurella mycetomi.*

mehreren Monaten oder einigen Jahren beginnt der Tumor mit einer scharf umgrenzten Verhärtung, die nach einigen Wochen kleine Öffnungen aufweist. Die für die Krankheit charakteristischen Körner werden durch diese Öffnungen ausgeschieden. Allmählich bilden sich neue Knoten auf der Haut; der Tumor wächst und kann eine enorme

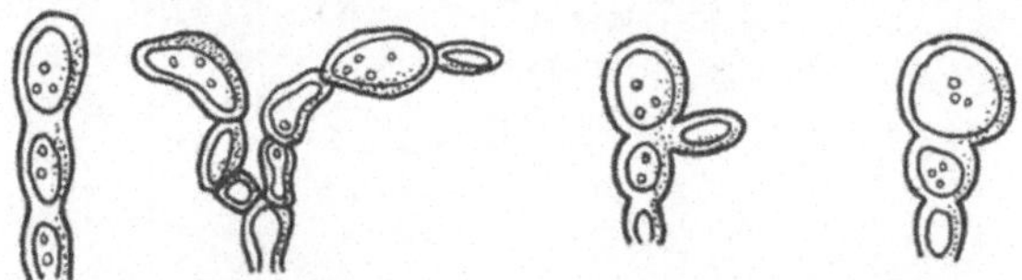

Abb. 204. *Weiße Körner von einer Maduromykose, hervorgerufen von Indiella mansoni.*

Größe erreichen. Am häufigsten sitzen die Mycetome an den Füßen (*Madurafuß*), da diese bei barfuß gehenden Menschen leicht verletzt werden können. Doch findet man sie auch an der Hand, dem Knie oder anderen Körperteilen. Eine spontane Heilung ist selten, aber die Krankheit generalisiert niemals und führt nur selten den Tod durch Kachexie herbei, wie es im Gegensatz hierzu bei der Actinomykose der Fall sein kann.

2. Pilze der Actinomykosen oder Streptotricheenerkrankungen (Actinomyces, Cohnistreptothrix).

Morphologie. Die *Strahlenpilze*, die die Actinomykosen oder Streptotricheenerkrankungen erzeugen, sind durch sehr feine, nicht mit Querwänden versehene (unsegmentierte) Mycelfäden gekennzeichnet, deren

Durchmesser 1 μ oder weniger als 1 μ beträgt. Sie sind oft seitlich verzweigt, ihr Inhalt ist homogen, ohne deutliche Kerne und oft in bakterien- oder kokkenförmige Bruchstücke gegliedert (Abb. 205). Die

Abb. 205. *Fäden von Strahlenpilzen (Actinomyces) im hängenden Tropfen.* Sehr feine und verzweigte Mycelfäden (*M*) mit Bildung von Arthrosporen (*A*). In 500facher Vergrößerung. Nach M. LANGERON.

Pilze können mit Anilinfarben gefärbt werden, sind im allgemeinen Gram-positiv und bisweilen säurefest. Am Ende der Luftmycelien (*Actinomyces*) bilden sich kleine Ketten von Arthrosporen, die jedoch bei bestimmten Gattungen fehlen (*Cohnistreptothrix*). Die peripheren Fäden

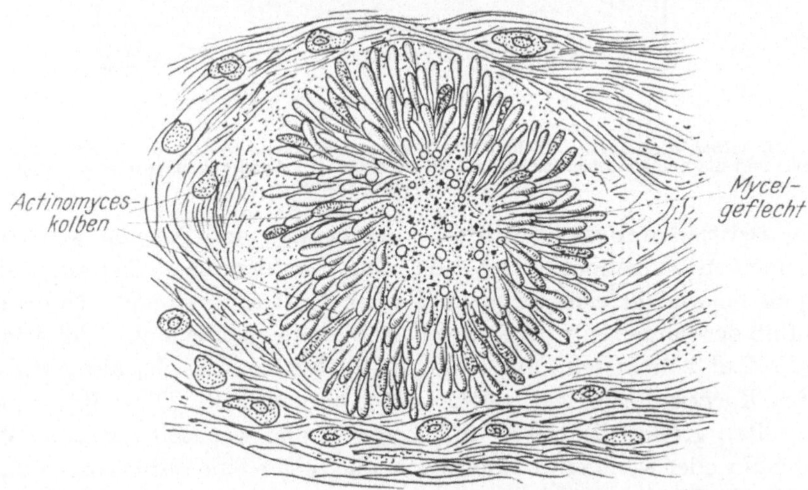

Abb. 206. *Actinomykose des Rindes.* Die Abbildung stellt ein Körnchen, eine sog. Actinomycesdruse oder Strahlenpilzkolonie dar, wie man es im dicken Schnitt findet, oder wenn man ein Körnchen zwischen Objektträger und Deckgläschen zerquetscht. In 600facher Vergrößerung. Nach R. BLANCHARD.

des Thallus oder Pilzrasens zeigen bisweilen in Wunden oder sogar in bestimmten Kulturen *keulenartige Anschwellungen* (Abb. 206) und bilden die äußere *Kolbenschicht.*

Pathogene Bedeutung. Wir erwähnen zuerst zwei Arten: *Actinomyces bovis*[1] und *Cohnistreptothrix israeli*, da sie die wichtigsten Erreger der menschlichen *Actinomykose* oder *Streptotricheenerkrankung* sind.

Die Pilze der Actinomykose leben als Saprophyten auf verschiedenen Gewächsen, besonders auf Getreidearten, und der Befall unseres Organismus scheint fast immer durch eine Hautverletzung bedingt zu sein. In selteneren Fällen findet die Infektion durch die Lunge oder auf dem Verdauungsweg statt.

Die Parasiten, die die Actinomykose hervorrufen, können sich in allen Geweben des Organismus entwickeln. Die Knochen werden von

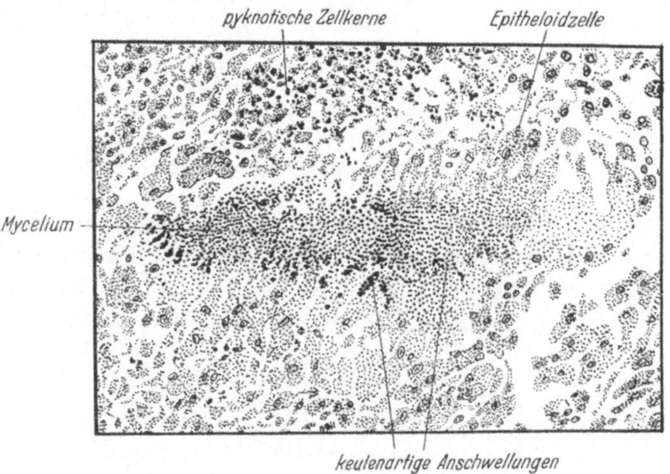

Abb. 207. *Rinderactinomykose.* Schnitt durch ein junges Korn. Beachte die längliche Form des Kornes und die kranzförmige Anordnung der keulenartigen Anschwellungen und der Epitheloidzellen. Nach BRUMPT.

einer Ostitis rareficans ergriffen, aber Sehnen und Nerven werden im allgemeinen verschont. Der von den Strahlenpilzen hervorgerufene Tumor entwickelt sich weiter und wächst oft sehr schnell. Unter dem Einfluß des Parasiten wird er weich, es bildet sich eine mehr oder weniger große Zahl von Fisteln, aus denen ein dicker, an den charakteristischen *gelben Körnern* (Abb. 207) reicher Eiter herausfließt. Diese Körner sind nur selten größer als 150 μ, und ihre Färbung wechselt zwischen Weiß und mehr oder weniger dunklem Gelb. Sie zeigen eine radiär angeordnete, aus keulenförmigen Zellen gebildete äußere Schicht, die Schicht der *Actinomyceskolben*, die eine zentrale Masse umschließt. Diese besteht aus einem Geflecht von verzweigten Mycelfäden. Die Körner bezeichnet man als *Actinomycesdrusen* oder *Strahlenpilzkolonien*.

---

[1] *A. bovis* ist in Wirklichkeit ein Sammelname für mehrere Arten, die hier nach ihrer Häufigkeit angeordnet sind: *A. sulphureus*, *A. albus*, *A. albidoflavus* und *A. corneus*.

Die wichtigsten klinischen Formen sind folgende: die *Mund-, Rachen- und Halsactinomykosen*, bei weitem die häufigsten in der gemäßigten Zone, die Lungen-, tiefsitzende Bauch-, Darm-, Haut-, Glieder- und endlich die Gehirnactinomykose. Man hat bisweilen beobachtet, daß die Krankheit generalisiert, indem sie sich durch lokale Progression oder auf dem Lymph- oder Blutwege weiter ausbreitet.

Eine andere Art, die wir erwähnen, ist *Actinomyces* (= *Streptothrix*) *madurae*. Sie verursacht das *Vincentsche Mycetom mit weißen Körnern* oder *Madurafuß*. In frischen Fällen erscheint die Haut wenig angegriffen und zeigt nur einige Fisteln. In alten Fällen beobachtet man auf der Hautoberfläche Knoten und Beulen. Der Tumor sitzt hauptsächlich am Fuß, entwickelt sich langsam und beeinflußt das Allgemeinbefinden wenig. Im Gegensatz zur oben erwähnten Actinomykose werden die *Knochen nicht in Mitleidenschaft gezogen*. Das Aussehen der Körner auf Schnitten ist typisch und zeigt, daß die Vermehrung durch Sprossung sekundärer Körner auf der Oberfläche des ersten Kornes stattfindet.

VII. Pilz des Erythrasma (Actinomyces minutissimus).

Der Erreger des Erythrasma ist der Pilz *Actinomyces* (= *Microsporum*) *minutissimus* (Abb. 208), der wie die Pilze der Actinomykosen zu der Gruppe der Mikrosiphoneen gehört. Sein Mycelium ist sehr zart und besitzt nur einen Durchmesser von 0,6—1,3 μ.

Das *Erythrasma* ist eine recht verbreitete, aber gutartige Hautmykose. Sie tritt in Form von scharf umrissenen, schwärzlichen oder bräunlichen Flecken in Erscheinung. Die Oberfläche dieser Flecken ist glatt, mehlig, leicht schuppig; der Juckreiz ist gering und die Dauer der Krankheit unbestimmt. Diese Dermatomykose ist besonders häufig bei Erwachsenen und sitzt gewöhnlich an den Falten des Unterleibes. Sie tritt einseitig oder doppelseitig auf

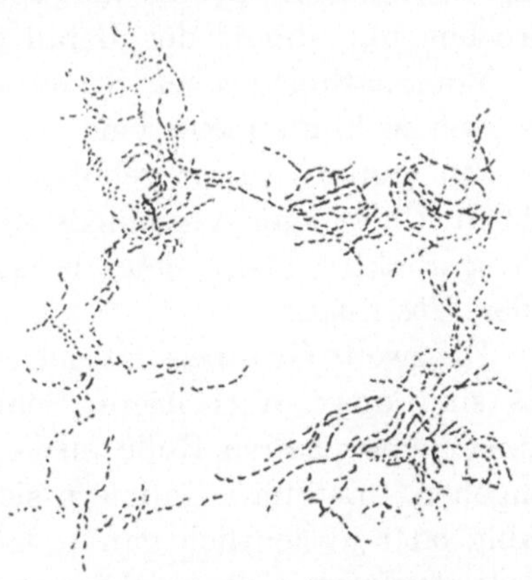

Abb. 208. *Actinomyces* (= *Microsporum*) *minutissimus, Erreger des Erythrasma, in einer Hautschuppe.* Blaufärbung von SAHLI. In 1000facher Vergrößerung. Nach G. DARIER.

und kann sich auf die Schamregion, die Innenfläche der Oberschenkel und das Scrotum erstrecken. Man beobachtet sie seltener in der Achselhöhle, den Brust- oder Bauchfalten dicker Menschen. Die mikroskopische Untersuchung der Hautschuppen läßt die Mycelfäden dieses parasitischen Pilzes erkennen.

Neunter Abschnitt.

Zwischenwirte und Virusreservoire der Parasiten des Menschen.

Der Begriff des *Zwischenwirtes* ist im ersten Abschnitt des Allgemeinen Teils bereits näher definiert worden (S. 5). Zwischenwirte sind demnach Tiere, die bestimmte Larvenstadien (z. B. Finnen) der Parasiten beherbergen und ohne die der vollständige Entwicklungscyclus der in Betracht kommenden Parasiten nicht ablaufen kann.

Virusreservoire oder *Reservewirte* dagegen sind Tiere, die die gleichen (geschlechtsreifen) Parasiten beherbergen wie der Mensch, die aber im allgemeinen die Parasiten mehr oder weniger gut vertragen und für die Ausbreitung derselben daher von großer Bedeutung sind.

I. Zwischenwirte.

Die tierischen Zwischenwirte der Parasiten des Menschen sind uns nicht direkt schädlich. Nichtsdestoweniger sind sie uns indirekt äußerst nachteilig, denn wenn es uns gelänge, sie zu vernichten, so wäre damit der Entwicklungscyclus der von ihnen beherbergten Parasiten unterbrochen und damit der Befall des Menschen verhindert.

Vom pathologischen Standpunkt aus kann man die Zwischenwirte in zwei wohlunterschiedene Gruppen einteilen.

Zur ersten Gruppe gehören die blutsaugenden Arthropoden, die zugleich Überträger verschiedener pathogener Keime sind. Da sie die Erreger aktiv übertragen, bezeichnen wir sie als *aktive Zwischenwirte* oder *Überträger*.

Die zweite Gruppe setzt sich aus sehr verschiedenen Tieren zusammen. Es sind dies: Wirbeltiere, Schnecken und Arthropoden. Sie spielen immer eine passive Rolle insofern, als sie niemals den Menschen aktiv angehen. Letzterer infiziert sich entweder, indem er diese Tiere zufällig oder absichtlich ganz oder teilweise genießt, oder vermittels der Parasitenlarven, die nach ihrer Entwicklung in bestimmten Zwischenwirten dieser Gruppe ins Freie gelangt sind. Im Gegensatz zu den obenerwähnten Überträgern nennt man diese Tiere *passive Zwischenwirte*.

1. Aktive Zwischenwirte oder Überträger.

Die aktiven Zwischenwirte oder Überträger sind zugleich temporäre oder stationäre Parasiten, da sie unserem Organismus das für ihre Ernährung nötige Blut entnehmen. Andererseits nehmen sie damit zugleich auch bestimmte pathogene Keime in sich auf, denen sie nacheinander als Zwischenwirte und Überträger dienen. Zu dieser Gruppe gehören die stechenden Insekten und Milben, über deren Schädlichkeit wir bereits mehrfach gesprochen haben.

Die einen Überträger impfen uns mit ihrem Rüssel die infektionsfähigen Stadien der Parasiten direkt ein. Auf diese Weise übertragen die *Malariamücken* (*Anopheles*) die Sporozoiten der Plasmodien[1] und die *Tsetsefliegen* (*Glossina*) die metacyclischen Trypanosomenstadien der Schlafkrankheit.

Andere Überträger legen im Augenblick des Stiches die Erreger einfach auf unsere Haut ab. So verlassen z. B. die Mikrofilarien die Rüsselscheide der *Stechmücken* (*Culex*) oder der *Bremsen* (*Chrysops*) und bohren sich dann aktiv durch die Haut.

Noch andere Überträger setzen mit ihren Exkrementen oder mit den Ausscheidungen bestimmter Drüsen die pathogenen Keime auf der Oberfläche unserer Haut ab. Auch diese Erreger dringen dann aktiv durch die Haut ein. So übertragen die *Raubwanzen* (*Triatoma* oder *Rhodnius*) durch ihren Kot die metacyclischen Trypanosomenstadien der Chagaskrankheit auf Menschen. Durch die Ausscheidungen ihrer Coxaldrüsen infizieren uns verschiedene *Lederzecken* der Gattung *Ornithodorus* mit den metacyclischen Spirochäten des Zeckenrückfallfiebers.

Endlich bilden einige Insekten wie die *Läuse* gewissermaßen den Übergang zwischen den aktiven und den passiven Zwischenwirten. Weder impfen sie direkt die metacyclischen Spirochäten des kosmopolitischen Rückfallfiebers in uns ein, noch legen sie die Parasiten auf unser Integument ab. Die in Frage kommenden Spirochäten werden vielmehr erst durch eine Verletzung der Laus frei und können erst dann die Leibeshöhle des Insekts, worin sie eingeschlossen sind, verlassen oder gelangen auf die Haut, indem das ganze Insekt zerdrückt wird.

Wir stellen nun eine Liste dieser Zwischenwirte auf und geben die Parasiten an, die sie beherbergen, und die Krankheiten, die sie übertragen (S. 225).

2. Passive Zwischenwirte.

Die Zwischenwirte, von denen wir soeben gesprochen haben, überimpfen aktiv die von ihnen beherbergten Parasiten oder legen sie auf die Oberfläche der Haut ab. Die passiven Zwischenwirte benehmen sich völlig anders. Auch sie beherbergen in ihren Organen oder Geweben die Parasitenlarven, aber sie übertragen sie nicht direkt auf den Menschen. Außerdem gehören sie den verschiedensten Tierklassen an.

Säugetiere (Mammalia), Fische (Pisces), Insekten (Insecta), Krebse (Crustacea). Die Art, wie der Mensch durch Säugetiere, Fische,

---

[1] Da die Geschlechtsgeneration der Malariaerreger in der Mücke lebt, wird von einem Teil der Autoren *Anopheles* als Endwirt und der Mensch als Zwischenwirt bezeichnet.

Insekten oder Krebse infiziert wird, ist sehr verschieden. Er kann un-
freiwillig mit Lebensmitteln oder mit dem Trinkwasser ein Insekt oder

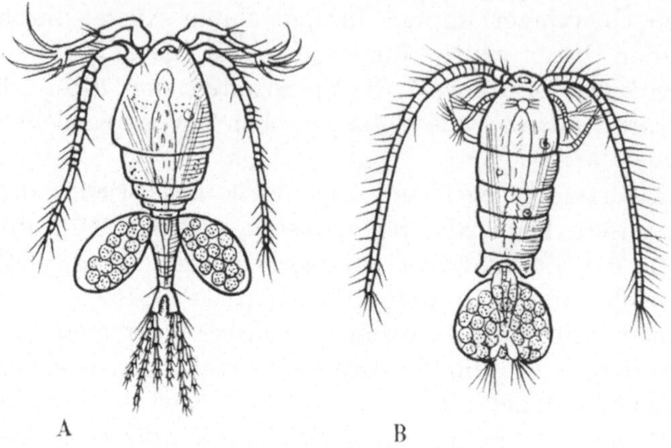

Abb. 209. *Weibliche Hüpferlinge.* A *Cylops coronatus,* Zwischenwirt vom *Medinawurm (Dracunculus medinensis)*; B *Diaptomus,* ein erster Zwischenwirt vom *Fischbandwurm (Diphyllobothrium latum)*.

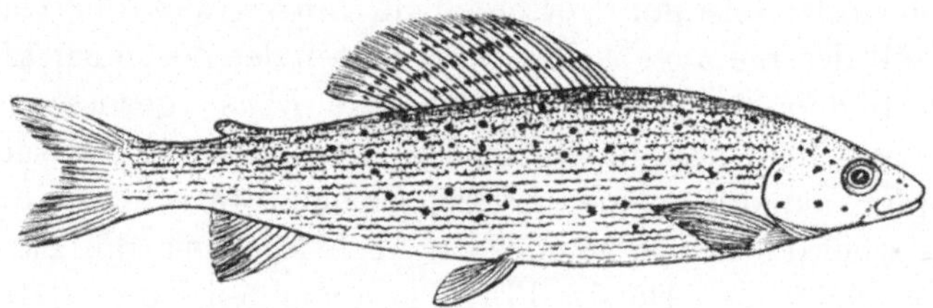

Abb. 210. *Äsche (Thymallus vulgaris),* ein zweiter Zwischenwirt vom *Fischbandwurm (Diphyllobothrium latum)*.

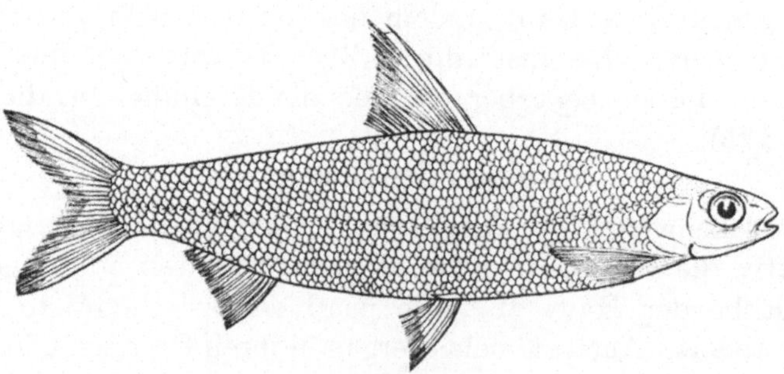

Abb. 211. *Xenocypris davidi,* ein zweiter Zwischenwirt vom *Chinesischen Leberegel (Opisthorchis [= Clonorchis] sinensis)*.

einen sehr kleinen Krebs verschlucken, z. B. einen *Hüpferling (Cyclops)*
(Abb. 209), der mit den Larven des Medinawurmes infiziert ist. Das
Fleisch von *Säugetieren,* das der Mensch genießt, kann Finnen enthalten;
Fische (Abb. 210 u. 211) können Plerocercoide vom Fischbandwurm und

Arthropoden als aktive Zwischenwirte oder Krankheitsüberträger.

Zoologische Gruppe	Zwischenwirte und Überträger	Übertragene Parasiten	Krankheiten	Art der Übertragung
Insekten	Anopheles	Plasmodium	Malaria	Stich
	Culex, Aedes . . . {	Wuchereria bancrofti	Bancroft-Filariasis	,,
		Unbekannter Erreger	Denguefieber	,,
	Aedes (Stegomyia) .	Unbekannter Erreger	Gelbfieber	,,
	Phlebotomus {	Unbekannter Erreger	Pappatacifieber	,,
	papatasi usw.	Leishmania tropica	Orientbeule	,,
	Phl. argentipes usw.	Leishmania donovani	Kala-Azar	,,
	Phl. intermedius	Leishmania brasiliensis	{ Amerikanische Hautleishmaniase	,,
	Phl. perniciosus . .	Leishmania infantum	Kinder-Kala-Azar	,,
	Phl. noguchii usw. .	Bartonella bacilliformis	Verruga peruana	,,
	Simulium avid. usw.	Onchocerca caecutiens	Amerik. Onchocerk.	,,
	S. damnosum . . .	Onchocerca volvulus	Afrik. Onchocerkose	,,
	Chrysops silaceus . } Chr. dimidiatus . .	Loa loa	Kamerunschwellgn.	,,
	Chr. discalis	Pasteurella tularensis	Tularämie	,,
	Glossina palpalis . .	Trypanos. gambiense	Schlafkrankheit	,,
	G. morsitans . . .	Trypanos. rhodesiense	Schlafkrankheit	,,
	Xenophylla cheopis { usw.	Pasteurella pestis	Pest	,,
		Rickettsia mooseri	Rattenfleckfieber	,,
	Triatoma megista . } Rhodnius prolixus .	Trypanosoma cruzi	Chagaskrankheit	Kot
	Pediculus capitis . .	Rickettsia prowazeki	Flecktyphus	} Stich
		Rickettsia quintana	Fünftagefieber	} u. Kot
	P. corporis	Spirochaeta recurrentis	Rückfallfieber	Zerquetschung
Milben	Ixodes holocycl. usw.	?	Zeckenparalyse	Stich
	Rhipicephalus simus usw. }	Rickettsia?	Zeckenbißfieber	,,
	R. sanguineus . . .	Rickettsia conori	{ Exanthematisches Zeckenfieber	,,
	Dermacentor andersoni {	Rickettsia rickettsi	Felsengebirgsfieber	,,
		Pasteurella tularensis	Tularämie	,,
	Amblyoma cayennense? }	Rickettsia brasiliensis	{ Fleckfieber von Sao Paulo	,,
	Ornithodorus moubata usw. }	Spirochaeta duttoni	{ Afrikanisches Rückfallfieber	Coxalflüssigkeit
	O. venezuelensis usw. {	Spirochaeta venezuelensis	Südamerikanisches Rückfallfieber	,,
	O. erraticus	Spirochaeta hispanica	Span. Rückfallfieb.	,,
	O. turicata . . . . {	Spirochaeta turicatae	{ Nordamerikanisch. Rückfallfieber	,,
	O. tholozani . . . . {	Spirochaeta persica	{ Rückfallfieber Zentralasiens	,,
	Thrombicula akamushi }	Rickettsia orientalis	Japan. Flußfieber	Stich

Metacercarien vom Chinesischen und Katzenleberegel beherbergen und *Krebse* (Abb. 212) Metacercarien vom Lungenegel.

Die Tabelle auf S. 227 bringt eine Aufzählung der Zwischenwirte, die zu dieser Gruppe gehören.

Abb. 212. Die *Süßwasserkrabbe Sesarna dehaani*, ein zweiter Zwischenwirt vom *Lungenegel (Paragonismus ringeri)*.

Schnecken (Gastropoda). Der Mensch kann durch Trematodenlarven infiziert werden, deren Wirte immer Schnecken sind. Man beobachtet bei letzteren nicht nur Sporocysten und Redien, d. h. Larvenformen, die sich niemals im menschlichen Organismus weiterentwickeln können, sondern auch infektionsfähige Cercarien. Die fertig entwickelten Cercarien verlassen normalerweise die Schnecke und infizieren dann den Menschen, sei es aktiv, wie z. B. die Cercarien der Bilharzien, die durch die Haut eindringen, sei es passiv, indem der Mensch sie verschluckt. Letzteres geschieht entweder, nachdem sich die Cercarien im Freien encystiert haben oder nachdem sie in einen zweiten Zwischenwirt oder Hilfswirt, einen Fisch oder einen Krebs, eingedrungen sind.

Alle *Schnecken* oder *Gastropoden*, die den Trematoden des Menschen als Zwischenwirte dienen, sind Land- oder Süßwasserschnecken. Sie gehören zwei verschiedenen Ordnungen an:

1. Die *Pulmonaten* oder *Lungenschnecken* (*Pulmonata*) sind Hermaphroditen oder Zwitter, ihre Mantelhöhle ist in eine Lunge verwandelt, und ihre Schale ist ungedeckelt.

2. Die *Prosobranchier* oder *Vorderkiemer* (*Prosobranchia*) haben Kiemen und eine mit Deckel versehene Schale und sind getrenntgeschlechtlich.

Lungenschnecken (Pulmonata). Von Bedeutung für die menschliche Parasitologie sind 7 wichtige Gattungen, die man leicht an ihrem Vorkommen und an der Gestalt ihrer Schale erkennen kann. Die einen sind Land-, die anderen Wasserschnecken. Die Schale ist bald *eiförmig*, bald *scheibenförmig* und mehr oder weniger abgeflacht. Bald windet sie

Säugetiere, Fische, Insekten und Krebse als passive Zwischenwirte.

Zoologische Gruppe	Zwischenwirte	Übertragene Parasiten	Stadium des Parasiten im Zwischenwirt	Krankheiten	Art der Übertragung
Säugetiere	Verschiedene Rinderarten	Rinderbandwurm	Finnen	Täniose	Mit der Nahrung
	Schwein, Mensch	Schweinebandwurm	Finnen	Täniose	
	Schwein, Ratte, Fuchs, Mensch	Trichine	Muskeltrichinen	Trichinose	
	Rind, Schaf, Schwein Mensch	Hundewurm	Hydatiden	Echinokokkenkrankheit	
Fische	Hecht, Quappe, Barsch und Salmoniden usw.	Fischbandwurm	Plerocercoide (2. Finnenstadium)	Diphyllobothriose	Mit der Nahrung
	Schleie, Tapar, Plötz und andere Weißfische	Chinesischer Leberegel, Katzenleberegel	Encystierte Metacercarien	Opisthorchiasis der Leber	
Insekten	Hundehaarling, Hunde- und Menschenfloh	Gurkenkernbandwurm	Cysticercoide	Täniose	Mit verschmutzter Nahrung
Krebse	Süßwasserkrabben, Japanische Wollhandkrabbe	Lungenegel	Encystierte Metacercarien	Lungenparagonimiasis	Mit der Nahrung
	Hüpferlinge (Cyclops)	Medinawurm	Larven	Draconculose	Trinkwasser
	Hüpferlinge (Cyclops strenuus, Diaptomus gracilis usw.)	Fischbandwurm	Procercoide (1. Finnenstadium)	Diphyllobothriose	Die Procercoide entwickeln sich in Fischen zu infektionsfähigen Plerocercoiden

sich nach rechts wie bei der Weinbergschnecke, und man nennt sie dann *rechtsgewunden*, bald zeigt sie Linkswindungen und heißt dann *linksgewunden*.

Die 7 Gattungen unterscheiden sich folgendermaßen:

Auf der Erde lebend — *scheibenförmige, rechtsgewundene* Schale . *Heideschnirkelschnecke (Helicella)*
— *kegelförmige, rechtsgewundene* Schale. . . *Turmschnecke (Zebrina)*

Im Wasser lebend — *eiförmige* Schale — *rechtsgewunden* . . . . *Schlammschnecke (Limnaea)*
— *linksgewunden* — kugelförmig od. länglich . . . *Bullinus*
— sehr bauchig . . *Physopsis*
— *scheibenförmige, rechtsgewundene* Schale — abgerundet . . *Tellerschnecke (Planorbis)*
— abgeplattet . . *Segmentina*

15*

Die *Heideschnirkelschnecke* (*Helicella*) (Abb. 139 a u. b und 213 a, b, c)
ähnelt sehr kleinen Weinbergschnecken. Wie die letzteren sind es pflanzen-
fressende Landschnecken, die auf der ganzen Erde sehr verbreitet sind.

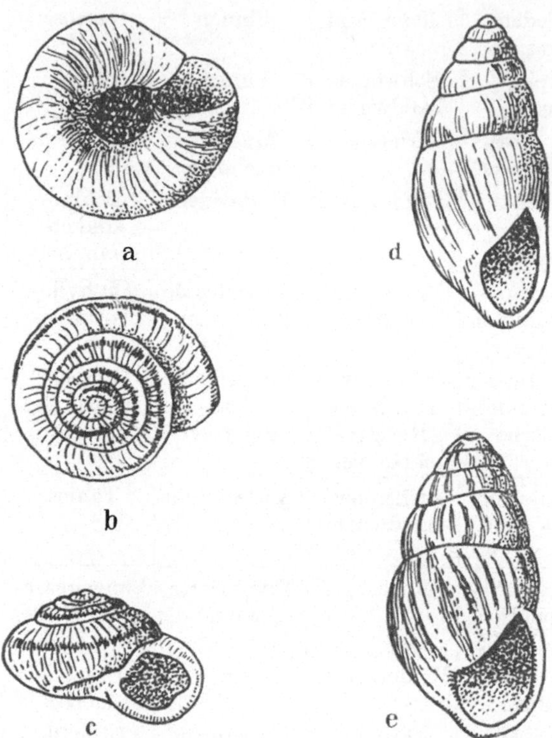

Abb. 213. *Zwischenwirte vom Kleinen Leberegel* (*Dicrocoelium dendriticum*): a, b, c *Heideschnirkelschnecke* (*Helicella candidula*); d und e *Turmschnecke* (*Zebrina detrita*), d aus Tirol, e aus Thüringen.
Nach H. VOGEL.

Die *Turmschnecke* (*Zebrina*) (Abb. 139 c und 213 d, e) ist ebenfalls sehr
verbreitet. Es sind Landschnecken mit länglicher, kegelförmiger Schale,
die auf der Oberfläche mehr oder weniger deutlich zebraartig gestreift sind.

Die *Schlammschnecken* (*Limnaea*) (Abb. 214) findet man sehr zahlreich in süßen, besonders stehenden Gewässern, obgleich manche Arten
sich gern in fließendem Wasser aufhalten. Sie können sich noch in einer
Höhe von 5500 m entwickeln, z. B. trifft man sie auf den Hochflächen
Tibets an. Sie ernähren sich hauptsächlich von pflanzlichen, manchmal
sogar von tierischen Stoffen und können Gegenstände, die mit Algen
bedeckt sind, vollständig abschaben. Die Schlammschnecken sind *ovipar*
und heften ihre eiförmigen und durchsichtigen Eier, den sog. Laich, an
Wasserpflanzen oder schwimmende Gegenstände. Die Eier bilden eine
schleimige, durchsichtige Masse. Im Frühling und sogar einen Teil des
Sommers hindurch findet die Eiablage statt.

Die Arten der Gattung *Bullinus* (Abb. 215) bewohnen das Süßwasser und können nicht im Trockenen leben. Sie bewegen sich langsam und heften sich fest an ihren jeweiligen Stützpunkt. Sie sind Pflanzenfresser und *ovipar*. Die Eier werden auf Steinen, Blättern und Schalen ihrer eigenen Art oder anderer Schnecken abgelegt. Der Laich ist kreisförmig, flach und enthält nur eine Lage Eier. Die geographische Verbreitung dieser Schnecken ist sehr ausgedehnt.

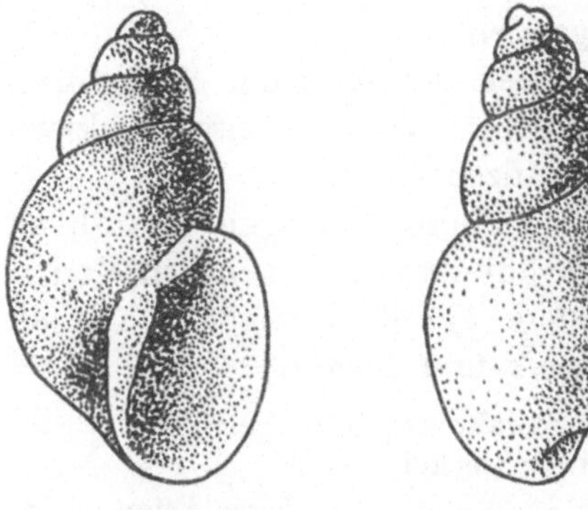

Abb. 214. *Kleine Schlammschnecke (Limnaea truncatula)* in 5facher Vergrößerung. Zwischenwirt vom *Großen Leberegel (Fasciola hepatica)*.

Die Gattung *Physopsis* ist wie die Gattung *Bullinus* Süßwasserbewohner. Die uns interessierenden Arten sind in fast ganz Südafrika, einem großen Teil Ostafrikas und im Kongobecken verbreitet.

Die *Tellerschnecken (Planorbis)* (Abb. 136 u. 216) leben in Sümpfen, Teichen, Bächen und Flüssen. Sie lieben ruhige, klare oder auch sumpfige Gewässer und leben zwischen

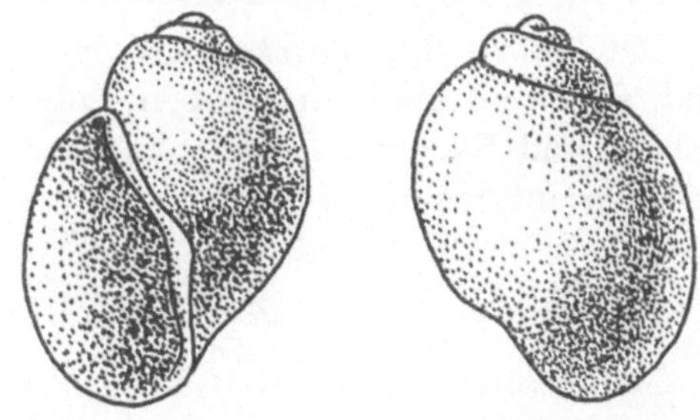

Abb. 215. *Bullinus contortus* in 4facher Vergrößerung. Zwischenwirt vom *Pärchenegel (Schistosoma haematobium)*.

den Wasserpflanzen, von denen sie sich ernähren. Man beobachtet sie oft am Ufer des Wassers und findet sie in Mengen in den Wasser-

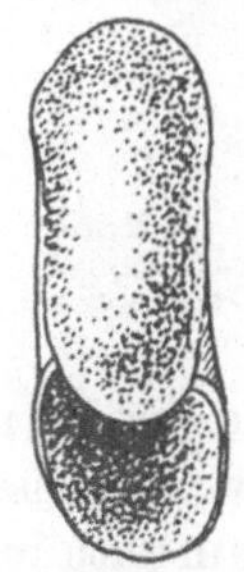

Abb. 216. *Tellerschnecke (Planorbis boissyi)* in 2,5facher Vergrößerung. Zwischenwirt von *Schistosoma mansoni*.

becken öffentlicher Gärten in tropischen Städten. Einige Arten sind verhältnismäßig groß. Diese Schnecken sind *ovipar* und heften ihre kugel- oder eiförmigen, durchsichtigen und in kleinen hornartigen Kapseln vereinigten Eier an Wasserpflanzen oder Kieselsteine. Die Tellerschnecken sind überall im Süßwasser auf der ganzen Erde verbreitet, außer in den Polargegenden.

Die Arten der Gattung *Segmentina* leben wie die Tellerschnecken im Süßwasser, vorzugsweise in klaren, reinen Gewässern zwischen Wasserpflanzen.

Vorderkiemer (Prosobranchia). Die Prosobranchier, die den Mediziner interessieren, gehören drei Gattungen an, die sich auf drei verschiedene Familien verteilen. Es sind die drei Gattungen: *Bythinia*, *Oncomelania* und *Melania*.

Dünne, ungefähr kegelförmige Schale. . . . . *Sumpfdeckelschnecke*
   kalkartiger Deckel   *(Bythinia)*

In die Länge gestreckte kegelförmige Schale, *hornartiger* Deckel
   { kleine Arten, Schalenöffnung mit verdicktem Rand . . *Oncomelania*
     größere Arten, Schalenöffnung mit dünnem Rand . *Kronenschnecke (Melania)*

Die *kleinen Sumpfdeckelschnecken* der Gattung *Bythinia* (Abb. 217) sind Pflanzenfresser und leben außerordentlich häufig in Tümpeln, Flüssen und Bächen. Diese Schnecken kriechen auf Steine oder Pflanzen, die

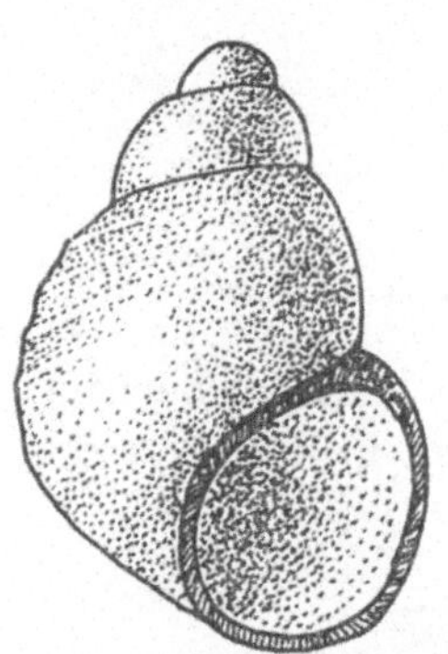
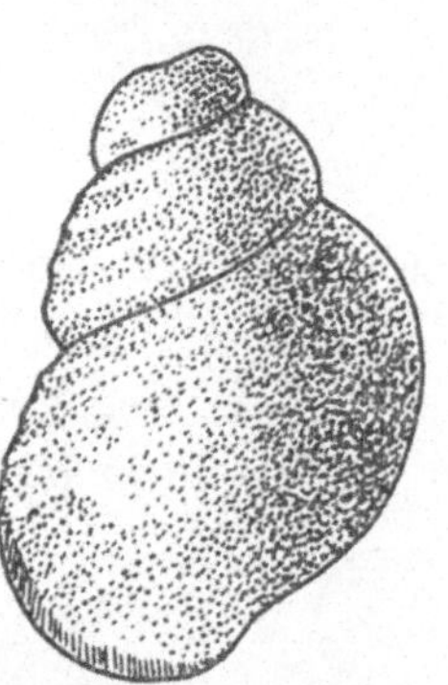
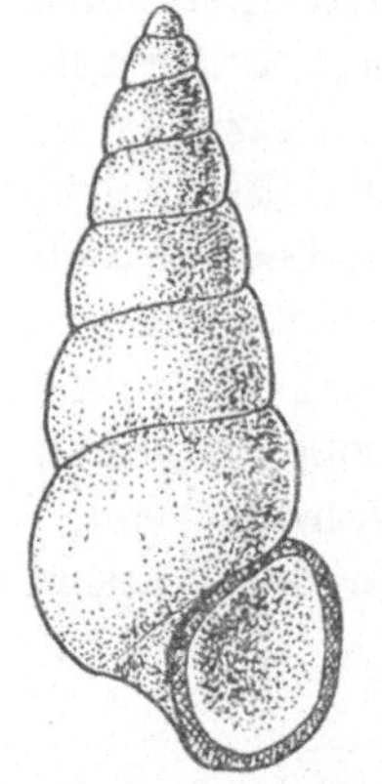
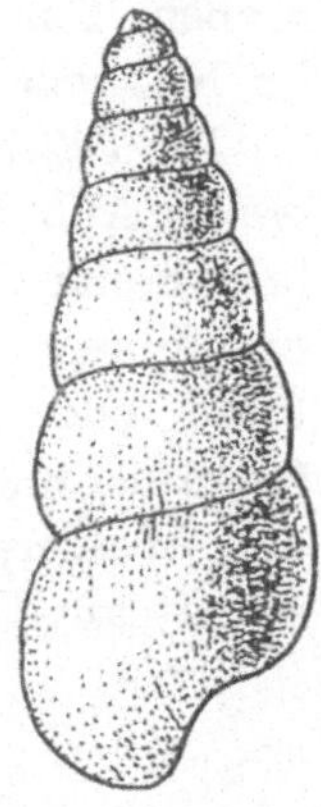

Abb. 217. *Japanische Sumpfdeckelschnecke (Bythinia striatula japonica)* in 5 facher Vergrößerung. Erster Zwischenwirt vom *Chinesischen Leberegel (Opisthorchis [= Clonorchis] sinensis)*.

Abb. 218. *Oncomelania nosophora*, Zwischenwirt vom *Japanischen Pärchenegel (Schistosoma japonicum)*. In 6,25 facher Vergrößerung.

vom Wasser überspült sind. Sie besitzen die Fähigkeit, einen schleimigen Faden auszuscheiden, der zwischen dem halbgeöffneten Deckel und dem Rand des Mundfeldes austritt und ihnen die Möglichkeit gibt, sich an Wasserpflanzen zu hängen. Die Sumpfdeckelschnecken der Gattung *Bythinia* sind *ovipar* und heften ihre kleinen, durchsichtigen und kugelförmigen Eier an schwimmende Gegenstände.

Die Arten der Gattung *Oncomelania* (Abb. 218) sind kleine chinesische und japanische Schnecken, die in Mengen zwischen dem Schilf und dem

Riedgras (*Carex*), auf den Steinen und Felsen klarer oder sumpfiger Gewässer leben. Diese Schnecken halten sich meist an der Oberfläche des Wassers auf. Sie haben zwar keine amphibische Lebensweise, verlassen aber gern das Wasser und besitzen eine große Widerstandskraft gegen Trockenheit. Man findet sie nicht selten auf der Rinde von Bäumen, die am Ufer von Flüssen und Seen wachsen.

Die *Kronenschnecken* der Gattung *Melania* (Abb. 219) sind überall im Süßwasser in den warmen Ländern verbreitet. Sie leben dort bisweilen außerordentlich zahlreich. Die Kronenschnecken sind *vivipar*.

Im allgemeinen entwickelt sich jede Trematodenart bei Schnekken von gleicher oder wenigstens verwandter Gattung, die zu einer Familie gehören.

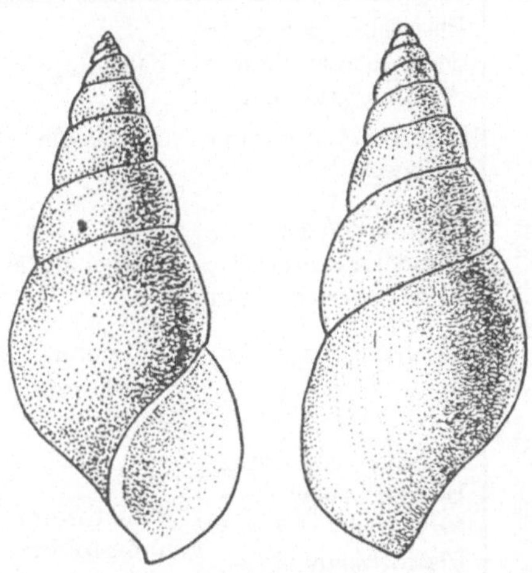

Abb. 219. *Kronenschnecke* (*Melania libertina*). Erster Zwischenwirt vom *Lungenegel* (*Paragonimus ringeri*). In 3,5facher Vergrößerung.

Mit Ausnahme von *Schistosoma japonicum*, dessen Larven bei Prosobranchiern leben, kann man sagen, daß die im Menschen parasitierenden Trematoden, die nur einen Zwischenwirt haben, sich bei Pulmonaten, diejenigen aber mit zwei aufeinanderfolgenden Zwischenwirten sich bei Prosobranchiern entwickeln.

Umseitig stehende Tabelle (S. 232) enthält eine Aufzählung der hauptsächlichen Schneckenarten, die Zwischenwirte der beim Menschen beobachteten Trematodenarten sind.

II. Virusreservoire.

Wir haben weiter oben definiert, welche Tiere als Virusreservoire oder Reservewirte in Betracht kommen. Während die Zwischenwirte für die Entwicklung bestimmter Parasiten notwendig sind, sind es die Virusreservoire nicht. Sie sind, mit anderen Worten, für die von ihnen beherbergten pathogenen Keime nicht unbedingt nötig.

Die meisten bisher bekannten Virusreservoire sind *Säugetiere*[1]. Diese Tiere gewinnen täglich an Bedeutung für die menschliche Parasitologie. Wir erinnern nur an die Rolle dieser Tiere für die Ätiologie nicht nur der Pest, sondern auch einer Reihe anderer Krankheiten, deren Kenntnis jüngeren Datums ist, wie z. B.: Rattenbißkrankheit, WEILsche Krankheit, Kinder-Kala-Azar, Rückfallfieber usw.

---

[1] Einige wild lebende Vögel sind ebenfalls Virusreservoire, und zwar von *Pasteurella tularensis*, dem Erreger der Tularämie.

Schnecken als Zwischenwirte.

Zoologische Gruppe	Zwischenwirte	Übertragene Parasiten	Krankheiten	Art der Übertragung
Lungenschnecken oder Pulmonaten	Planorbis coenosus Segmentina hemisphaerula usw.	Fasciolopsis	Darmegelkrankheit	Infektion mit an Wasserpflanzen encystierten Metacercarien oder mit Trinkwasser
	Limnaea truncatula usw.	Fasciola	Leberegelkrankheit	
	Zebrina detrita Helicella candidula, itala u. ericetorum	Dicrocoelium	Leberegelkrankheit	Infektion mit den an Gräsern haftenden Cercarien-Schleimklumpen
	Limnaea stagnalis	Trichobilharzia	Dermatitis der Schwimmer	Aktive Einbohrung der Cercarien in die Haut
	Bullinus contortus B. dybowskyi Physopsis africana Planorbis metidjensis dufouri usw.	Schistosoma hämatobium	Blasen- oder Urogenitabilharziose	Desgl.
	Physopsis africana	Sch. intercalatum	Darmbilharziose	Desgl.
	Planorbis boissyi P. olivaceus P. centimetralis P. guadelupensis usw.	Sch. mansoni		
Kiemenschnecken oder Prosobranchier	Oncomelania nosophora O. formosana O. hupensis	Sch. japonicum	Katayamakrankheit	Desgl.
	Bythinia striatula japonica usw. B. leachi	Opisthorchis sinensis O. tenuicollis	Opisthorchiasis der Leber	Infektion durch das Verspeisen roher Fische, die die encystierten Metacercarien enthalten
	Melania libertina M. paucicincta M. extensa M. obliquegranosa M. tuberculata usw.	Paragonimus	Lungenegelkrankheit	Infektion durch das Verspeisen roher Süßwasserkrebse, die die encystierten Metacercarien enthalten

Die Säugetiere, die Virusreservoire darstellen, gehören den verschiedensten Ordnungen an, aber von größter Bedeutung unter ihnen sind die *Nagetiere*. Nicht nur eine große Anzahl von letzteren beherbergt pathogene Keime, sondern sie enthalten auch sehr viel verschiedene Erregerarten, die für den Menschen pathogen sind.

Wir geben hier eine Liste der hauptsächlichen Virusreservoire und der pathogenen Keime, die sie verbreiten können (S. 233 u. 234).

Säugetiere als Reservoire von Krankheitserregern.

Säugetiere	Erreger	Krankheit	Übertragungsweise
Löwenäffchen (Leontocebus geoffroyi)	Spirochaeta venezuelensis	Südamerikanisches Rückfallfieber	Coxalflüssigkeit von Ornithodorus venezuelensis und talaje
Zahlreiche Nagetiere; vor allem Murmeltiere (Marmota), Ziesel (Spermophilus); bes. Hausratte (Epimys rattus) und Wanderratte (Epimys norvegicus)	Pasteurella pestis	Pest	Flohstiche
Hausratte (Epimys rattus) und Wanderratte (Epimys norvegicus)	Leptospira icterohaemorrhagiae	WEILsche Krankheit	Biß und Urin
	Spirochaeta duttoni	Afrikanisches Rückfallfieber	Coxalflüssigkeit von Ornithodorus moubata
	Spirillum morsusmuris	Rattenbißkrankheit	Biß
	Rickettsia mooseri	Rattenfleckfieber	Stich von Flöhen und and. Insekten
Hausmaus (Mus musculus)	Leptospira icterohaemorrhagiae	WEILsche Krankheit	Biß und Urin
	Spirochaeta duttoni	Afrikanisches Rückfallfieber	Coxalflüssigkeit von Ornithodorus moubata
Japanische Wühlmaus (Microtus montebelloi)	Leptospira icterohaemorrhagiae	WEILsche Krankheit	Biß und Urin
	Leptospira hebdomadis	7-Tage-Fieber	Biß
	Spirillum morsusmuris	Rattenbißkrankheit	Biß
	Rickettsia orientalis	Japanisches Flußfieber	Milben- (Trombicula-) Stich
Eichhörnchen (Sciurus vulgaris)	Spirillum morsusmuris	Rattenbißkrankheit	Biß
Backenhörnchen (Eutamias spec.)	Spirochaeta turicatae	Nordamerikan. Rückfallfieber	Coxalflüssigkeit von Ornithodorus turicata

Säugetiere als Reservoire von Krankheitserregern (Fortsetzung).

Säugetiere	Erreger	Krankheit	Übertragungsweise
Kalifornisches Ziesel (Otospermophilus beecheyi); Amerikan. Kaninchen (Sylvilagus nuttalli); Präriehase (Lepus campestris); Nordamerikan. Murmeltier (Marmota flaviventer); Bisamratte (Fiber zibethicus)	Pasteurella tularensis	Tularämie	Stich von Chrysops oder Dermacentor; direkte Kontaktinfektion
Pestratten (Nesocia); Brandmäuse (Apodemus) usw.	Leptospira icterohaemorrhagiae	WEILsche Krankheit	Biß und Urin
Indische Pestratte (Nesocia bengalensis)	Spirillum morsus-muris	Rattenbiß-krankheit	Biß
Feldspitzmaus (Crocidura stampflii)	Spirochaeta duttoni	Afrikanisches Rückfallfieber	Coxalflüssigkeit von Ornithodorus moubata
Haushund (Canis familiaris)	Leishmania infantum	Kinder-Kala-Azar	Phlebotomus-Stich
	Leptospira icterohaemorrhagiae	WEILsche Krankheit	Biß und Urin
	Spirillum morsus-muris	Rattenbiß-krankheit	Biß
Junge Hunde (Canis familiaris)	Rickettsia conori	Beulenfieber	Stich von Rhipicephalus sanguineus
Fuchs (Vulpes vulpes)	Leptospira icterohaemorrhagiae	WEILsche Krankheit	Biß und Urin
Katze (Felis catus), Iltis (Putorius putorius)	Spirillum morsus-muris	Rattenbiß-krankheit	Biß
Ferkel und zahlreiche wilde Säugetiere	Spirochaeta hispanica	Spanisches und nordafrikanisches Rückfallfieber	Coxalflüssigkeit von Ornithodorus erraticus
Verschiedene Gürteltiere (Dasypus)	Trypanosoma cruzi	Chagaskrankheit	Kot von Triatoma und Rhodnius
Neungürteliges Gürteltier (Dasypus novemcinetus)	Spirochaeta venezuelensis	Südamerikanisches Rückfallfieber	Coxalflüssigkeit von Ornithodorus venezuelensis
Großohr-Opossum (Didelphys aurita) und andere Didelphys-Arten	Trypanosoma cruzi	Chagaskrankheit	Kot von Triatoma und Rhodnius
Große Beutelratte (Didelphys marsupialis)	Spirochaeta venezuelensis	Südamerikanisches Rückfallfieber	Coxalflüssigkeit von Ornithodorus venezuelensis

Sachverzeichnis.

Die mit einem * versehenen Seitenzahlen beziehen sich auf die Abbildungen.

nordafrikanisches Rückfallfieber 90, 195, 234.
nordamerikanisches Murmeltier 234.
— Rückfallfieber 90, 195, 233, 234.
nordischer Rattenfloh 77, 79.
Nosopsyllus fasciatus 79.
Nucleolus 177.
Nucleus, Makro- 163.
—, Mikro- 163.
Nymphe 11, 82, 86, 88.

obligatorische Parasiten 2.
obligatorischer Parasitismus 2.
Octopoden 11.
Oestridae 46, 72.
Oidien 204*, 205.
Oidium albicans 215.
Onchocerca caecutiens 62, 114.
— *volvulus* 62, 113*, 114*.
Onchocercose 62.
—, afrikanische 62, 114.
—, amerikanische 62, 115.
Oncomelania 159, 230.
— *formosana* 159, 232.
— *hupensis* 159, 232.
— *nosophora* 159, 230*, 232.
Oncosphaera 25, 119*.
Onychomykosen 10, 209f.
Oocyste 3, 175*, 178*, 179.
Oogonium 202.
Ookinet 178*, 179.
Oomyceten 202.
Oosporen 202.
Ophthalmomykosen 10.
Opisthorchiasis der Katze 27, 28, 29, 32.
— der Leber 227, 232.
— des Menschen 149, 150.
Opisthorchidae 27, 142.
Opisthorchis 27, 28, 29.
— *felineus* 28, 148*, 150.
— *sinensis* 22, 23*, 24, 147*, 148*, 149*, 224, 230, 232.
— *tenuicollis* 22, 24, 26*, 28, 148*, 150, 232.
Opossum, Großohr- 234.
Orientalischer Rattenfloh 78.
Orientbeule 60, 172.
Ornithodorus 85, 89, 223.
— *erraticus* 90, 194, 195, 234.
— *marocanus* 90, 195.
— *moubata* 90*, 199, 233, 234.
— *papillipes* 90, 195.
— *rudis* 90, 194.

Ornithodorus savignyi 90*, 194.
— *talaje* 90, 194, 233.
— *tholozani* 90, 195.
— *turicata* 90, 195, 233.
— *venezuelensis* 90, 194, 233, 234.
Oroyafieber 60, 197.
Orthorhapha 45f.
Oscillaria 185*.
Osteomyelitis 71.
Ostitis rareficans 220.
Otomykosen 10, 205, 208.
Otospermophilus beecheyi 234.
Oxyuren 2, 100.
Oxyuriasis des Kaninchens 30, 32.
— des Menschen 30, 101.
Oxyuridae 98.
Oxyuris vermicularis 28, 100.

Pärchenegel 8, 152, 153*, 155*, 157*, 162*, 229.
—, japanischer 162*, 230.
panoptische Methode 41.
Pappatacifieber 60.
Pappatacimücke 58*, 59*, 60.
Parabasalkörper 165.
Paragonimiasis 152.
— cerebrale 152.
—, Lungen- 152, 227.
Paragonimus ringeri 22, 24, 151*, 152*, 226, 231.
parasitäre Hämoptysis 152.
— Krankheiten, Einteilung und Nomenklatur 10.
parasitärer Bluthusten 152.
Parasiten 1, 2, 4.
—, akzidentelle 2.
—, Bedeutung der 1, 6.
—, diheteroxene 5.
—, echte 2.
—, einwirtige 4.
—, Einteilung der 10.
—, Ekto- 2, 4.
—, Endo- 4.
—, fakutaltive 2, 202.
—, Haustier- 1.
—, heteroxene 5.
—, Hilfs- 3, 205.
—, Hyper- 3.
—, irrende 3.
—, mehrwirtige 5.
—, monoxene 4.
—, obligatorische 2.
—, pathogene Bedeutung der 6ff.